Praxishandbuch SAP® Business Warehouse mit BW/4HANA

Jürgen Noe

Willkommen bei Espresso Tutorials!

Unser Ziel ist es, SAP-Wissen wie einen Espresso zu servieren: Auf das Wesentliche verdichtete Informationen anstelle langatmiger Kompendien – für ein effektives Lernen an konkreten Fallbeispielen. Viele unserer Bücher enthalten zusätzlich Videos, mit denen Sie Schritt für Schritt die vermittelten Inhalte nachvollziehen können. Besuchen Sie unseren YouTube-Kanal mit einer umfangreichen Auswahl frei zugänglicher Videos:

https://www.youtube.com/user/EspressoTutorials.

Kennen Sie schon unser Forum? Hier erhalten Sie stets aktuelle Informationen zu Entwicklungen der SAP-Software, Hilfe zu Ihren Fragen und die Gelegenheit, mit anderen Anwendern zu diskutieren:

http://www.fico-forum.de.

Eine Auswahl weiterer Bücher von Espresso Tutorials:

- Julia Kraus, Andreas Kerner:
  SAP® Analytics Cloud
  http://5221.espresso-tutorials.de
- Reynaldo Konrad, Christian Sass, Sebastian Zick:
  Schnelleinstieg in SAP® BPC optimized for SAP S/4HANA®
  http://5332.espresso-tutorials.de
- Frank Riesner, Klaus-Peter Sauer:
  SAP BW/4HANA® und BW auf HANA – 2., erweiterte Auflage
  http://5167.espresso-tutorials.de
- Dirk Vahlkamp, Leon Vahlkamp:
  Smart Predict in SAP® Analytics Cloud (SAC)
  http://5456.espresso-tutorials.de

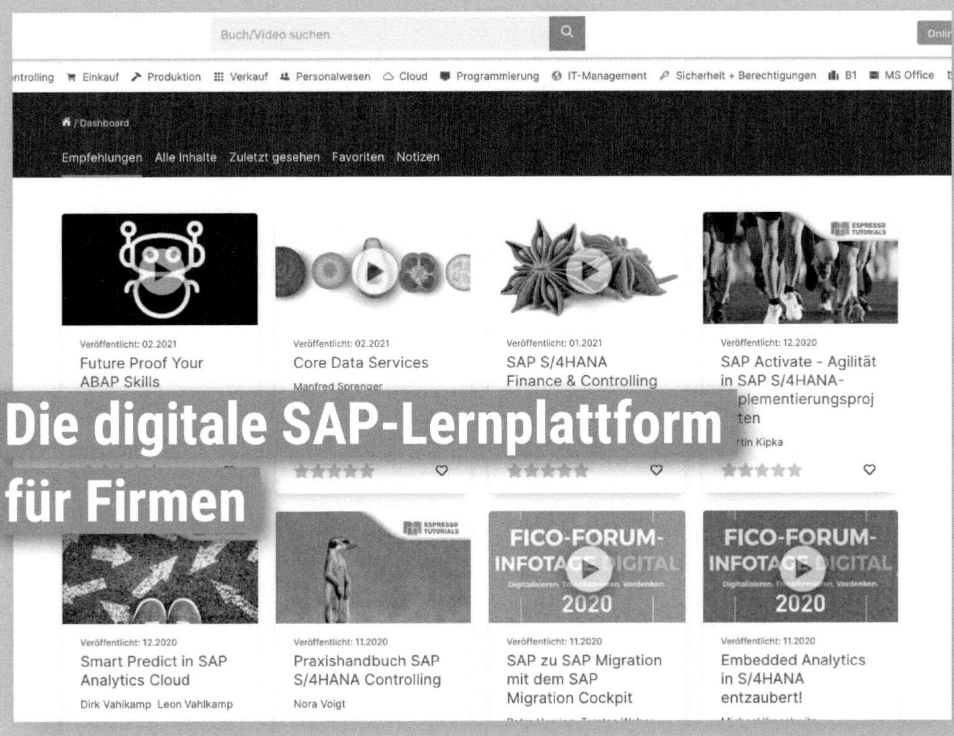

Qualifizieren Sie Ihre Mitarbeiter
ohne Reisekosten und externe Referenten

- 400+ E-Books und Videos in den Sprachen DE, EN, FR, PT, JP, ES
- Laufende Aktualisierung mit neuen Inhalten
- Zugang via Webbrowser oder App (iOS/Android)
- Staffelpreise abhängig von Anzahl der User

Die Lernplattform:
http://et.training

7-Tage-Testzugang kostenfrei und unverbindlich:
http://free.espresso-tutorials.de

Erhalten Sie Ihr individuelles Angebot:
http://angebot.espresso-tutorials.de

Bibliografische Information der Deutschen Nationalbibliothek
Die Deutsche Nationalbibliothek verzeichnet diese Publikation in der Deutschen Nationalbibliografie; detaillierte bibliografische Daten sind im Internet unter https://portal.dnb.de abrufbar.

Jürgen Noe
Praxishandbuch SAP® Business Warehouse mit BW/4HANA

ISBN: 978-3-960127-85-7

Lektorat: Monika Hong

Korrektorat: Bernhard Edlmann Verlagsdienstleistungen, Raubling

Coverdesign: Philip Esch

Coverfoto: © Dmitry Rukhlenko | 284867094 – stock.adobe.com

Satz & Layout: Tanja Jahns

1. Auflage 2021

© Espresso Tutorials GmbH, Gleichen 2021

URL: *www.espresso-tutorials.de*

Das vorliegende Werk ist in allen seinen Teilen urheberrechtlich geschützt. Alle Rechte sind vorbehalten, insbesondere das Recht der Übersetzung, des Vortrags, der Reproduktion und der Vervielfältigung. Espresso Tutorials GmbH, Bahnhofstr. 2, 37130 Gleichen, Deutschland.

Ungeachtet der Sorgfalt, die auf die Erstellung von Text und Abbildungen verwendet wurde, können weder der Verlag noch die Autoren oder Herausgeber für mögliche Fehler und deren Folgen eine juristische Verantwortung oder Haftung übernehmen.

Feedback:
Wir freuen uns über Fragen und Anmerkungen jeglicher Art. Bitte senden Sie diese an: *info@espresso-tutorials.com*.

Inhaltsverzeichnis

Vorwort

Vor etwa 20 Jahren begann der Siegeszug des SAP Business Warehouse. Damals wurde es hauptsächlich als eigenes OLAP-basiertes Berichtssystem eingesetzt, um das klassische OLTP-basierte Enterprise-Resource-Planning-System (ERP) von der aufwendigen Massendatenverarbeitung und berechnung zu entlasten. Das erste SAP Business Warehouse nutzte dabei die SAP-NetWeaver-Architektur, um mit den verbundenen Systemen, wie etwa ERP, HR, CRM oder SCM, Daten auszutauschen. In den folgenden Jahren wurde SAP Business Warehouse mit immer mehr branchenspezifischem Content und neuen Funktionen erweitert. Doch mit überproportional wachsender Datenmenge gelangte selbst die SAP-NetWeaver-Architektur an Performancegrenzen, und Anwender begannen sich über zunehmend schlechte Leistung bei wachsender Datenmenge zu beschweren. Zusätzlich verstärkten aktuelle Themen wie Big Data und Industrie 4.0 den Druck, echte Massendaten im Terabyte-Bereich zu verarbeiten, im Idealfall auch in Echtzeit.

Hier führte SAP vor einigen Jahren SAP HANA ein. Bei SAP HANA handelt es sich um eine In-Memory-Datenbank, die in der Lage ist, Massendaten auch in Echtzeit zu verarbeiten. Damit begann gleichzeitig die Umstellung der grundlegenden Systemarchitektur weg von SAP NetWeaver zu einer SAP-HANA-basierten Architektur. Inzwischen sind die meisten Systeme, wie ERP, HR, CRM, SCM, auf SAP-HANA-Basis verfügbar und Kunden migrieren sukzessiv auf die neue Landschaft.

Dieses Buch zeigt Ihnen die ersten Schritte in SAP BW/4HANA sehr praxisnah mit vielen Screenshots und einer Schritt-für-Schritt-Anleitung. Anhand eines Fallbeispiels aus der Versorgungsbranche werden wir nach und nach ein Datenmodell zur Lösung des Fallbeispiels in einem SAP-BW/4HANA-System anlegen. Viele Übungsaufgaben ermutigen Sie hierbei, das gezeigte Vorgehen selbstständig umzusetzen. Am Ende jeder Übungsaufgabe finden Sie Screenshots, die die Lösung zeigen. Zur Bewältigung der Aufgaben und zur Nutzung des Buches sind jedoch einige Systemvoraussetzungen zu beachten:

Systemvoraussetzungen

Das Buch setzt eine Installation von SAP BW/4HANA voraus. Ferner benötigen Sie einen BW-Benutzer für die Modellierung der Objekte im Data Warehouse. Im Buch wird dafür der BW-Benutzer »DEVELOPER« verwendet.

Als weitere Voraussetzungen benötigen Sie eine Eclipse-Installation mit mindestens den installierten Plug-ins für ABAP Development Tools und den BW Modeling Tools.

Falls Sie eine Testversion von SAP BW/4HANA aus der SAP HANA Cloud (SAP BW/4HANA Trial) nutzen möchten, verwenden Sie »SAP BW/4HANA 1.0 SP05 and BPC 11 SP01 including BW/4 Content SP02«. Diese Applikation bildet die Grundlage für das vorliegende Buch. Wenn bei Ihnen Fehler auftreten, die über die in Kapitel 7 beschriebenen hinausgehen, und Sie Unterstützung zu deren Behebung im Rahmen der Testversion benötigen, können Sie mich direkt über E Mail an *info@juergen-noe-consulting.de* kontaktieren. Ansonsten wenden Sie sich bezüglich der Systemadministration und aller benötigten Zugänge und Software bitte an Ihren zuständigen Systemadministrator.

Gliederung

Im ersten Kapitel gebe ich einen kurzen Überblick über die Historie und die Entwicklung des SAP Business Warehouse. Im zweiten Kapitel stelle ich das Fallbeispiel aus der Versorgungsbranche vor und beschreibe mögliche Lösungsansätze. Im dritten Kapitel erfolgt eine knappe Vorstellung von Eclipse als Entwicklungsumgebung sowie der BW Modeling Tools.

Mit Kapitel 4 beginnt die eigentliche Datenmodellierung: Es beschreibt den skizzenhaften Entwurf eines Datenmodells mit den Datenflussdiagrammen sowie die Erstellung der benötigten Stammdaten. Kapitel 5 widmet sich ausschließlich den Bewegungsdaten. Mit Ende des fünften Kapitels ist Ihr Datenmodell vollständig im System angelegt. Kapitel 6 beschreibt das Laden der Daten per Datentransferprozess ins SAP-BW/4HANA-System sowie eine Auswertung der Daten im CompositeProvider. Das letzte Kapitel gibt einen Ausblick auf die geplanten Erweiterungen, speziell SAP Data Warehouse Cloud. Gerade die Kapitel 4 bis 6 enthalten sehr viele Übungen, in denen Sie das Vorgehen selbst praktisch am System üben können. Unter jeder Übung befinden sich Screenshots mit der Lösung, die Sie zur Kontrolle nutzen können.

An dieser Stelle vielen Dank an die Lektorin und meine Familie, die mich immer bei diesem Projekt unterstützt haben und ohne deren Hilfe das Buch in dieser Form nie möglich gewesen wäre.

Jetzt wünsche ich Ihnen viel Spaß bei der Lektüre!

In den Text sind Kästen eingefügt, um wichtige Informationen besonders hervorzuheben. Jeder Kasten ist zusätzlich mit einem Piktogramm versehen, das diesen genauer klassifiziert:

Hinweis

Hinweise bieten praktische Tipps zum Umgang mit dem jeweiligen Thema.

Beispiel

Beispiele dienen dazu, ein Thema besser zu illustrieren.

! Achtung

Warnungen weisen auf mögliche Fehlerquellen oder Stolpersteine im Zusammenhang mit einem Thema hin.

Übungsaufgabe

Übungsaufgaben helfen Ihnen, Ihr Wissen zu festigen und zu vertiefen.

Die Form der Anrede

Um den Lesefluss nicht zu beeinträchtigen, verwenden wir im vorliegenden Buch bei personenbezogenen Substantiven und Pronomen zwar nur die gewohnte männliche Sprachform, meinen aber gleichermaßen Personen weiblichen und diversen Geschlechts.

Hinweis zum Urheberrecht

Sämtliche in diesem Buch abgedruckten Screenshots unterliegen dem Copyright der SAP SE. Alle Rechte an den Screenshots hält die SAP SE. Der Einfachheit halber haben wir im Rest des Buches darauf verzichtet, dies unter jedem Screenshot gesondert auszuweisen.

1 Einführung in SAP Business Warehouse

In diesem Kapitel erhalten Sie eine generelle Einführung in das Thema »Business Intelligence« und einen kurzen Abriss zur Historie von SAP Business Warehouse. Abschließend werden die beiden Produkte SAP BW/4HANA und SAP SQL Data Warehousing kurz dargestellt.

1.1 Einstieg in Business Intelligence

Amazon hat es erfolgreich in seinem Geschäftsmodell eingesetzt: das sogenannte Cross- und Upselling. Mit *Cross-Selling* ist Folgendes gemeint: Wenn Sie sich auf der Internetseite von Amazon als Benutzer registrieren und nach interessanten Büchern stöbern, so speichert das E-Commerce-Versandhaus die Treffer Ihrer Suche. Sobald Sie das nächste Mal auf die Seite gehen, schlägt Ihnen Amazon weitere Titel vor, die zu Ihren Interessen passen. Unter Upselling ist dagegen zu verstehen, dass Ihnen während Ihrer Suche ein teurerer Artikel oder ein Set, das den gewünschten Artikel enthält, vorgeschlagen werden.

Die diesem Prinzip zugrunde liegende Frage ist: Wie bringe ich als Unternehmen meine Kunden dazu, beim nächsten Online-Besuch nicht nur den gewünschten, sondern eventuell weitere Artikel zu kaufen? Amazon hatte hierzu die entscheidende Idee: Wenn es gelingt, die Suchanfrage der Benutzer zu speichern, über einen Algorithmus verwandte Ergebnisse zu finden und sie dem Interessenten vorzuschlagen, kauft der Kunde eventuell mehr als nur einen Artikel. Die Umsetzung erfolgt mittels einer sogenannten *Recommendation Engine* [1] bzw. eines *Empfehlungsdienstes*. Im Hintergrund werden dabei Methoden des Data-Minings aufgerufen, die verwandte oder ergänzende Produkte ermitteln. Data-Mining und Recommendation Engines sind die bekanntesten Beispiele für den Einsatz von Business Intelligence.

Das Gabler Wirtschaftslexikon definiert Business Intelligence wie folgt:

»Sammelbegriff für den IT-gestützten Zugriff auf Informationen, sowie die IT-gestützte Analyse und Aufbereitung dieser Informationen. Ziel dieses Prozesses ist es, aus dem im Unternehmen vorhandenen Wissen neues Wissen zu generieren. Bei diesem neu gewonnenen Wissen soll es sich um relevantes, handlungsorientiertes Wissen handeln, welches Managemententscheidungen zur Steuerung des Unternehmens unterstützt.« [2]

Business Intelligence beinhaltet somit bei Weitem nicht nur die bloße Abfrage von Tabellen und das Anzeigen der Ergebnisse auf einer geeigneten Benutzeroberfläche. Vielmehr ist eines der Ziele, durch den Einsatz von Business-Intelligence-Tools und -Methoden neue Zusammenhänge zwischen Daten zu entdecken, die für die Erschließung neuer Kundenfelder oder die Nutzung alternativer Vertriebswege genutzt werden können.

1.2 Grundkonzepte des Data Warehousing

Neben der Globalisierung hat sich in jüngster Zeit auch die Erkenntnis von der Macht der Daten durchgesetzt. Ein Unternehmen, das in der Lage ist, persönliche Daten von Kunden, wie seine Adresse oder Vorlieben und Interessen, geeignet zu speichern und zu analysieren, hat enorme Wettbewerbsvorteile. So erzielt Facebook den meisten Umsatz nicht mit seiner Webseite oder mobilen App, sondern mit Diensten zur Auswertung der mehr als eine Milliarde Benutzerdaten. In diesem Zusammenhang geriet Cambridge Analytics 2016 in die Schlagzeilen, als herauskam, dass das Unternehmen den Präsidentschaftskandidaten Donald Trump im Kampf um Wählerstimmen mit analytischen Methoden, basierend auf Facebook-Nutzungsdaten, unterstützt habe. Technisch ermöglicht haben dies sogenannte *Data Warehouses*, die in der Lage sind, sehr große Datenmengen in einer Datenbank zu speichern und die die Möglichkeit bieten, Daten gezielt zu filtern sowie mit statistischen Verfahren der Varianzanalyse oder Stichprobentheorie auf Zusammenhänge zu prüfen. Außerdem lassen sich in kurzer Zeit

Rechenoperationen oder Abfragen performant ausführen. 1988 stellte IBM als erstes Unternehmen ein Data Warehouse vor.

1.2.1 Definition Data Warehouse

Das Gabler Wirtschaftslexikon definiert den Begriff »Data Warehouse« als

»... eine von den operativen Datenverarbeitungssystemen separierte Datenbank, auf die nur Lesezugriff besteht. In regelmäßigen Abständen werden aus den operativen DV-Systemen unternehmensspezifische, historische und daher unveränderliche Daten zusammengetragen, vereinheitlicht, nach Nutzungszusammenhängen geordnet, verdichtet und dauerhaft in der Datenbasis des Data Warehouse archiviert. Ziel ist die Verbesserung der unternehmensinternen Informationsversorgung (Wissensmanagement) und damit der Unterstützung strategischer Entscheidungen. Als analytisches System liefert es Informationen zur Problemanalyse – Online Analytical Processing (OLAP) –, die durch die Anwendung von Methoden (z. B. des Data Mining) generiert werden.« [3]

Berichtswesen im Data Warehouse

Im Vordergrund eines Data Warehouse steht weniger das operative als vielmehr das taktische oder strategische Berichtswesen zur optimierten Entscheidungsfindung für das Unternehmensmanagement.

Die Daten aus den operativen Systemen werden in mehreren Schritten verdichtet, vereinheitlicht und geordnet, bis sie für das Berichtswesen im Management den geforderten Aggregierungsgrad aufweisen. Viele Unternehmen betreiben daher in der Praxis ein mehrschichtiges Data Warehouse, wie in Abbildung 1.1 dargestellt.

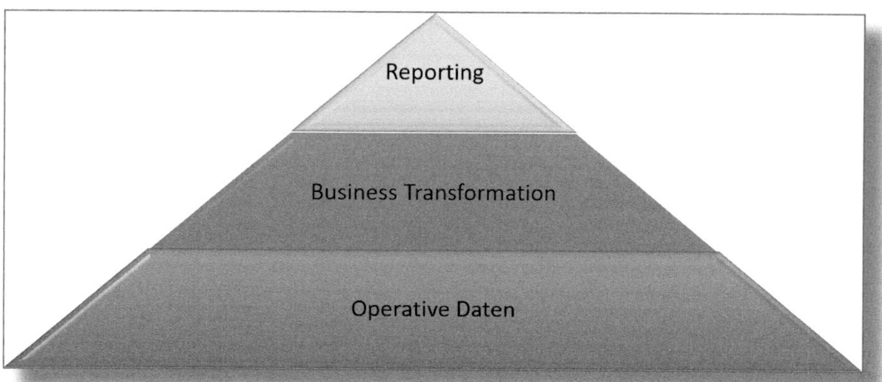

Abbildung 1.1: Data-Warehouse-Schichten

- Die unterste Ebene enthält sehr detailliert **operative Daten** aus den angeschlossenen Vorsystemen, wie beispielsweise einem ERP- oder CRM-System. Meist finden sich hier die einzelnen Belege wie Bestellungen, Kundenaufträge oder Buchungsbelege aus der Finanzbuchhaltung.
- In der Ebene **Business Transformation** (Umwandlung in Fachbereichsdaten) werden die operativen Daten interpretiert, harmonisiert und meist auch auf weniger Details verdichtet. In der Folge könnte das etwa bedeuten, dass nicht mehr der einzelne Buchhaltungsbeleg betrachtet, sondern z. B. ein Kontensaldo ermittelt wird. Auf dieser Ebene sind darüber hinaus zusätzliche Ableitungs- oder Zuordnungsregeln definiert, nach denen die Daten gegliedert werden. Hier kann man hinterlegen, welche Konten einer Tochtergesellschaft welchen Konten des Gesamtkonzerns zugeordnet sind.
- Nach der Business Transformation werden die Daten an die **Reporting**-Ebene weitergeleitet. Dort stehen sie für das Berichtswesen zur Verfügung. Meist werden die Daten auf der obersten Ebene noch weiter verdichtet, um ein leistungsstarkes Berichtswesen zu ermöglichen. Hier lassen sich letztlich die konsolidierte Bilanz des Konzerns sowie, bei Bedarf, die Bilanzen der Tochtergesellschaft abrufen.

Aus dieser Übersicht wird zum einen deutlich, dass die Daten in einem klassischen Data Warehouse oft redundant gespeichert werden, was viel Speicherplatz erfordert. Zum anderen bietet sich durch den Einsatz eines Data Warehouse die Möglichkeit, auf der Basis von vereinheitlichten und hoch aggregierten Daten zu berichten. Dies entlastet die operativen Systeme.

Basierend auf diesen Annahmen sowie mit zunehmendem Praxiseinsatz wuchs die Erkenntnis, dass Data Warehouses eine spezielle Architektur erfordern, um Insellösungen und Datensilos zu vermeiden.

1.2.2 Corporate Information Factory nach Bill Inmon

Im Jahr 1996 war es Bill Inmon vorbehalten, die Idee einer *Corporate Information Factory (CIF)* zu veröffentlichen. Sie ist in der vereinfachten Abbildung 1.2 dargestellt.

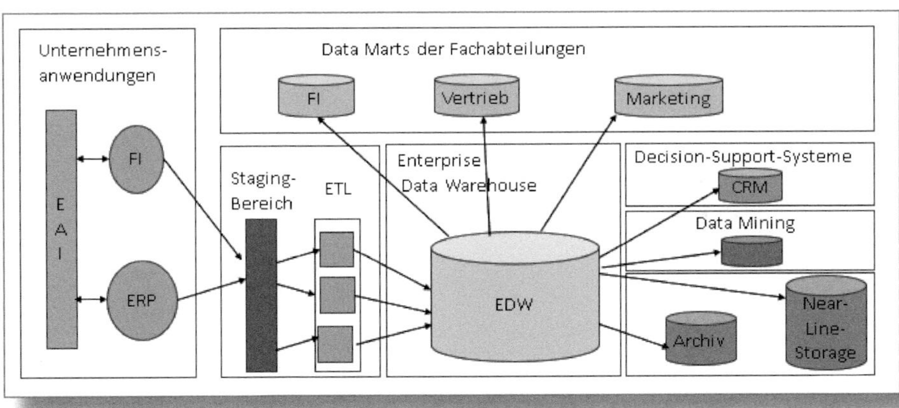

Abbildung 1.2: Corporate Information Factory

Die Kernidee einer CIF ist, dass Daten aus dem gesamten Unternehmen in einem von Bill Inmon skizzierten Enterprise Data Warehouse (EDW) abgelegt werden und dort nachgelagerten Systemen für Auswertungen zur Verfügung stehen. Im ersten Schritt werden die Daten aus verschiedensten Vorsystemen oder Applikationen extrahiert und in einem

Staging-Bereich gespeichert. Hier können sie im nächsten Schritt per *Extraktion, Transformation und Laden (ETL)* homogenisiert und verdichtet werden, damit sich anschließend weitere Zusammenhänge zwischen ihnen ableiten lassen.

Staging

Die Prozessierung der Daten über Extraktion aus den angeschlossenen Quellsystemen bis hin zur Bereitstellung in Data Marts heißt *Staging*.

Im Anschluss an das ETL werden die Daten meist in verschiedenen *Data Marts* des Enterprise Data Warehouse gespeichert. Ein Data Mart kann in diesem Kontext einerseits eine persistente anwendungsspezifische Sicht, andererseits eine für einen bestimmten Organisationsbereich erstellte persistente Sicht auf die Daten sein.

Im Zentrum der CIF steht das Enterprise Data Warehouse, das die Daten an nachgelagerte Systeme liefert. Dies können Decision-Support-Systeme oder sogenannte Departmental Data Marts sein, also abteilungs- oder fachspezifische Data Marts. Die Daten im EDW erfüllen folgende Eigenschaften:

- granular
- integriert
- historisch

1.2.3 Die Referenzarchitektur LSA

Parallel zur Entwicklung der ersten Data Warehouses wuchsen, bedingt durch den Aufstieg von SAP R/3 zum Werkzeug für die unternehmensweite Ressourcenplanung, die Anforderungen an das unternehmensinterne Berichtswesen. Mithilfe des herkömmlichen ERP-Systems waren diese Anforderungen nur noch schwer zu erfüllen.

In der ersten Hälfte des Jahres 1997 ging SAP Business Information Warehouse 1.2A für wenige ausgewählte Kunden an den Start. Bill Inmon hatte dazu mit seiner CIF-Idee architektonisch die Vorarbeit geleistet. Die SAP griff seine Idee auf und nutzte sie für die generelle Strukturierung und Modellierung des eigenen Business Warehouse. Architektonisch war das SAP Business Warehouse bis zur Version 7.5 in die Infrastruktur von SAP NetWeaver integriert. Im Laufe der Zeit entwickelte sich SAP Business Warehouse durch den sogenannten *Business Content* kontinuierlich weiter, mit dem schnell und einfach betriebliche Prozesse verschiedener Branchen abgebildet werden konnten. Mit der zunehmenden Anzahl an Funktionalitäten und neuen Einsatzgebieten stieg jedoch auch die Komplexität und warf bei den Anwendern Fragen bezüglich der Data-Warehouse-Architektur auf. Die klassische Schichtenarchitektur erwies sich in vielen Belangen als zu starr und wenig flexibel bezüglich Anpassungen und Erweiterungen. Den Fachabteilungen dauerte es oft zu lange, bis eine angeforderte Änderung produktiv gehen konnte.

Mit den Jahren und mit zunehmender Erfahrung im dauerhaften Betrieb eines Warehouse setzte sich die Erkenntnis durch, dass ein Business Warehouse eine zukunftsfähige Architektur benötigt, die mit dem Unternehmen mitwachsen kann. 2009 entwarf SAP eine skalierbare Architektur unter dem Namen *Layered Scalable Architecture (LSA)*, also skalierbare Schichtenarchitektur.

Zentraler Ansatzpunkt war, dass man auch zukünftig in der Lage sein wollte, schnell sowie mit nur wenigen Eingriffen in die existierenden Datenmodelle und Applikationen auf geänderte Anforderungen reagieren zu können.

Abbildung 1.3 stellt die Referenzarchitektur der LSA von SAP in der Übersicht dar.

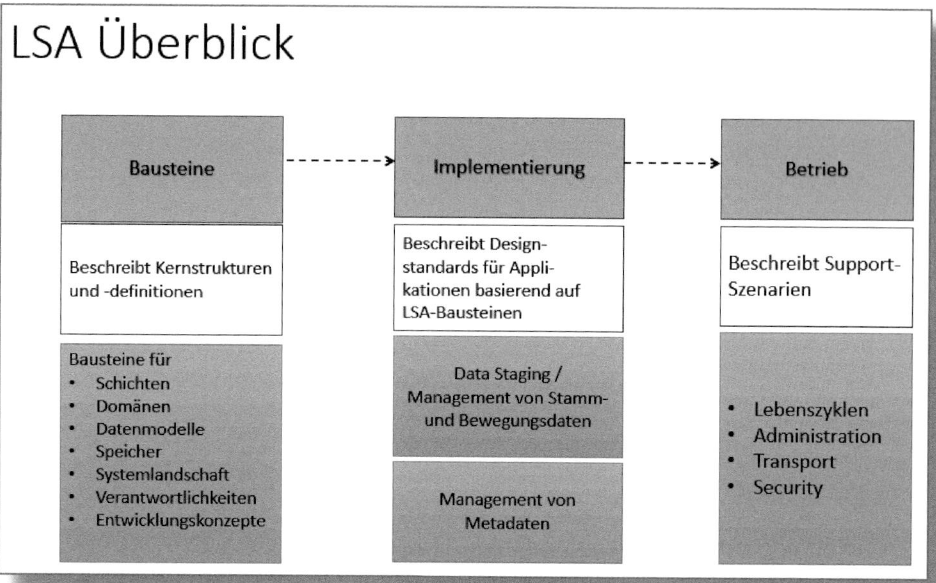

Abbildung 1.3: LSA-Blöcke (eigene Darstellung)

Die einzelnen Blöcke werden nacheinander durchlaufen, und im Zuge dessen werden die einzelnen Bausteine an den Bedürfnissen und Prozessen des Kunden ausgerichtet. Mit dem Kunden werden innerhalb des Blocks »Bausteine« beispielsweise die Granularität der Schichten definiert und Vorgaben für Datenmodelle sowie Entwicklungsrichtlinien festgelegt. Damit entsteht eine kundenindividuelle LSA, die die Prozesse und die Umgebung des Kunden exakt widerspiegelt. Die LSA bietet somit weit mehr als die reine Schichtenarchitektur des bisherigen Data Warehouse, indem sie alle Prozesse beschreibt, die für den Aufbau sowie für den reibungslosen Betrieb eines Business Warehouse erforderlich sind. Für die Gliederung in einzelne Schichten findet sich in der Referenzarchitektur ein Vorschlag (siehe Abbildung 1.4).

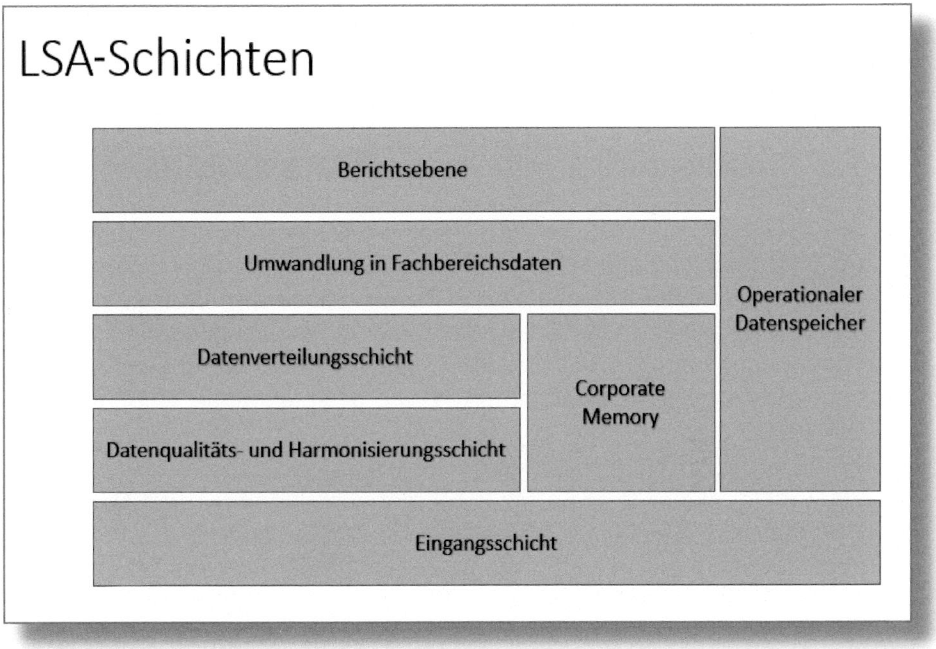

LSA-Schichten

Berichtsebene

Umwandlung in Fachbereichsdaten

Operationaler Datenspeicher

Datenverteilungsschicht

Corporate Memory

Datenqualitäts- und Harmonisierungsschicht

Eingangsschicht

Abbildung 1.4: LSA-Schichtenmodell

Man erkennt hier eine Fünf-Schichten-Architektur. Die Eingangsschicht entspricht dem Staging-Bereich in Bill Inmons CIF (vgl. Abschnitt 1.2.2). Die Ebenen *Datenqualitäts- und Harmonisierungsschicht*, *Datenverteilungsschicht* sowie *Schicht zu Umwandlung in Fachbereichsdaten* entsprechen zusammengenommen grob der ETL aus Bill Inmons CIF. Die oberste Schicht, die *Berichtsebene* mit den Data Marts der Fachabteilungen, entspricht dem Enterprise Data Warehouse. Das Corporate Memory hält die Daten der Eingangsschicht harmonisiert und in Unternehmensbegrifflichkeiten übersetzt zum Wiederaufbau der Applikationen vor, falls die Daten nicht mehr aus dem Quellsystem geladen werden können. Dies kann der Fall sein, wenn die Daten im Quellsystem aus Datenschutz- oder Archivierungsgründen gelöscht werden mussten.

1.3 Grundlegende Architektur von SAP BW/4HANA

Schon seit Mitte der Siebzigerjahre war das Konzept der spaltenbasierten Datenbanken bekannt, in denen die Daten nicht wie bei herkömmlichen relationalen Datenbanken in Zeilen, sondern in Spalten abgelegt sind. Diese Form der Speicherung eignet sich besonders für Data Warehouses und OLAP-Systeme. Erweitert wurde das Konzept durch sogenannte *In-Memory-Datenbanken*, wie beispielsweise 1997 durch QlikView.

2007 stellte die SAP ihre erste In-Memory-Lösung unter dem Namen *SAP Business Warehouse Accelerator* vor. Dabei handelte es sich um zusätzliche Hardware, in der die Daten nicht mehr Zeile für Zeile, sondern in Spalten abgelegt wurden. Mit einem an das BW angeschlossenen Business Warehouse Accelerator konnte die Abfrageperformance deutlich erhöht werden.

In den folgenden Jahren wurde diese Technologie ständig weiterentwickelt. 2010 präsentierte das Hasso-Plattner-Institut in Berlin die neue Lösung SAP HANA. Bei SAP HANA handelt es sich nicht nur um eine reine In-Memory-Datenbank, die in sehr kurzer Zeit auf sehr große Datenmengen zugreifen kann. Es ist vielmehr eine komplette Plattform. Zu dieser gehören neben der SAP HANA Appliance und SAP HANA In-Memory Appliance auch die SAP In-Memory Computing Engine. Die SAP-HANA-Datenbank speichert sowohl Daten aus OLTP- als auch aus OLAP-Systemen.

! SAP BW und SAP HANA

SAP HANA wird erst mit SAP BW 7.3 als Datenbank unterstützt. Frühere Releases von SAP BW können nicht mit dieser Technologie genutzt werden.

Mit dem Einsatz der SAP-HANA-Plattform ergeben sich Änderungen an der Layered Scalable Architecture. 2012 veröffentlichte die SAP Anpassungen an der LSA unter der Bezeichnung LSA++. Abbildung 1.5 stellt die Architektur zusammenfassend dar.

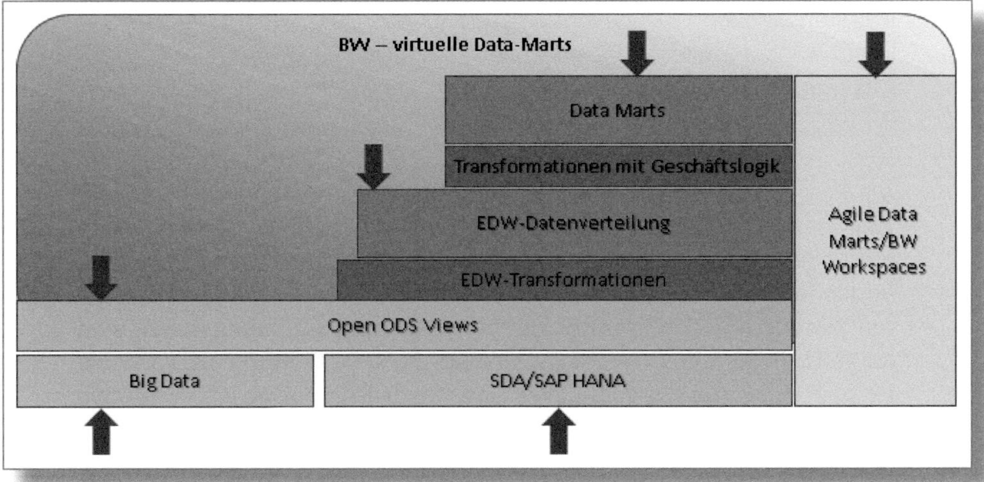

Abbildung 1.5: Architektur von LSA++

Ein Bestandteil der Architektur ist u. a. eine *virtuelle Data-Marts*-Schicht in BW, in der sich die Daten aus den vorhergehenden Schichten als sogenannte *externe View* in SAP HANA ablegen lassen. Dadurch können Queries mit optimalen Zugriffszeiten auf operationale Daten gebaut werden. Während die LSA noch – überwiegend aus Performancegründen – eine Trennung zwischen Berichtsebene und den operationalen Daten vollzog, entfällt diese Trennung durch den Einsatz von SAP HANA. Mit dieser neuen Datenbanktechnologie von SAP kann auf alle Schichten der LSA++-Architektur gleichermaßen leistungsfähig zugegriffen werden, was letztlich ein operatives und taktisches Berichtswesen zulässt. Die großen Vorteile liegen hier in einer Auflösung des starren Schichtenmodells, das mehrfach redundante Speicherung erzwang, und einem flexibleren Aufbau der Unternehmensberichte auf operationalen und taktischen Daten.

Migration auf SAP BW/4HANA

Eine Darstellung aller Funktionalitäten sowie Migrationsmöglichkeiten von einem Business Warehouse on any DB oder SAP BW on HANA auf SAP BW/4HANA sprengt den Rahmen dieses Buches. Als weiterführende Lektüre verweise ich auf das Buch »SAP BW/4HANA und BW auf HANA«, 2., erweiterte Auflage (Sauer/Riesner, Espresso Tutorials, 2017)

Als Folge der Einführung von SAP HANA als grundlegende Plattform war es nur logisch, SAP Business Warehouse ebenfalls technologisch auf neue Füße zu stellen. Mit der Version 7.5 des SAP Business Warehouse liefert SAP die letzte Version eines auf SAP NetWeaver basierten Warehouse. Weiterentwicklungen oder neue Funktionalitäten sind aktuell für SAP BW 7.5 nicht geplant. Da die neue technologische Basis für SAP Business Warehouse die Datenbank SAP HANA ist, erhielt das neue Produkt auch einen entsprechenden Namen: »SAP BW/4HANA«. SAP HANA dient dabei sowohl zur Speicherung der Daten als auch zur Abwicklung von Logiken im Bereich des ETL oder zur Umwandlung der Fachbereichsdaten. Für die Beschreibung Letzterer stellt SAP HANA beispielweise spezielle mathematische, statistische oder auch String-Verarbeitungsfunktionen zur Verfügung. Aus Gründen der Abwärtskompatibilität verfügt SAP BW/4HANA über einen kleinen ABAP Stack, mit dem der Entwickler Business-Logik in ABAP hinterlegen kann.

1.3.1 Elemente und Struktur von SAP BW/4HANA

Wie in Abbildung 1.5 ersichtlich, können Sie an SAP BW/4HANA verschiedene Quellsysteme anschließen. Dies können andere SAP-Systeme, Dateien, relationale Datenbanken, aber auch Webservices sein.

Die Anbindung der verschiedenen Quellsysteme erfolgt über sogenannte *DataSources*, die ein Eins-zu-eins-Abbild der Quelldaten darstellen.

Die Eingangsebene der Daten kann in SAP BW/4HANA mit sogenannten *Advanced DataStore Objects (aDSO)* in der Ausprägung eines schreiboptimierten DSO modelliert werden. Dies sind flache Tabellen, in denen die Daten aus dem Vorsystem unverändert abgelegt, historisiert und im nächsten Schritt über ETL-Methoden an das SAP Business Warehouse übertragen werden können.

Das kleinste Element der Modellierung in SAP BW/4HANA stellt das sogenannte *InfoObject* dar. InfoObjects lassen sich wiederum nach *Merkmalen* und *Kennzahlen* unterscheiden.

Methoden der Datenverarbeitung stehen in SAP BW/4HANA ausschließlich in Form von Transformationen zur Verfügung. Als Lademethode dient der Datentransferprozess. Datenziele einer Transformation heißen in SAP BW/4HANA allgemein *InfoProvider*. Die beiden wichtigsten Typen der InfoProvider sind das bereits erwähnte *aDSO* sowie der *CompositeProvider*. CompositeProvider bieten eine für die mehrdimensionale Analyse optimierte Sicht auf die Daten. Der CompositeProvider vereint technisch die Möglichkeiten einer SQL-UNION und eines SQL-JOIN aus den verschiedenen beteiligten InfoProvidern.

SQL-JOIN

Ein SQL-JOIN liefert aus den Datensätzen zweier oder mehrerer Tabellen einer relationalen Datenbank eine Ergebnistabelle, deren Datensätze Felder der verwendeten Tabellen anhand einer Verbundoperation (JOIN) enthalten.

Beispielabfrage: Liefere mir alle Rechnungen eines Kunden mit Kundennamen, Rechnungsdatum und Rechnungsbetrag.

Das zugehörige SQL zeigt Listing 1.1.

```
SELECT Kunde.Vorname, Kunde.Nachname,
 Rechnung.Rechnungsdatum,
 Sum(Rechnung.Nettobetrag) AS Summe_Netto
FROM Rechnung
INNER JOIN
(Kunde
```

```
    INNER JOIN Kundenrechnung
      ON (Kunde.Kdnr = Kundenrechnung.Kdnr)
      AND (Kunde.Kdnr = Kundenrechnung.Kdnr))
ON (Kundenrechnung.Rechnungsnr =
    Rechnung.Rechnungsnr)
AND (Rechnung.Rechnungsnr =
      Kundenrechnung.Rechnungsnr)
GROUP BY Kunde.Vorname, Kunde.Nachname
```

Listing 1.1: Alle Rechnungen eines Kunden mit Kundendaten

SQL-UNION

Bei einer SQL-UNION werden die Ergebniszeilen von zwei oder mehr Tabellen verkettet.

Beispielabfrage: Liefere mir die Vornamen und Nachnamen aller Kunden und Lieferanten.

Das zugehörige SQL lautet:

```
SELECT Vorname, Nachname

from Kunde

UNION

Select Vorname, Nachname

from Lieferant;
```

Der CompositeProvider ist somit eine Weiterentwicklung und Vereinheitlichung der aus den SAP-NetWeaver-basierten Versionen des Business Warehouse bekannten InfoProvider-Typen »MultiProvider« und »InfoSet«. Mit der Option, Daten über eine externe View direkt als SAP-HANA-Tabelle bereitstellen zu lassen, können externe Tools ebenfalls auf die Daten in der SAP-HANA-Datenbank zugreifen. Benötigt wird hierfür lediglich ein passender SAP-HANA-ODBC- oder -JDBC-Treiber für die Zieldatenbank.

Der *Query Designer* dient auch unter SAP BW/4HANA als **das** Tool, um Daten in aggregierter oder angereicherter Form für ein Reporting zur Verfügung zu stellen. Unter SAP BW/4HANA und SAP BW on HANA hat der Query Designer ein Facelifting erfahren und wird als Eclipse-Plug-in innerhalb der BW Modeling Tools angeboten. Das Anlegen und Ausführen von Queries sprengt allerdings den Rahmen des Buches. Daher empfehle ich für das Arbeiten mit dem Query Designer in Eclipse mein Buch »Schnelleinstieg in den SAP Query Designer mit Eclipse« (Espresso Tutorials, 2017).

1.3.2 Kurzübersicht SAP BW/4HANA

SAP BW/4HANA ermöglicht eine sehr effiziente Integration verschiedenster SAP-Systeme über vorgefertigte Extraktoren, die der Kunde bei Bedarf anpassen kann. Die Architektur von SAP BW/4HANA zeigt Abbildung 1.6.

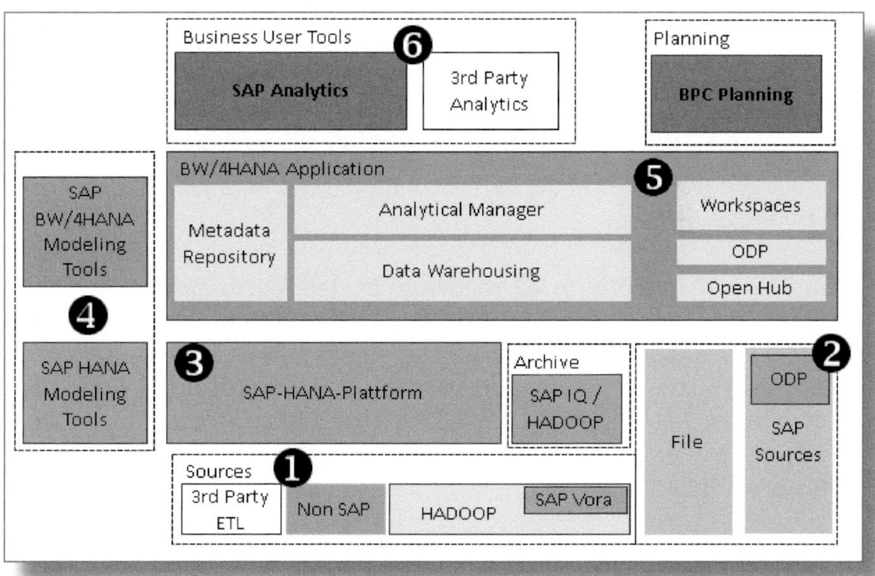

Abbildung 1.6: SAP-BW/4HANA-Architektur (eigene Darstellung)

Wie in der Abbildung unter ❶ zu sehen, ermöglicht SAP BW/4HANA das Einbinden verschiedener externer Quellen (*Sources*). Dies sind z. B. andere Datenbanken wie Microsoft SQL Server oder Oracle-Datenbanken. Über die Schnittstelle mit *SAP Vora* kann auch *Hadoop*, eine Lösung für Data Lakes, angeschlossen werden. Die *Operational-Data-Provisioning(ODP-)*Schnittstelle ❷ überträgt die Daten aus SAP-Quellsystemen per standardisiertem Delta-Handling an das BW-System. Bei ODP handelt es sich um einen Provider-Consumer-Ansatz. Das Quellsystem bietet über die ODP-API die Möglichkeit, dass Daten, wie beispielsweise die Kundenstammdaten, von beliebigen an das Quellsystem angeschlossenen Systemen konsumiert werden können. Die einzige Voraussetzung ist, dass das angeschlossene System die ODP-Schnittstellen-API ebenfalls implementiert hat. Sobald in SAP BW/4HANA ein Datentransferprozess zum Extrahieren der Kundendaten angestoßen wird, registriert sich das BW-System als Consumer beim Kundenstammdaten-Provider im Quellsystem. Über Zeitstempel und Datensatzzeiger kann daher ein sicherer, standardisierter Delta-Mechanismus zur Verfügung gestellt werden. Die ODP-Schnittstelle ersetzt die BICS-Schnittstelle, die aus den SAP-NetWeaver-basierten BW-Systemen bekannt ist, zum Datentransfer zwischen SAP-Systemen. Mit der ODP-Schnittstelle einher geht ein geändertes Verfahren, wie Datensätze im Delta-Init-Verfahren an SAP BW/4HANA übertragen werden. Dies ist eine wesentliche Neuerung in SAP BW/4HANA. Eine detaillierte Betrachtung der ODP-Schnittstelle sprengt jedoch den Rahmen dieses Buches.

Die *SAP-HANA-Plattform* ❸ wiederum besteht aus mehreren Komponenten; die wichtigsten im Zusammenhang mit BW sind die Datenbank (*DB*), die Calculation Engine (*Calc. Eng.*) sowie der SAP Smart Data Access (*SDA*) bzw. die SAP Smart Data Integration (*SDI*). Über SDA bzw. SDI können relationale Datenbanken angeschlossen und so gezielt einzelne relationale Tabellen oder Sichten auf eine Tabelle zeitgesteuert ins BW geladen werden.

In Abbildung 1.6 unter ❹ sind die geeigneten Tools aufgeführt. Aufgaben in der Datenbank sowie Arbeiten mit der Calculation Engine oder SDA erfolgen mit den *SAP HANA Modeling Tools*.

SAP BW/4HANA Application ❺ besteht aus dem eigentlichen *Data Warehousing* mit einer LSA++-Architektur und dem *Analytical Manager* für OLAP-Operationen bzw. mehrdimensionale Auswertungen. Daneben steht das *Metadata Repository*, das die gesamten Metadaten, also im Wesentlichen die Struktur der einzelnen Objekte, verwaltet. Als Schnittstellen zu anderen externen Systemen bietet SAP hier einerseits ODP und andererseits den *Open Hub* an. Für eine Zusammenarbeit im Team an einer gemeinsamen Aufgabe können *Workspaces* genutzt werden. Sie erlauben es dem Fachbereich und der IT, gemeinsam an einem Datenmodell zu arbeiten und dies grundsätzlich zu entwickeln, um es nach einer Abstimmung anschließend in das Data Warehousing zu übernehmen. Der Einsatz von Workspaces empfiehlt sich besonders für agile Projektmanagement-Methoden, wie etwa SCRUM.

Oberhalb von SAP BW/4HANA Application sind die Business User Tools ❻ angeschlossen. Dabei handelt es sich zum einen um *SAP-Analytics*-Lösungen, wie etwa SAP Analysis for Microsoft Office oder SAP Analytics Cloud. SAP Lumira wird nicht mehr weiterentwickelt, und der Support dafür wurde 2019 eingestellt. Zum anderen ist hier die Planungskomponente *SAP Business Planning and Consolidation (BPC)* zu nennen. Die SAP-BW/4HANA-Application-Schicht ist die Schnittstelle für weitere *Tools von Drittanbietern* für ein formatiertes Berichtswesen oder Management-Dashboards, wie etwa Qlik, Tableau und weitere.

Damit möchte ich den eher theoretischen Teil und die Einführung in SAP BW/4HANA beenden und mich im nächsten Kapitel dem Fallbeispiel zuwenden.

2 Fallbeispiel

In diesem Kapitel lernen Sie das Fallbeispiel mit Lösungsansatz kennen. Es werden kurz der rein feldbasierte, der InfoObject-basierte sowie der Hybrid- oder Mixed-Modeling-Ansatz zur Lösung vorgestellt.

2.1 Aufgabenstellung

Sie arbeiten in der IT-Abteilung eines Unternehmens aus der Energiewirtschaft. Ihre IT-Landschaft ist durch eine Vielzahl von verschiedenen Systemen und Anwendungen geprägt. Für die kritischen Prozesse ist SAP als führendes System gesetzt. Sie haben zahlreiche Kunden, jedoch ist der Markt durch Preiskämpfe geprägt. Über einschlägige Internetseiten kann sich der Verbraucher jederzeit über den günstigsten Stromtarif informieren. Davon ausgehend, dass alternative und erneuerbare Energien in nächster Zeit staatlich günstiger besteuert werden, entschließt sich Ihr Unternehmen, ein neues Stromprodukt speziell für Singles auf den Markt zu bringen. Der Marketing- und Produktabteilung fehlt jedoch eine verlässliche Aussage über einen konkurrenzfähigen Preis für das neue Stromprodukt.

Da der Energiemarkt stark staatlich kontrolliert ist, melden alle Energieunternehmen, im Weiteren »Netzbetreiber« genannt, die Strompreise einer zentralen Stelle, der Bundesnetzagentur. Die Bundesnetzagentur erlaubt verschiedenen Anbietern, diese Informationen zu verarbeiten, um sie öffentlich und auch für Privatverbraucher zur Verfügung zu stellen. Die gestellte Aufgabe von der Marketing- und Produktabteilung beinhaltet daher, eine Liste aller aktuellen Netzbetreiber mit dem aktuell gültigen Preis für einen Single-Privathaushalt mit ca. 2500 kWh Jahresverbrauch zu erstellen. Für unser Beispiel soll die Preisermittlung sehr stark vereinfacht werden. Der Preis soll in einem ersten Schritt nur anhand des Netznutzungsentgelts berechnet werden. Ein Netzbetreiber kann dabei den Strom an verschiedene postalische Orte in

Deutschland liefern. Dies sind die sogenannten Liefergebiete. Die von der Marketingabteilung geforderte Liste soll folgende Felder enthalten:

- Postleitzahl Liefergebiet
- Ort Liefergebiet
- Netzbetreibername
- Sitz des Netzbetreibers (Ort)
- Postleitzahl des Netzbetreibers
- Höhe Netznutzungsentgelt (NNE)

2.2 Datengrundlage

Da der gesamte Energiemarkt reguliert ist, können Sie auf einen Anbieter zurückgreifen, der die zur Lösung des Fallbeispiels benötigten Informationen, wie Netzbetreiber auf PLZ-/Ort-Ebene und die zugehörigen Kosten, vorhält. Die Firma ene't aus Hückelhoven stellt diese mit vielen weiteren zusätzlichen Informationen in Ihrem Downloadbereich zur Verfügung. Unter der URL *https://download.enet.eu/uebersicht/datenbanken* finden Sie eine Reihe von öffentlich zugänglichen Daten, wie Abbildung 2.1 zeigt.

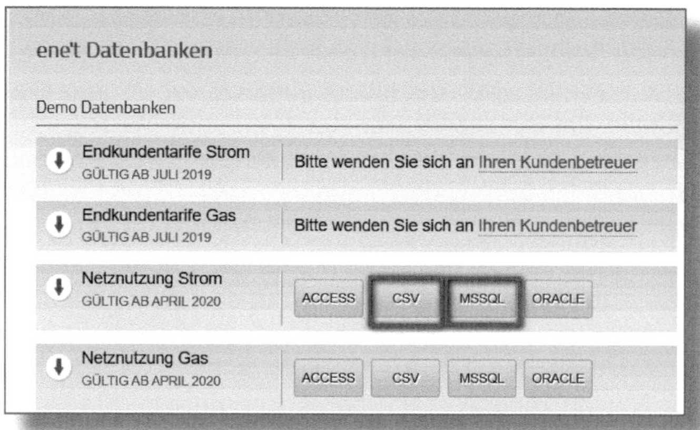

Abbildung 2.1: Frei verfügbare ene't-Datenbanken

Laden Sie sich von dieser Seite die ZIP-Datei für NETZNUTZUNG STROM als CSV und MSSQL herunter und speichern Sie beide Dateien lokal auf Ihrem PC. Anschließend entpacken Sie die Dateien in einen Ordner Ihrer Wahl. Schauen Sie sich den Ordner mit den entpackten CSV-Dateien kurz an und scrollen Sie etwas die Seite hinunter bis an die Stelle aus Abbildung 2.2.

Name	Typ
nns_csv_windows_1252_Netzbetreiber.csv	Microsoft Excel-CSV-Datei
nns_csv_windows_1252_Netzbetreiber_Historie.csv	Microsoft Excel-CSV-Datei
nns_csv_windows_1252_Netzbetreiber_Verlauf.csv	Microsoft Excel-CSV-Datei
nns_csv_windows_1252_Netzdaten.csv	Microsoft Excel-CSV-Datei
nns_csv_windows_1252_Netze.csv	Microsoft Excel-CSV-Datei
nns_csv_windows_1252_Netze_Hausnummern.csv	Microsoft Excel-CSV-Datei
nns_csv_windows_1252_Netze_Ortsteile.csv	Microsoft Excel-CSV-Datei
nns_csv_windows_1252_Netze_Strassen.csv	Microsoft Excel-CSV-Datei
nns_csv_windows_1252_Netznutzungsentgelt.csv	Microsoft Excel-CSV-Datei
nns_csv_windows_1252_Ortszusaetze.csv	Microsoft Excel-CSV-Datei
nns_csv_windows_1252_PLZ_Archiv.csv	Microsoft Excel-CSV-Datei
nns_csv_windows_1252_PLZ_Netzbetreiber.csv	Microsoft Excel-CSV-Datei
nns_csv_windows_1252_Preisregelung.csv	Microsoft Excel-CSV-Datei
nns_csv_windows_1252_PricatDatei.csv	Microsoft Excel-CSV-Datei
nns_csv_windows_1252_PricatMesspreise.csv	Microsoft Excel-CSV-Datei
nns_csv_windows_1252_PricatMesspreisregelungen.csv	Microsoft Excel-CSV-Datei
nns_csv_windows_1252_PricatMesspreisTyp.csv	Microsoft Excel-CSV-Datei
nns_csv_windows_1252_Regelgebiete.csv	Microsoft Excel-CSV-Datei

Abbildung 2.2: Auszug aus ene't-Dateien

Die vorliegenden Daten enthalten nur einen Ausschnitt der gesamten Datenmenge. Dieser reicht für unser Fallbeispiel jedoch aus. Anhand der Dateinamen sehen Sie, dass das Datenmodell von ene't normalisiert vorliegt. Die Daten zur Lösung der Aufgabenstellung sind daher auf mehrere Dateien bzw. Tabellen aufgeteilt.

Die Lösung erfordert eine Tabelle, die Ihnen pro Postleitzahl und Ort den aktuellen Netzbetreiber liefert. Für den Sitz des Netzbetreibers und die Postleitzahl des Netzbetreibers benötigen Sie seine Stammdaten. Zum weiteren Verständnis hilft, dass das deutsche Stromnetz in viele kleinere Stromnetze aufgeteilt ist. Jedes dieser kleineren Stromnetze hat eine eindeutige Netznummer zur Identifikation erhalten. Jeder

Netznummer ist dabei eindeutig ein Netzbetreiber zugeordnet. Die Preiskalkulation erfolgt über eine Tabelle mit dem Netznutzungsentgelt.

Konkret sind für das Fallbeispiel nur die in Tabelle 2.1 ausgewiesenen ene't-Tabellen erforderlich:

ene't-Tabelle	Beschreibung
Netzbetreiber	Stammdaten des Netzbetreibers, wie Adresse, Bundesland, Kontaktdaten, ...
Netze	Stammdaten mit Zuordnung des Netzbetreibers zur Netznummer
PLZ_Netzbetreiber	Liste aller Postleitzahlen und Orte mit zugeordneter Netznummer
Netznutzungsentgelt	Netznutzungsentgelt pro Netznummer

Tabelle 2.1: enet't-Tabellen für Fallbeispiel

Ich möchte die einzelnen Kostenkomponenten kurz näher erläutern und die notwendigen Beziehungen zwischen den benötigten ene't-Tabellen darstellen, um die entsprechenden Teilkomponenten der Kosten zu erhalten.

Die Ermittlung der Kosten möchte ich Ihnen anhand eines Netzbetreibers in 66111 Saarbrücken exemplarisch zeigen. Öffnen Sie die CSV-Datei für PLZ_NETZBETREIBER in Excel. Filtern Sie auf die Postleitzahl *66111*. Als Netznummer finden Sie im Feld NETZ-NR. den Wert *66117001*.

Für das Netznutzungsentgelt öffnen Sie die zugehörige CSV-Datei NETZNUTZUNGSENTGELT.CSV. Sie stellen fest, dass die Datei aus sehr vielen Spalten mit unterschiedlichen Werten besteht. Diese Datei liegt im Kennzahlenformat vor. Für die Lösung wird nur ein Teilausschnitt benötigt. Das Netznutzungsentgelt soll für Single-Privathaushalte mit einem Eintarif-Drehstromzähler ermittelt werden. Folgende Spalten werden benötigt:

- NETZ_NR
- ID

- GUELTIG_SEIT
- GUELTIG_BIS
- Ms_o_LM_HH_GP
- MS_o_LM_HH_AP

Filtern Sie in der Spalte NETZ_NR wieder auf den Wert *66117001*, in der Spalte STATUS_ID auf *1* und im Feld GUELTIG_BIS auf *31.12.2999*. Der Grundpreis ist in der Spalte MS_o_LM_HH_GP, der Arbeitspreis pro kWh in der Spalte MS_o_LM_HH_AP gespeichert. Die Formel zur Berechnung lautet folgendermaßen:

Berechnung Netznutzungsentgelt

Generelle Formel:

»Grundpreis« [€/Jahr] + Verbrauch [kWh/Jahr] * »Arbeitspreis« [Cent/(kWh)] / 100 [Cent/€]

Für die Netznummer 66117001 ermittelt sich demnach das Netznutzungsentgelt wie folgt:

35 [€] + 2500 [kWh] * 5,12 [Cent/kWh] / 100 [Cent/€] = **163,00 €.**

Mit diesem Wissen kann prinzipiell ein erster Datenfluss gebaut werden. Für die weitere Modellierung ist noch ein Punkt wichtig: Soll ein rein feldbasierter, ein rein InfoObject-basierter Ansatz oder ein Mixed-Modeling-Ansatz verfolgt werden?

2.3 Feldbasierter Lösungsansatz

Mit SAP BW/4HANA ist ein rein feldbasiertes Modellieren prinzipiell möglich. Beim feldbasierten Modellieren verzichten Sie auf das Anlegen von InfoObjects und nutzen ausschließlich die Felder aus den Tabellen der angeschlossenen Systeme. Dies hat den Vorteil, dass Sie schnell einen Prototyp entwickeln können, um dem Fachbereich die ersten Ergebnisse zu präsentieren. Dies ermöglicht Ihnen auch ein operatives Reporting auf den nahezu unveränderten Quelldaten. Ebenfalls damit verbunden sind Möglichkeiten zum schnellen Verifizieren der Datenqualität durch einen Abgleich mit dem Quellsystem. Das ist wichtig, denn ein häufiger Kritikpunkt an Data-Warehouse-Systemen ist mangelnde oder unzureichende Datenqualität. Insbesondere wenn Sie SAP S/4HANA im Einsatz haben, können Sie sehr schnell Abfragen gegen SAP BW/4HANA und SAP S/4HANA durchführen und die Datenqualität beurteilen. Im einfachsten Beispiel nutzen Sie dazu die SQL-Konsole in Eclipse, führen dort für das jeweilige System die SELECT-Abfrage aus und vergleichen die Ergebnisse.

Doch hat der feldbasierte Ansatz auch ein paar Nachteile, wie z. B. beim Erstellen von Unternehmensberichten. Im Query Designer, dem Tool zur Erzeugung von Queries für InfoProvider, können für Felder keine Variablen angelegt werden und die Felder müssen BW-kompatible Datentypen aufweisen. So scheiden Felder mit datenbankspezifischen Datentypen (z. B. String) als Feld in der Query aus. Diese Felder müssen nach wie vor InfoObjects zugeordnet werden. Für Felder, in denen Variablen zur Selektion der Datenmenge benötigt werden, müssen ebenfalls InfoObjects zugeordnet werden. Der nächste Nachteil liegt in der fehlenden bzw. erschwerten Harmonisierung der Quelldaten. Nur zu oft werden Felder in mehreren Tabellen wiederverwendet und erhalten unterschiedliche Bedeutungen. Oder andersherum: Es werden verschiedene Feldnamen in den Tabellen genutzt, die aber fachlich dasselbe meinen. Harmonisierungen auf Feldebene sind prinzipiell möglich, aber aufwendig. Für Datenharmonisierungen empfehlen sich InfoObjects. Ein weiterer Nachteil von Feldern sind fehlende Stammdaten. Im klassischen Business Warehouse können über InfoObjects zusätzliche Attribute (z. B. zugehörige Adressfelder des Kunden) und Texte (z. B. der volle Name des Kunden) als Stammdaten einfach im Bericht hinzugefügt werden. Dies ist bei Feldern nicht möglich, per se beinhalten Felder diese Information nicht. Für ein Berichtswesen, in dem diese zusätzlichen Stammdaten-Informationen gewünscht werden, müssten die Tabellen immer über einen SQL-JOIN mit den entsprechenden Text- oder Attributtabellen verknüpft werden. Das macht Datenmodelle mit der Zeit sehr unübersichtlich. Welche Vor- und Nachteile bietet im Gegensatz dazu der rein InfoObject-basierte Ansatz?

2.4 Ansatz mit InfoObjects

Wie eben gezeigt, birgt der Ansatz mit InfoObjects einige Vorteile, wie etwa bei der Harmonisierung der Quelldaten sowie für zusätzliche Informationen wie Attribute und Texte zu einem Objekt, wie der Kunde. InfoObjects dienten ursprünglich zur Modellierung von betriebswirtschaftlichen Objekten, wie Kunde, Material oder Buchungskreis. Mit früheren Versionen des Business Warehouse stellte das InfoObject zugleich die kleinste Modellierungseinheit dar. Bei der Übernahme einer Tabelle über einen Extraktor bzw. DataSource musste für jedes Feld ein InfoObject angelegt werden. Bei der Vielzahl an Projekten und Datenmodellen, die in einem Business Warehouse genutzt werden, stieg die Anzahl der InfoObjects schnell auf mehrere Tausend an. Gerade bei DataSources mit mehreren Hundert Feldern war es sehr müßig, für jedes Feld ein neues InfoObject anzulegen. Zudem ist der technische Name des InfoObjects auf 9 Zeichen beschränkt, sodass sehr schnell wenig sprechende technische Namen für InfoObjects angelegt wurden. InfoObjects wurden außerdem gerade in der Eingangsschicht mehrfach redundant angelegt, um spätestens bei den Business Transformations einheitlichen InfoObjects zugeordnet zu werden. Bei der Erstellung musste jedes Mal geprüft werden, ob das InfoObject Stammdaten und Texte oder keines von beiden besitzen sollte. InfoObjects mussten in jeder Schicht der inzwischen klassischen LSA-Architektur zwingend genutzt werden, was einen schnellen und effizienten Aufbau eines Datenmodells oft unmöglich machte. Die nicht eindeutige Verwendung von InfoObjects führte auf Fachseite zu Diskussionen hinsichtlich des passenden InfoObject. Zusätzlich mussten die Attribute und Texte vieler InfoObjects durch regelmäßige Ladeprozesse auf einem aktuellen Stand gehalten werden. Im täglichen Betrieb kam es hin und wieder zu Fehlbeladungen und es wurden Stammdaten erzeugt, die auf Fehler im Quellsystem zurückzuführen waren. Eine Bereinigung von stammdatentragenden InfoObjects ist eine sehr aufwendige Angelegenheit.

Sowohl der rein feldbasierte als auch der InfoObject-basierte Ansatz bergen gravierende Nachteile. Welchen Kompromiss kann es hier geben?

2.5 Mixed-Modeling-Ansatz

Eine weitere Option ist der sogenannte *Mixed-Modeling-Ansatz*. Dabei bestehen Felder und InfoObjects gleichberechtigt nebeneinander. Über sogenannte starke betriebswirtschaftliche Objekte, wie Kunde, Material oder Buchungskreis, und die notwendigen Attribute werden InfoObjects angelegt. Die Vielzahl von beschreibenden Feldern wird jedoch als Feld ins Business Warehouse übernommen und nicht durch ein InfoObject modelliert. Dieser Ansatz bietet mehrere Vorteile:

- Schnelles Prototyping: Es kann auf Feldebene ein schneller Prototyp für den Fachbereich erzeugt und z. B. über agile Methoden des Projektmanagements im Nachgang weiter verfeinert werden.
- Stammdatentragende InfoObjects: An der Stelle, an der stammdatentragende oder starke betriebswirtschaftliche Objekte im Datenmodell zwingend erforderlich sind, können InfoObjects genutzt werden.
- Vereinfachungen im Betrieb und in der Entwicklung: Die Vielzahl an Ladevorgängen kann deutlich reduziert werden, wenn nur noch starke Objekte verwendet werden und keine Vielzahl an sogenannten Stammdatenprozessketten täglich eingeplant ist. Dies führt insgesamt zu einer Reduktion im Support sowie einer Senkung des TCO. Auch für die Entwicklung bedeutet es eine Vereinfachung, da bei sehr großen DataSources mit mehreren Hundert Datenfeldern nicht mehr zwingend jedes Feld mit einem InfoObject modelliert werden muss.

Eine Einschränkung birgt dieser Ansatz allerdings: Es können in Feldern keine Variablen im Query Designer angelegt werden und die Felder müssen BW-kompatible Datentypen besitzen, um auch in Queries benutzt werden zu können. Dies trifft ebenso auf eingeschränkte Merkmale und Kennzahlen, Filter und Strukturen zu, was dazu führt, dass im Reporting doch sehr häufig InfoObjects genutzt werden müssen.

Dieser Ansatz kann auch bei der Lösung des Fallbeispiels verwendet werden. In Abbildung 2.3 sehen Sie eine grobe Architektur als mögliche Lösung.

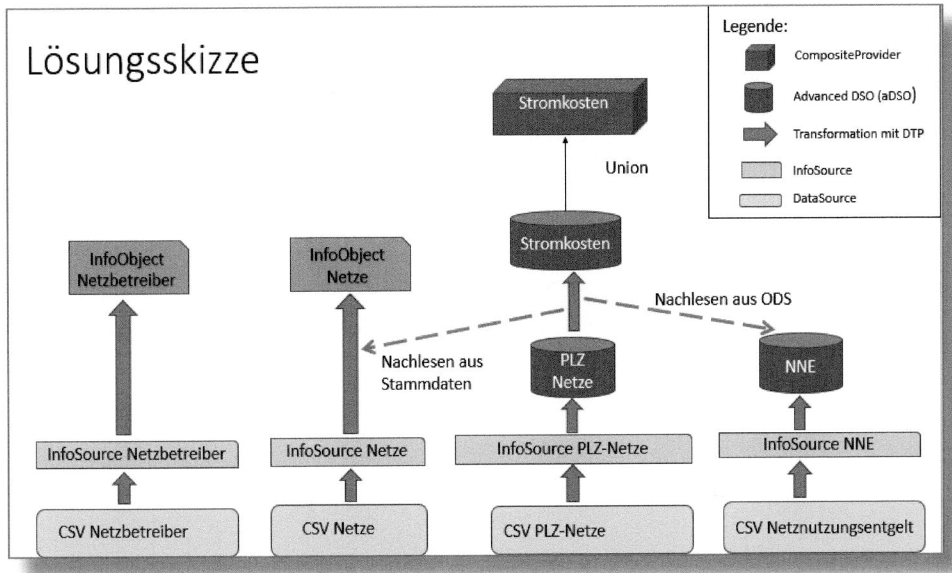

Abbildung 2.3: Lösungsskizze

Zum Einbinden der verschiedenen Datenquellen aus CSV-Dateien nutzen Sie eine DataSource. Über die DataSource wird eine sogenannte *Shielding InfoSource* modelliert, die das Anbinden gleichartig strukturierter Daten aus verschiedenen Quellen ermöglicht. Die InfoSource besteht aus den Feldern der jeweiligen Quelltabelle. Für die Quelltabellen *Netzbetreiber, Netze, PLZ Netze* und *Netznutzungsentgelt* wird eine InfoSource angelegt. Aus den beiden erstgenannten InfoSources wird direkt in das jeweils zugehörige, gleichnamige Merkmal *Netzbetreiber* und *Netze* fortgeschrieben. Die Modellierung als InfoObject ermöglicht im CompositeProvider *Stromkosten* einen einfachen Zugriff auf die Attribute und Texte des Netzbetreibers. Über der InfoSource *PLZ-Netze* liegt ein aDSO vom Typ »schreiboptimiert« nach dem Mixed-Modeling-Ansatz in der Struktur der Quelltabelle. Über der InfoSource *NNE* liegt aus technischen Gründen ein Standard-aDSO. Die Felder aus dem aDSO *PLZ-Netze* werden schließlich in ein aDSO *Stromkosten* vom Typ Standard-aDSO fortgeschrieben. In der Transformation zwischen dem aDSO *PLZ Netze* und dem aDSO *Stromkosten* werden aus dem aDSO *Netznutzungsentgelt* per Regeltyp *Nachlesen aus aDSO* die Kennzahlen für den Grund- und Arbeitspreis zur Netznummer nachgelesen. Zusätzlich wird aus den Stammdaten des InfoObjects *Netze* der Netzbetreiber per Regeltyp *Stammdaten lesen* nachgelesen. Das aDSO *Stromkosten* enthält dabei alle für das Reporting benötigten Merkmale und Kennzahlen. Es wird dann per Union als PartProvider in den CompositeProvider eingebunden. Über das Mapping können die Felder für den Ergebnisbericht genutzt werden.

Doch bevor es an die konkrete Modellierung geht, folgt im nächsten Kapitel ein Kurzüberblick über Eclipse und die BW Modeling Tools in Eclipse.

3 Arbeiten mit Eclipse

In diesem Kapitel stelle ich Ihnen die Modeling Tools for SAP BW/4HANA and SAP BW powered by SAP HANA, kurz MT-BW, vor. Dabei handelt es sich um die neue Benutzeroberfläche als Alternative zur SAP GUI, mit der Sie sämtliche Konfigurations- und Modellierungsaufgaben innerhalb von SAP BW durchführen können.

3.1 Überblick und erster Einstieg

Mit den *Modeling Tools for SAP BW/4HANA and SAP BW powered by SAP HANA (MT-BW)* beginnt ein neues Zeitalter für die Anwendungsentwicklung und das Customizing im Business Warehouse. Mit ihnen können Sie alle BW-relevanten Transaktionen innerhalb von Eclipse aufrufen und ausführen. Sie sind als Eclipse-Plug-in verfügbar und weisen damit ebenfalls eine eigene Perspektive in Eclipse auf. Eine *Perspektive* in Eclipse bestimmt die darstellbaren Aktionen, Sichten auf einzelne Objekte und das Layout innerhalb des Arbeitsbereichs. Für SAP-HANA-basierte Anwendungen dient Eclipse als zentrales, integriertes Entwicklungstool für alle Aufgaben. Die Modellierung eines BW-Datenflusses mit allen beteiligten InfoProvidern sowie des Aufgabenbereichs für Extraktion, Transformation und Laden kann mit den BW-MT in Eclipse erfolgen und anschließend auf dem BW-Server gespeichert werden. Damit besteht für reine BW-Modellierungen nicht mehr die Notwendigkeit, auf SAP GUI zurückzugreifen. In bestimmten Fällen, wie etwa einer Web-Dynpro-Entwicklung, muss jedoch abhängig vom eingesetzten Releasestand der Modeling Tools for BW für einige Transaktionen SAP GUI aufgerufen werden. Starten Sie Eclipse auf Ihrem Desktop. Beim erstmaligen Aufruf werden Sie nach einem Arbeitsverzeichnis gefragt, in dem Sie Ihre Projekte ablegen, wie in Abbildung 3.1.

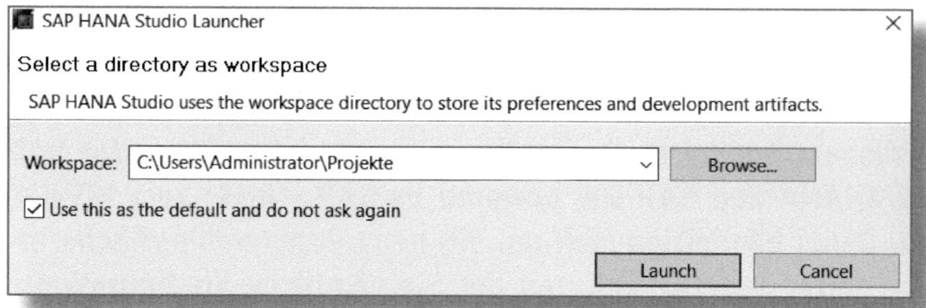

Abbildung 3.1: SAP HANA Studio Launcher

Setzen Sie das Kennzeichen USE THIS AS THE DEFAULT AND DO NOT ASK AGAIN. Dadurch verhindern Sie, dass Eclipse Sie bei jedem Start nach Ihrem Workspace fragt. Sie können durchaus mehrere definieren und zwischen den Arbeitsverzeichnissen hin- und herwechseln. Dies nutzen Sie z. B., um Ihre Drei-Stufen-Architektur abzubilden. Legen Sie hierzu je einen Workspace für Ihre Entwicklungs-, Konsolidierungs- und Produktivsysteme an.

Geben Sie in wie in Abbildung 3.1 Ihren Ordner an, in dem Sie die Projekte ablegen möchten. Hier im Beispiel wird unterhalb der Dokumente des aktuellen Windows-Benutzers ein neues Verzeichnis *Projekte* angelegt. Sie benötigen je System mindestens ein Projekt. Für eine Drei-System-Landschaft mit einem Entwicklungs-, Test- und Produktionssystem müssen Sie also mindestens drei Projekte erstellen. Dazu komme ich gleich. Nach dieser Eingabe gelangen Sie auf den Startbildschirm von Eclipse, beim ersten Aufruf mit einer Begrüßungsseite, wie in Abbildung 3.2 gezeigt.

Hier finden Sie im Menü unter FILE • WORKSPACE die eben angesprochene Möglichkeit, zwischen verschiedenen Workspaces hin- und herzuwechseln.

Zuerst müssen Sie jetzt die BW Modeling Tools aktivieren.

Klicken Sie im Menü der Startseite auf WINDOW • PERSPECTIVE • OPEN PERSPECTIVE • OTHER ... Es wird das Menü aus Abbildung 3.3 angezeigt.

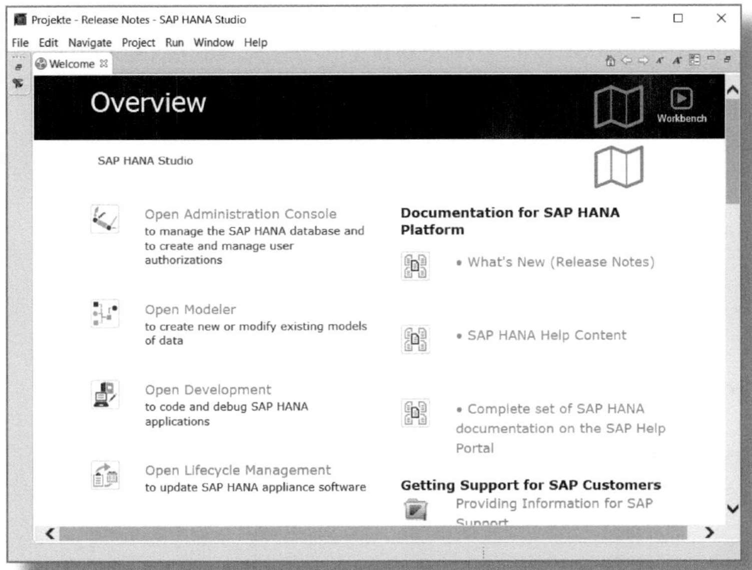

Abbildung 3.2: Eclipse-Startmenü

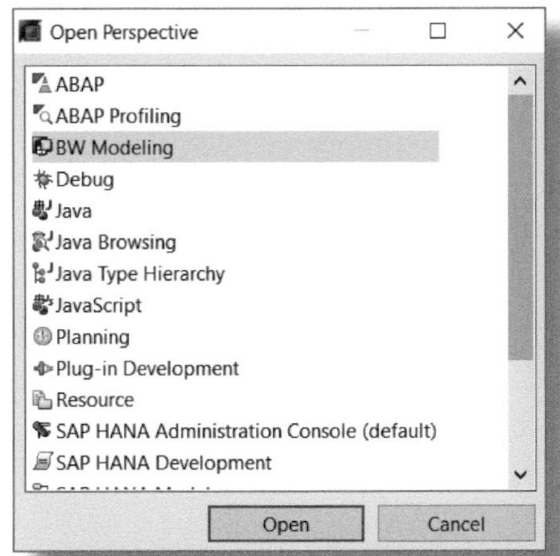

Abbildung 3.3: BW-Modeling-Perspektive

Wählen Sie BW MODELING aus und bestätigen Sie Ihre Wahl mit OPEN.

Im Menüband unterhalb des Menüpunkts FILE wird ein neues Icon für BW MODELING eingeblendet (siehe umrahmtes Icon in Abbildung 3.4).

Abbildung 3.4: Aktive BW Modeling Tools

Wenn dieses Icon bei Ihnen sichtbar ist, haben Sie die Tools aktiviert.

Klicken Sie als Nächstes auf das Icon für BW MODELING (siehe Abbildung 3.4) und verschaffen Sie sich einen Überblick über die in dieser Perspektive verfügbaren Views, indem Sie sich diese über den Menüpfad WINDOW • SHOW VIEW • OTHER ... (siehe Abbildung 3.5) anzeigen lassen.

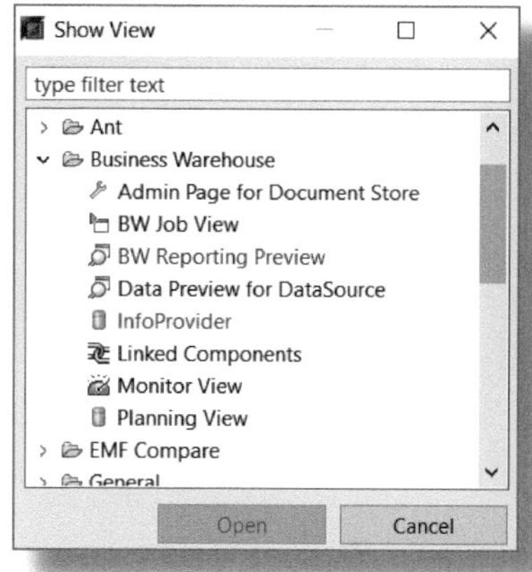

Abbildung 3.5: Verfügbare Views in BW-Modeling-Perspektive

Die folgenden Views stehen Ihnen zur Auswahl:

- ADMIN PAGE FOR DOCUMENT STORE – Hier gelangen Sie zur Dokumentenablage, in der Sie zu Ihren modellierten Objekten beliebige Dokumente hinterlegen können.
- BW JOB VIEW – Hierüber öffnen Sie die Jobübersicht auf dem BW-Server.
- BW REPORTING PREVIEW – So starten Sie eine neue View zur Anzeige von Queryergebnissen in Eclipse.
- DATA PREVIEW FOR DATASOURCE – Hier können Sie sich die Daten der ausgewählten DataSource in einer Vorschau anzeigen lassen.
- INFOPROVIDER – Mit dieser View können Sie alle benötigten InfoProvider anlegen, bearbeiten und löschen.
- LINKED COMPONENTS – Hier gelangen Sie zu einer Übersicht der miteinander verknüpften Objekte.
- MONITOR VIEW – Dieser Menüpunkt führt Sie zu einer Monitoransicht für geladene Requests im ausgewählten bzw. aktiven InfoProvider.
- PLANNING VIEW – Rufen Sie hier den Planungsmodus auf, wie Sie ihn vielleicht vom SAP-NetWeaver-basierten Plan mit der Transaktion *RSPLAN* kennen.

Um mit den verschiedenen Views arbeiten zu können, benötigen Sie jedoch zuerst ein Projekt.

Projekte in der IDE

Ein Projekt ist die logische Zuordnung Ihrer BW-Objekte, wie InfoProvider, Tabellen, aber auch Queries, zum verbundenen BW-System. Sie können mehrere Projekte innerhalb Ihres Workspace anlegen.

Im nächsten Abschnitt zeige ich Ihnen, wie Sie ein BW-Projekt anlegen.

3.2 Anlegen eines BW-Projekts

Beenden Sie zunächst den Überblick über die vorhandenen Views, indem Sie auf CANCEL klicken.

Sie befinden sich nun wieder auf der Eclipse-Startseite (vgl. Abbildung 3.2).

Im Befehlsmenü wählen Sie FILE • NEW • BW PROJECT. Das Konfigurationsfenster wird angezeigt.

In diesem Fenster wählen Sie die in der SAP GUI hinterlegten Verbindungen aus oder stellen eine neue Verbindung zu einem SAP-BW-Server her. Zur Neuerstellung einer Verbindung klicken Sie auf den Link NEW SYSTEM CONNECTION. Bestimmen Sie hier das SAP-BW-System, für das Sie ein Projekt anlegen möchten. Wählen Sie anschließend NEXT >.

Verbindungen nicht verfügbar

Wenn die in der SAP GUI hinterlegten Systeme nicht als Verbindung in Eclipse angezeigt werden, starten Sie SAP GUI und melden sich am BW-System an. Schließen Sie Eclipse und starten Sie es neu. Legen Sie ein neues BW-Projekt an. Das BW-System, zu dem Sie eine Verbindung herstellen möchten, ist nun in der Liste der verfügbaren Systeme enthalten.

Im nächsten Fenster werden die detaillierten Verbindungsinformationen zu Ihrem System angezeigt. Wählen Sie anschließend den Button NEXT >. Sie gelangen auf das Anmeldebild, auf dem Sie sich mit Ihrem Benutzer/Passwort am BW-System anmelden. Das Anmeldebild ist in Abbildung 3.6 zu sehen.

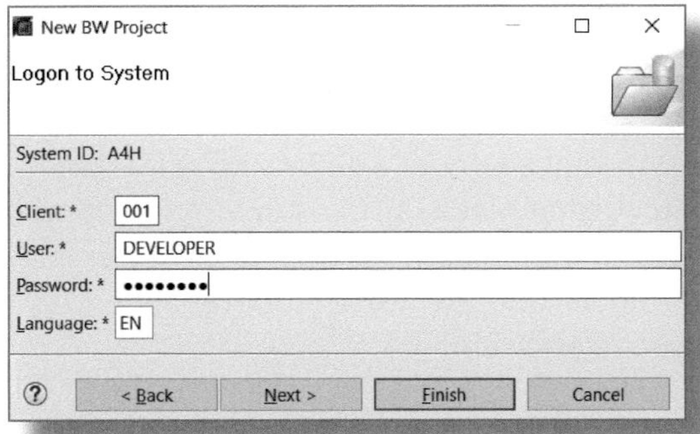

Abbildung 3.6: Anmeldebild

Im nächsten sich öffnenden Fenster (siehe Abbildung 3.7) fordert das System den Benutzer auf, im Feld PROJECT NAME einen Projektnamen einzugeben. Tragen Sie hier *Fallbeispiel* ein.

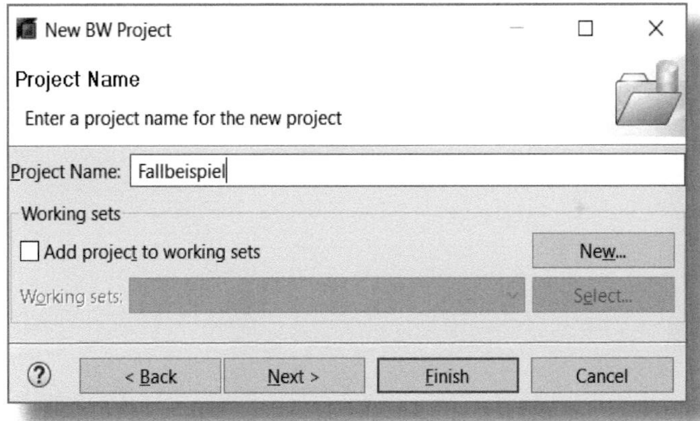

Abbildung 3.7: Projekt »Fallbeispiel«

! Eingabe des Projektnamens

Geben Sie den Namen ohne Leer- und andere Sonderzeichen ein. Falls Sie dennoch aus Versehen Leer- oder Sonderzeichen verwenden, erscheint eine entsprechende Meldung, dass der Projektname dieses Sonderzeichen nicht enthalten darf. Als gültige Zeichen sind nur Buchstaben, Zahlen, Binde- und der Unterstrich erlaubt. Das erste Zeichen muss ein Buchstabe sein.

Sie fügen weitere Projekte hinzu, indem Sie das Kennzeichen Add projects to working sets setzen. Dies ist an dieser Stelle jedoch nicht nötig, wählen Sie daher wieder Next >. Im nächsten Fenster fragt das System ab, ob Sie dem Projekt ein weiteres SAP-HANA-System hinzufügen möchten.

Das ist an dieser Stelle nicht notwendig, deshalb ist die Konfiguration des ersten BW-Projekts abgeschlossen. Klicken Sie auf den Button Finish.

In der View Project Explorer wird daraufhin das neu angelegte Projekt angezeigt (siehe Abbildung 3.8).

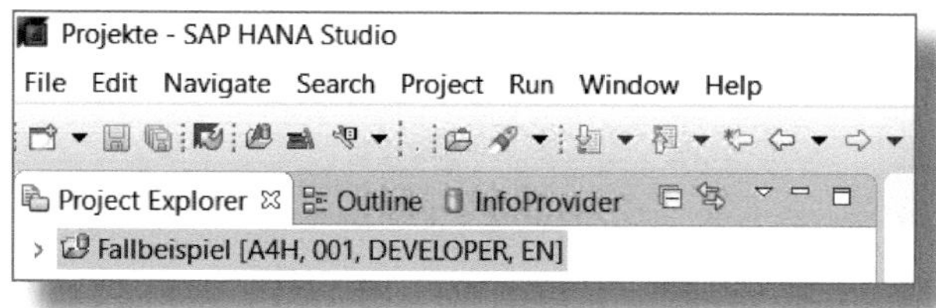

Abbildung 3.8: Project Explorer

Wie Sie sehen, weist der Project Explorer zusätzlich zum eigentlichen Projektnamen den technischen Namen mit Mandant, Benutzername und Sprache des verbundenen SAP-Systems in Klammern aus.

☛ Zuordnung BW-System zu Projekt

Ein BW-Projekt innerhalb der BW Modeling Tools ist immer eindeutig einem SAP-System mit Mandanten und Benutzer zugeordnet. Sie müssen also für verschiedene Mandanten im Quellsystem immer ein eigenes Projekt erstellen.

Das Projekt meldet sich stets mit dem hinterlegten Benutzer am System an. Eine Änderung des Benutzers ist nicht möglich, dazu müssen Sie ein neues Projekt anlegen.

3.3 Navigieren im Project Explorer

Öffnen Sie das Projekt, indem Sie zum Expandieren des Knotens auf das Sypmbol + neben dem Projekt FALLBEISPIEL klicken. Daraufhin sehen Sie neue Ordner: FAVORITES, BW REPOSITORY und DATA SOURCES.

Unter FAVORITES befinden sich Ihre Favoriten, die Sie in Ihrem SAP-BW-System angelegt haben. Uns interessieren vorerst nur die Objekte im Ordner BW REPOSITORY, der unter dem Oberbegriff alle InfoAreas sammelt, die InfoProvider enthalten. Klappen Sie diesen Ordner auf, indem Sie auf das Symbol + neben dem Ordner BW REPOSITORY klicken. In Abbildung 3.9 sehen Sie eine Übersicht über die vorhandenen InfoAreas mit ihren InfoProvidern.

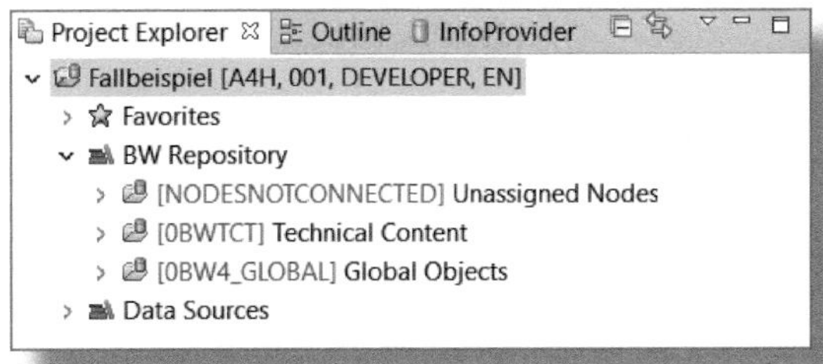

Abbildung 3.9: Projektübersicht im Project Explorer

3.4 SAP-GUI-Transaktionen aufrufen

Innerhalb von Eclipse können Sie beliebige Transaktionen aufrufen. Wählen Sie hierfür im Menü das Icon zum Öffnen von SAP GUI (siehe markiertes Icon in Abbildung 3.10).

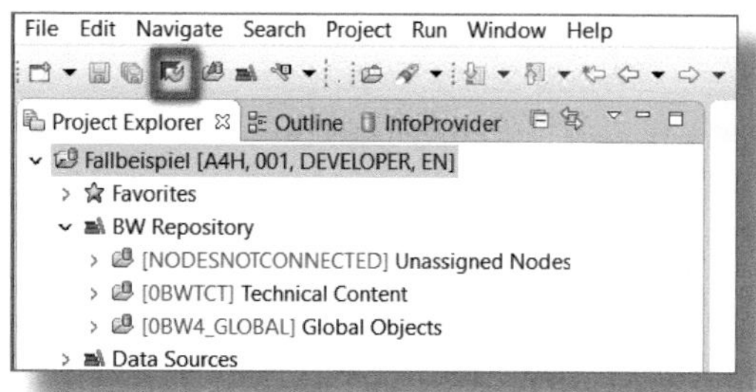

Abbildung 3.10: SAP GUI aufrufen

Alternativ können Sie SAP GUI auch über die Tastenkombination `Strg` + `F6` starten. Öffnen Sie über den Button jetzt die *Data Warehouse Workbench* (Transaktion *RSA1*).

Zunächst gelangen Sie jedoch in den SAP GUI LAUNCHER (siehe Abbildung 3.11).

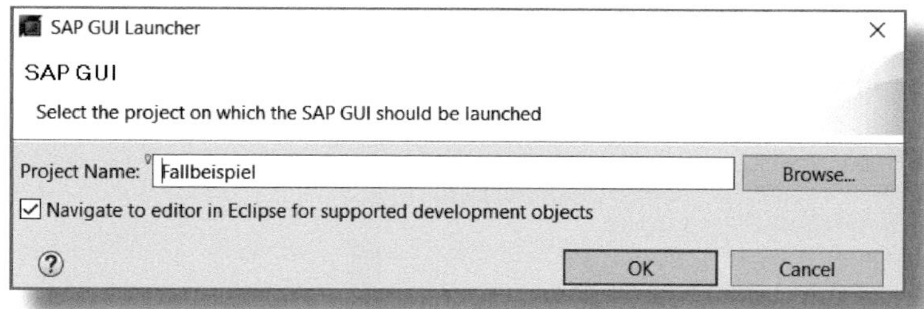

Abbildung 3.11: SAP GUI Launcher

Hier legen Sie fest, in welchem Eclipse-Projekt Sie die entsprechende SAP-GUI-Transaktion ausführen möchten. Voreingestellt ist das aktuelle Projekt. Lassen Sie das Kennzeichen NAVIGATE TO EDITOR IN ECLIPSE FOR SUPPORTED DEVELOPMENT OBJECTS gesetzt. Es bestimmt, dass Transaktionen in Eclipse geöffnet werden, sofern diese eine Ausführung in Eclipse unterstützen. Wenn Eclipse eine Transaktion nicht unterstützt, wird sie direkt in SAP GUI geöffnet. Bestätigen Sie den SAP GUI LAUNCHER mit OK. In Eclipse öffnet sich eine weitere Registerkarte (siehe Abbildung 3.12).

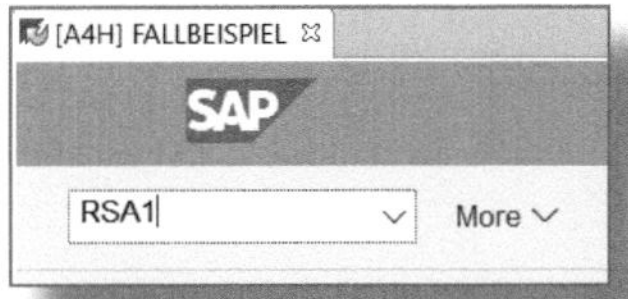

Abbildung 3.12: SAP GUI in Eclipse

Ebenso erfolgt der Absprung direkt in SAP GUI, wenn Sie in der SAP-Befehlszeile eine Transaktion eingeben, wie etwa *RSA1* für den Aufruf der Data Warehouse Workbench.

Geben Sie hier in der Befehlszeile *RSA1* ein (siehe Abbildung 3.12). Sie gelangen sofort in die neue Data Warehouse Workbench mit reduziertem Funktionsumfang (siehe Abbildung 3.13).

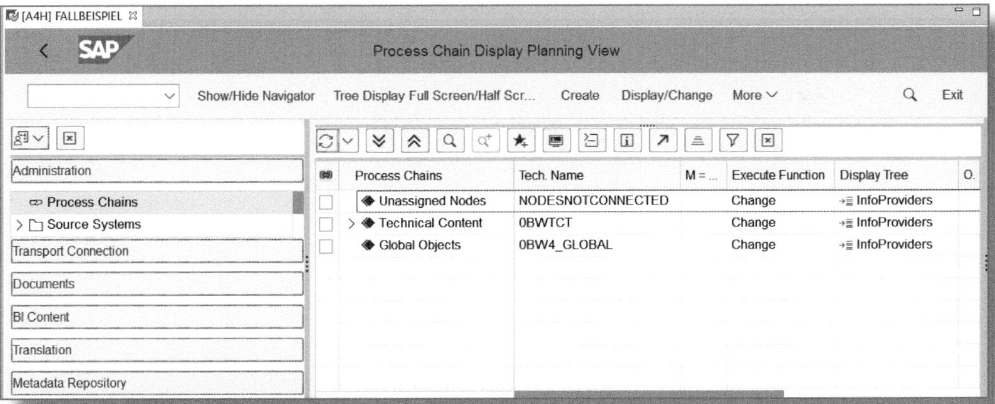

Abbildung 3.13: »RSA1« in Eclipse

Wie Sie bemerken, fehlt im Gegensatz zu SAP-NetWeaver-basierten BW-Systemen die Datenmodellierung aus dem Funktionsbereich links im Bild. Als erster Punkt ist hier ADMINISTRATION mit der Funktion PROCESS CHAINS (Prozessketten) gelistet.

Die Beschränkung auf fünf parallele Modi, wie Sie dies von SAP GUI kennen, entfällt. Innerhalb von Eclipse können Sie beliebig viele Transaktionen gleichzeitig öffnen und damit auch mühelos zwischen einzelnen Transaktionen hin- und herschalten. Machen Sie sich mit den BW Modeling Tools in Eclipse vertraut und öffnen Sie beispielsweise weitere Ihnen bekannte BW-Transaktionen.

Damit möchte ich meinen Überblick über die BW Modeling Tools in Eclipse beenden.

4 Datenfluss Stammdaten

In diesem Kapitel beschreibe ich den notwendigen Datenfluss für die Stammdaten der Netzbetreiber und wie Sie diesen mithilfe des Datenflussdiagramms modellieren.

4.1 Verwendete Namenskonvention

Um das Arbeiten mit den verschiedenen Objekten zu vereinfachen und da die Begrenzung des technischen Namens mancher Objekte bei neun Zeichen liegt, möchte ich zunächst kurz die Namenskonvention für die verschiedenen Objekte einführen, die im Zuge der Datenmodellierung genutzt wird:

Der technische Name soll sich dabei aus einem zweistelligen Kürzel und einer sinnvollen Abkürzung der Beschreibung des Objekts zusammensetzen. Im Rahmen des Buches werden die in Tabelle 4.1 gelisteten zweistelligen Kürzel verwendet.

Objekt	Kürzel
Merkmal	CH
Kennzahl	KF
DataSource	DS
InfoSource	IS
Advanced DSO	AD
CompositeProvider	CP
Datenflussdiagramm	DF
InfoArea	IA
Anwendungskomponente	AC

Tabelle 4.1: Verwendete Namenskonvention

Hervorheben möchte ich hier, dass es nur noch zwei Typen persistenter Objekte gibt: das InfoObject in der Ausprägung eines Merkmals mit

Stammdaten und Texten sowie das aDSO. Daneben existieren zwei Objekte zur Strukturierung Ihres Warehouse: die InfoArea und die Anwendungskomponente.

Wie Sie mittels der InfoArea Ihr Warehouse übersichtlich gestalten, zeige ich Ihnen im nächsten Abschnitt.

4.2 SAP-BW-Projekt anlegen

Als Erstes benötigen Sie ein SAP-BW-Projekt, mit dem Sie sich bei SAP BW/4HANA anmelden. In der verwendeten Testversion SAP BW/4HANA Trial ist bereits ein BW-Projekt vorhanden, allerdings ist dieses mit Anmeldung in Englisch vorinstalliert. Ich möchte Ihnen jetzt zeigen, wie Sie einfach eine Kopie des BW-Projekts in Deutsch anlegen. Starten Sie auf dem Desktop die SAP DEV TOOLS FOR ECLIPSE. Unter Umständen dauert es beim ersten Mal etwas, bis Eclipse gestartet ist. Sie finden im PROJECT EXPLORER aus Abbildung 4.1 zwei Projekte vor.

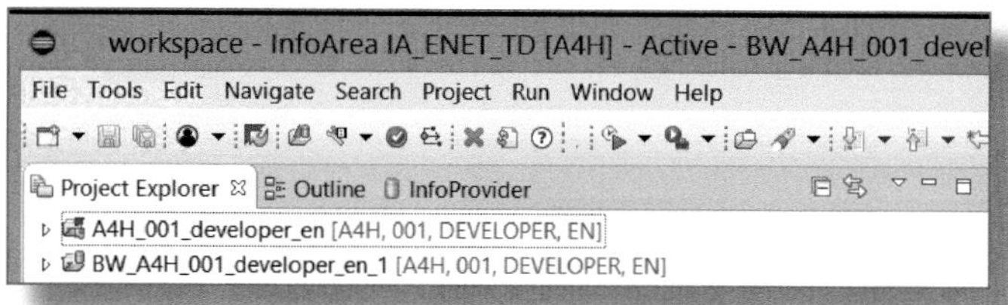

Abbildung 4.1: Projekte im Project Explorer

Das erste Projekt mit dem Namen A4H_001_DEVELOPER_EN ist ein ABAP-Projekt für Entwicklungen in ABAP. In Klammern finden Sie das System, den Mandaten, den angemeldeten Benutzer sowie die Anmeldesprache.

Bei dem zweiten Projekt mit der Bezeichnung BW_A4H_001_DEVELOPER_EN_1 handelt es sich um ein BW-Projekt. Die vorangestellten Symbole kennzeichnen den jeweiligen Projekttyp. Die Anmeldesprache ist hier jedoch Englisch. Wählen Sie daher im Menü FILE • NEW • BW PROJECT, wie in Abbildung 4.2 gezeigt.

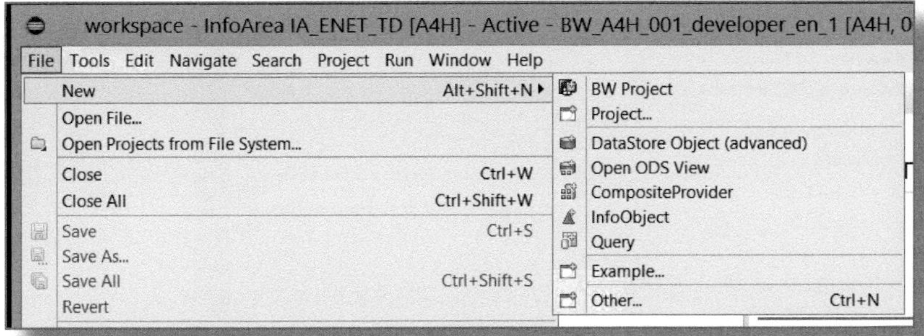

Abbildung 4.2: BW-Projekt über Menü

In der Folgemaske sehen Sie vorhandene Verbindungen zu SAP-BW/4HANA-Systemen. Diese Verbindungen werden bei der Installation der BW Modeling Tools definiert. Selektieren Sie die Verbindung A4H – BW/4HANA und bestätigen Sie Ihre Wahl mit NEXT > (siehe Abbildung 4.3).

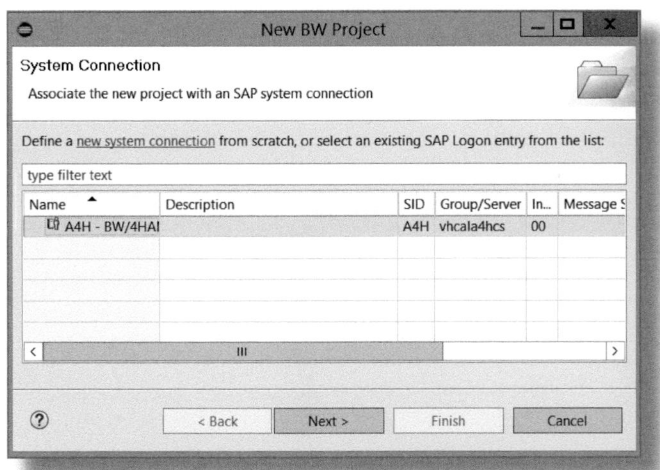

Abbildung 4.3: Verbindung »A4H« auswählen

Die Verbindungseinstellungen übernehmen Sie unverändert und bestätigen die Einstellungen wieder mit NEXT > (siehe Abbildung 4.4).

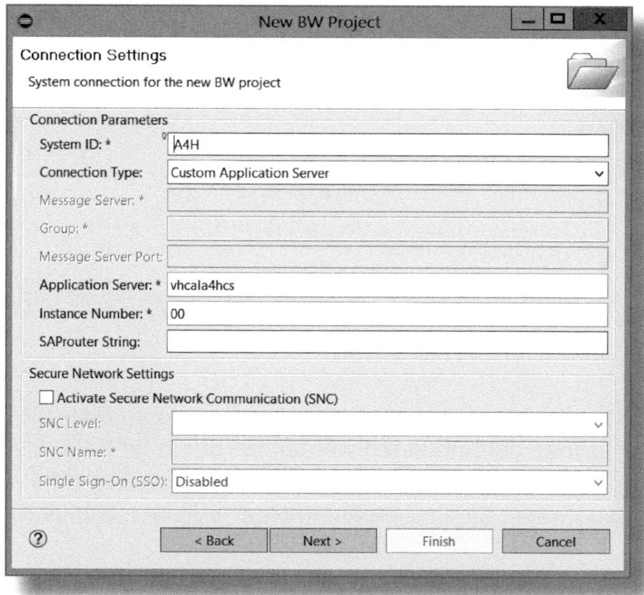

Abbildung 4.4: Verbindungseinstellungen

In der Anmeldemaske (siehe Abbildung 4.5) wählen Sie im Feld LANGUAGE unbedingt *DE* aus:

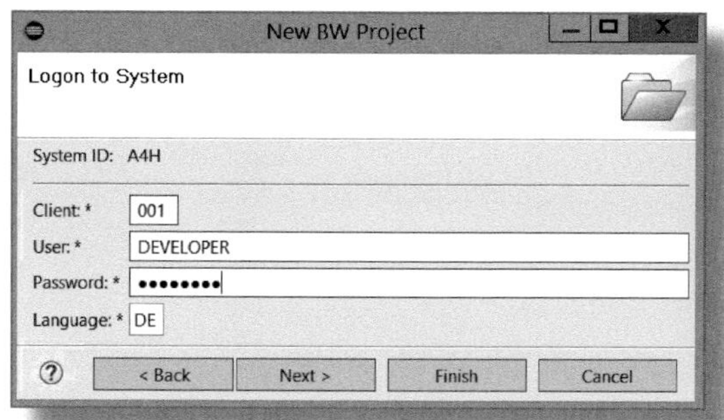

Abbildung 4.5: Anmeldemaske

Damit melden Sie sich auf Deutsch im System an.

Verwendung von Deutsch/Englisch in Masken

Sobald Sie in der Anmeldemaske im Feld LANGUAGE *DE* gewählt haben, werden in Folge alle Schritte, die Sie mit SAP GUI durchführen müssen, auf Deutsch dargestellt. Die für das Buch verwendete Eclipse-Installation ist auf Englisch. Daher sind alle Schritte, die wir in Eclipse durchführen, mit englischen Dialogen versehen.

Geben Sie zusätzlich Ihren Benutzer und Ihr Passwort für das SAP-BW/4HANA-System an. Verwenden Sie hier in der Testversion den Benutzer *DEVELOPER*. Beenden Sie die Anmeldemaske mit FINISH. In Eclipse wird ein neues BW-Projekt angelegt und als solches im PROJECT EXPLORER angezeigt, wie in Abbildung 4.6 zu sehen.

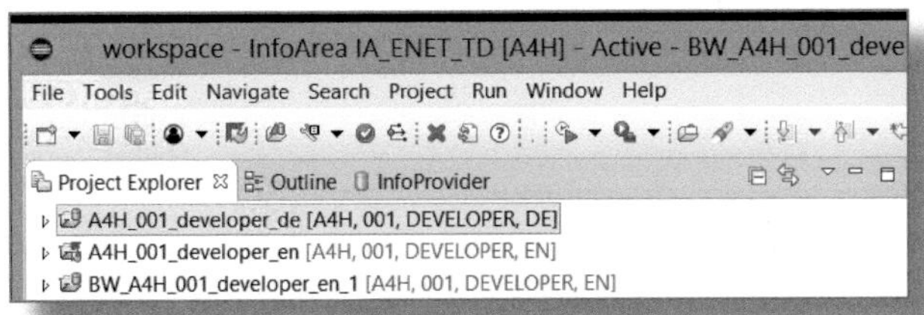

Abbildung 4.6: BW-Projekt in Anmeldesprache Deutsch

Im ersten Schritt zur Lösung des Fallbeispiels legen Sie die Strukturierungselemente an. Beginnen möchte ich mit der InfoArea.

4.3 InfoArea

Eine InfoArea dient rein zur Strukturierung Ihres Data Warehouse und enthält selbst keine Daten. InfoAreas können hierarchisch gegliedert sein und sich ausgehend von einer Haupt-InfoArea in mehrere Unter-InfoAreas gliedern, die wiederum InfoAreas besitzen. In den InfoAreas legen Sie die BW-Modellierungsobjekte ähnlich wie in Dateiordnern ab. Sie können die InfoAreas nach Applikationen anlegen und unterhalb der InfoArea für eine Applikation weitere Unter-InfoAreas für Datenflüsse, Merkmale, aDSOs oder CompositeProvider erstellen. Wie das geht, zeige ich Ihnen jetzt.

Gehen Sie in der Startansicht Ihrer Eclipse Workbench in den Project Explorer, ggf. melden Sie sich an Ihrem BW-System an und öffnen das BW-Projekt (siehe Abbildung 3.9).

Dort sehen Sie den Knoten BW REPOSITORY. Klicken Sie mit der rechten Maustaste auf den Knoten und wählen Sie aus dem Kontextmenü den Menüpunkt NEW • INFOAREA (siehe Abbildung 4.7).

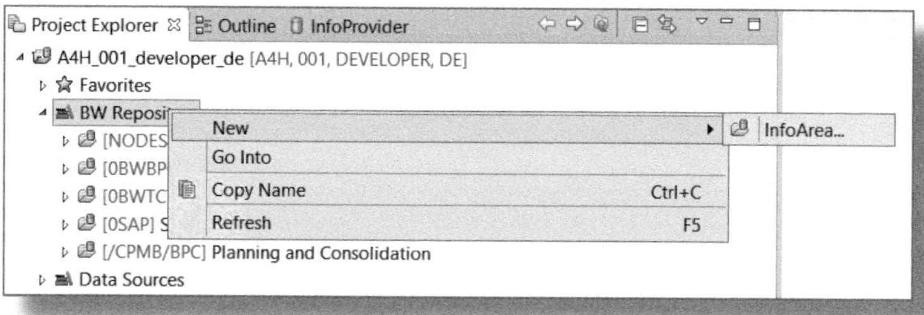

Abbildung 4.7: InfoArea anlegen

Sie gelangen in ein Eclipse-Fenster, in dem Sie den technischen Namen und eine Beschreibung angeben. Im Feld BW PROJECT (siehe Abbildung 4.8) finden Sie das übergeordnete BW-Projekt, unter dem die InfoArea angelegt wird. Achten Sie darauf, dass Sie hierfür das korrekte System verwenden. Es kann beispielsweise vorkommen, dass Sie mehrere BW-Projekte in Eclipse angelegt haben, insbesondere in sehr heterogenen Systemen. Das Feld BW PROJECT in hilft Ihnen dabei, nach dem System zu differenzieren.

Geben Sie im Feld NAME als technische Bezeichnung *IA_ENET* ein. (Zur Vereinfachung verwende ich in den technischen Namen und Beschreibungen generell »Enet« statt »ene't«.) Im Feld DESCRIPTION geben Sie als Beschreibung *Enet Daten* ein. Schließen Sie Ihre Eingabe mit FINISH ab (siehe Abbildung 4.8).

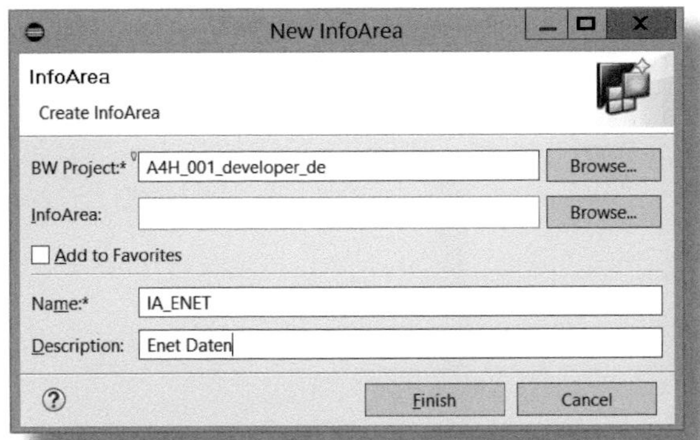

Abbildung 4.8: Technischer Name und Beschreibung der InfoArea

In Eclipse öffnet sich eine neue View für InfoAreas, wie in Abbildung 4.9 gezeigt.

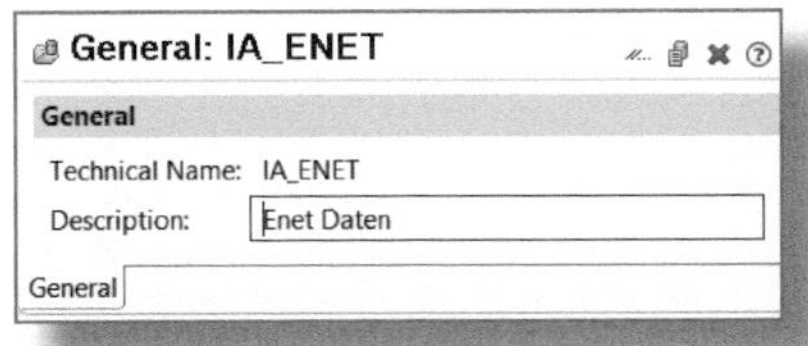

Abbildung 4.9: View für InfoArea

Die InfoArea ist bei Erstellung sofort gespeichert und aktiviert. Sie brauchen hier nichts weiter zu tun. Wenn Sie jetzt wieder in den Project Explorer wechseln, finden Sie die eben angelegte InfoSource wieder. Falls nicht, drücken Sie F5 zum Auffrischen oder Aktualisieren der Ordnerinhalte.

Auffrischen

Hin und wieder passiert es, dass Sie die in den Views angelegten, gespeicherten und aktivierten Objekte nicht gleich im Project Explorer wiederfinden. Frischen Sie dazu einfach mit F5 den gesamten Projektordner auf. Dies bewirkt eine Aktualisierung der in dem Ordner befindlichen Objekte. Ebenso funktioniert das natürlich auch über das Kontextmenü des jeweiligen Knotens.

Die InfoArea liegt im Project Explorer direkt unterhalb des Knotens BW REPOSITORY, wie Abbildung 4.10 zeigt.

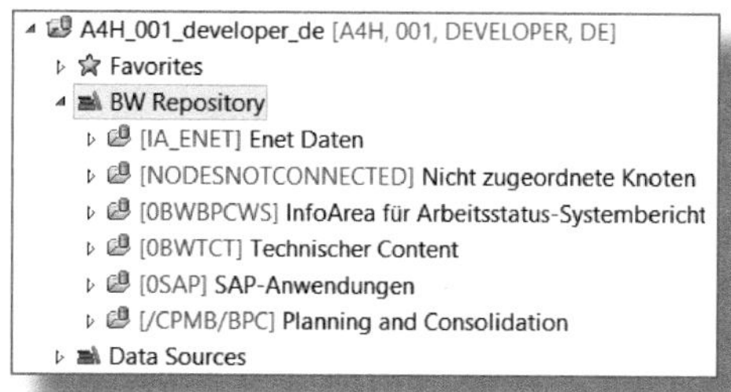

Abbildung 4.10: InfoArea unter BW Repository

Legen Sie unterhalb der InfoArea IA_ENET zwei neue InfoAreas mit den technischen Namen *IA_ENET_TD* und *IA_ENET_MD* an. Die InfoArea *IA_ENET_MD* erhält die Beschreibung *Enet Stammdaten*. Die InfoArea *IA_ENET_TD* erhält die Beschreibung *Enet Bewegungsdaten*.

Als Ergebnis erhalten Sie den InfoArea-Baum aus Abbildung 4.11.

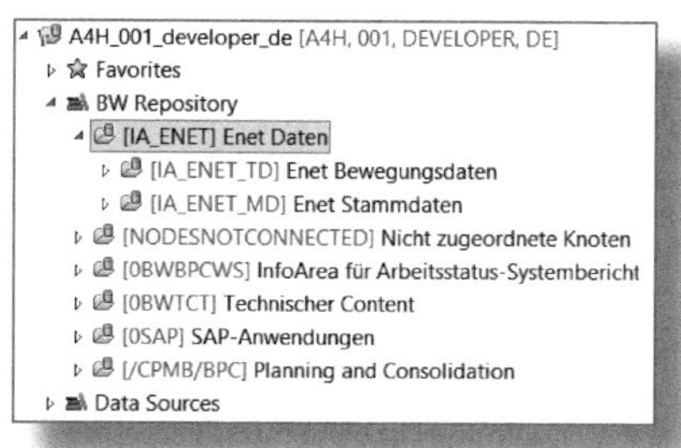

Abbildung 4.11: InfoArea-Baum

Während InfoAreas der Gliederung von Modellierungsobjekten dienen, werden Anwendungskomponenten zur Strukturierung von Applikationsobjekten genutzt. Zu den Applikationsobjekten gehören DataSources und Prozessketten.

4.4 Anwendungskomponenten

Mit Anwendungskomponenten strukturieren Sie Ihre BW-Applikationen. So können Sie beispielsweise alle DataSources Ihrer Vertriebsapplikation unter einer Anwendungskomponente »Vertrieb« zusammenfassen. Ähnlich wie InfoAreas können Sie eine Anwendungskomponente wiederum in weitere Anwendungskomponenten untergliedern, wie etwa in Stamm- und Bewegungsdaten. Ich zeige Ihnen nun, wie Sie für DataSources des Quellsystems FILE eine neue Anwendungskomponente anlegen:

Gehen Sie im Project Explorer Ihres BW-Projekts auf den Knoten DATA SOURCES. Sie finden darunter Ordner für die angeschlossenen Quellsysteme. Im Standard sind Flatfiles unter dem Ordner FILE und die SAP-HANA-Datenbank mit ihren Tabellen als Ordner HANA_LOCAL bereits angelegt. Klappen Sie den Ordner FILE auf. Sie finden darunter das Quellsystem PC_FILE. Sie können hier auch andere FILE-Quellsysteme anlegen. Wichtig ist lediglich, dass von diesen FILE-Quellsystemen nur Dateien mit fester Breite oder durch Separator getrennte Dateien eingelesen werden können. Unterhalb des Quellsystems PC_FILE finden Sie die beiden Anwendungskomponenten NODESNOTCONNECTED für nicht zugeordnete Objekte und 0BWTCT für Objekte des technischen Contents.

Legen Sie direkt unter dem Quellsystem PC_FILE eine neue Anwendungskomponente für die ene't-Dateien an. Klicken Sie dazu mit der rechten Maustaste auf das Quellsystem PC_FILE und wählen Sie aus dem Kontextmenü NEW • APPLICATION COMPONENT, wie in Abbildung 4.12 zu sehen.

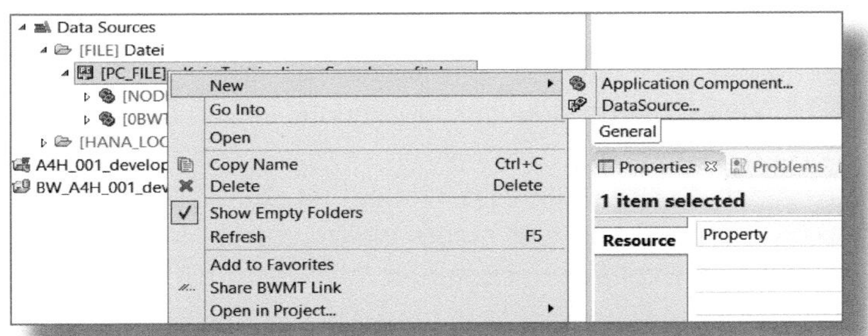

Abbildung 4.12: Anlegen einer Anwendungskomponente

Geben Sie in dem darauffolgenden Pop-up, siehe Abbildung 4.13, im Feld NAME als technischen Namen der Anwendungskomponente *AC_ENET* ein. Für die Beschreibung geben Sie *Enet Daten* im Feld DESCRIPTION ein. Bestätigen Sie Ihre Eingabe mit FINISH.

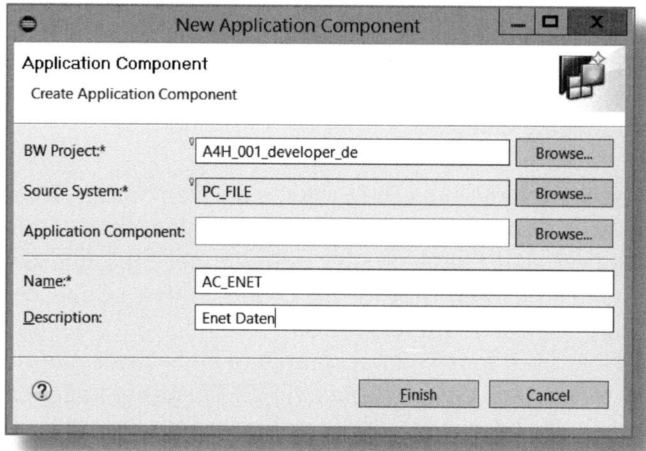

Abbildung 4.13: Pop-up für Anwendungskomponente

Es wird in Eclipse eine neue View für die Anwendungskomponente aufgebaut, siehe Abbildung 4.14:

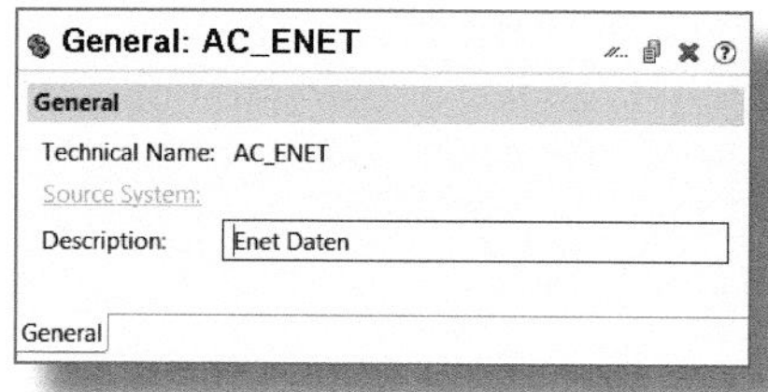

Abbildung 4.14: View für Anwendungskomponente

Auch die Anwendungskomponente ist mit der Erstellung sofort gespeichert und aktiv; Sie brauchen hier nichts weiter zu tun. In Abbildung 4.15 ist sie im Project Explorer zu erkennen.

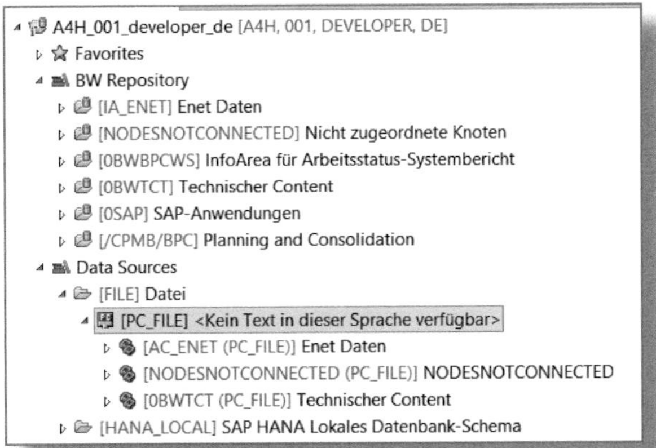

Abbildung 4.15: Anwendungskomponenten im Project Explorer

Damit sind alle Objekte angelegt, die zur Strukturierung für das Fallbeispiel benötigt werden. Als Nächstes zeige ich Ihnen, wie Sie ein Datenflussdiagramm für die Stammdaten des Netzbetreibers anlegen.

4.5 Datenflussdiagramme

Mit den Datenflussdiagrammen können Sie einen Datenfluss recht einfach von Grund auf modellieren. Sie erinnern sich an die Lösungsskizze (Abbildung 2.3)? Diese möchte ich jetzt für die Stammdaten des Netzbetreibers als Datenflussdiagramm umsetzen.

4.5.1 Datenflussdiagramm anlegen

Ein Datenflussdiagramm legen Sie im BW REPOSITORY an. Gehen Sie in die BW-Projektansicht und navigieren Sie zur InfoArea IA_ENET_MD, den ENET STAMMDATEN. Klicken Sie mit der rechten Maustaste auf die InfoArea. Im zugehörigen Kontextmenü legen Sie anschließend über NEW • DATA FLOW einen Datenfluss an, wie Abbildung 4.16 zeigt.

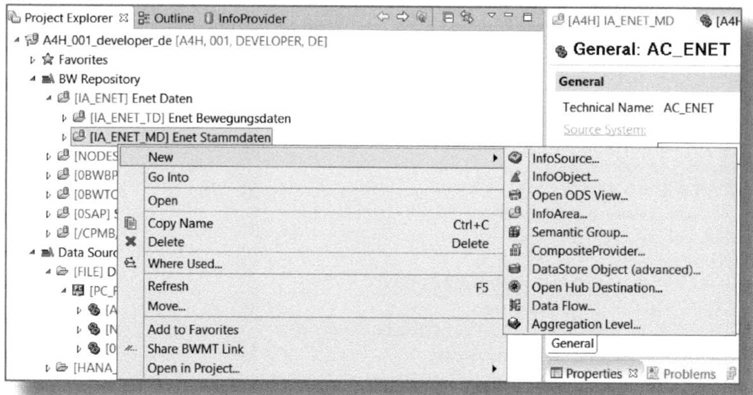

Abbildung 4.16: Datenfluss anlegen

In Abbildung 4.17 geben Sie im Feld NAMEN den technischen Namen des Datenflussdiagramms *DF_NETZBETREIBER* und im Feld DESCRIPTION die Beschreibung *Netzbetreiber Stamm* an. Bestätigen Sie Ihre Eingabe mit FINISH.

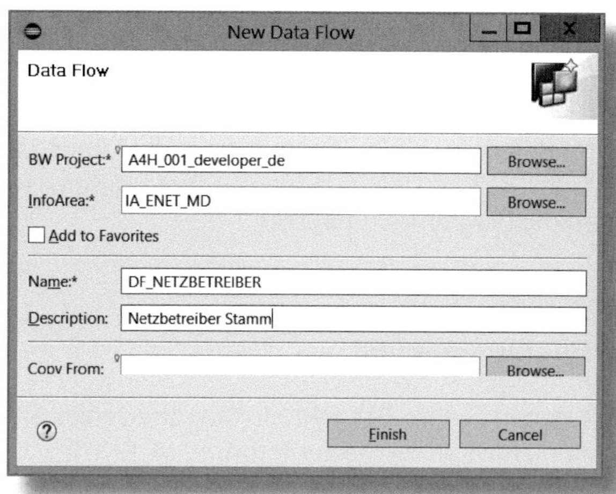

Abbildung 4.17: Datenflussdiagramm »Netzbetreiber«

Es öffnet sich eine neue View für Datenflussdiagramme mit einem leeren Arbeitsbereich (siehe Abbildung 4.18).

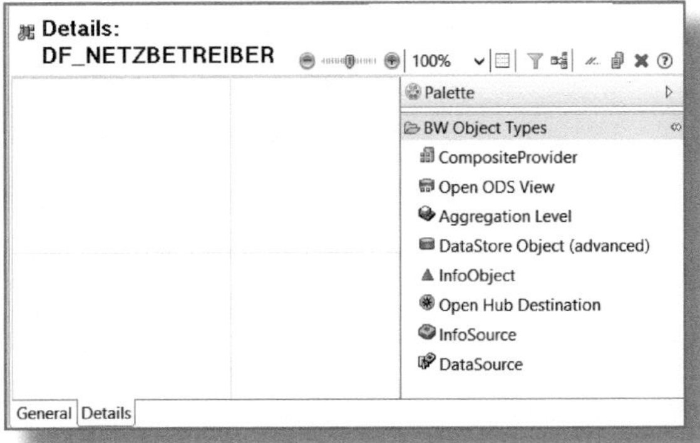

Abbildung 4.18: View für Datenflussdiagramm

Im rechten Bildbereich erkennen Sie eine Legende mit den BW-Objekttypen zur Modellierung eines Datenflusses. Für unser Fallbeispiel sind folgende BW-Objekttypen relevant:

- COMPOSITEPROVIDER
- DATASTORE OBJECT (ADVANCED)
- INFOOBJECT
- INFOSOURCE
- DATASOURCE

Die Objekte aus der Legende ziehen Sie einfach per Drag-and-drop direkt in den Arbeitsbereich.

4.5.2 Objekte in Datenflussdiagramm aufnehmen

Markieren Sie in der Legende zuerst den Objekttyp DATASOURCE und ziehen Sie diesen in den Arbeitsbereich, indem Sie die linke Maustaste gedrückt halten, bis sich das Objekt an der gewünschten Position befindet. An der Position lassen Sie die linke Maustaste los und die DataSource ist im Arbeitsbereich positioniert. Das Ergebnis sehen Sie in Abbildung 4.19.

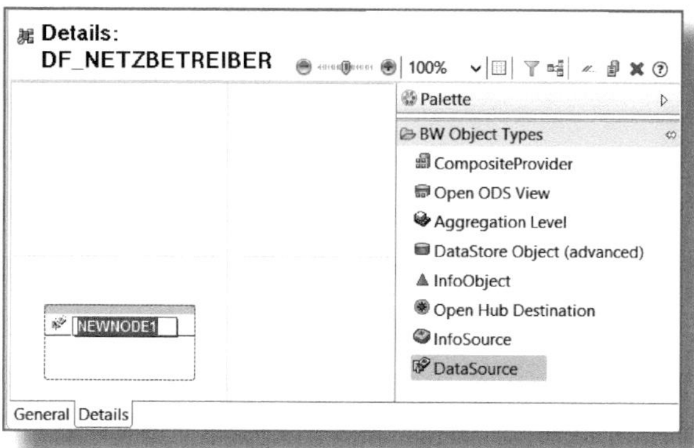

Abbildung 4.19: DataSource im Datenflussdiagramm

Es wurde eine neue DataSource mit dem technischen Namen NEWNODE1 und ohne Beschreibung im Datenflussdiagramm angelegt. Sie existiert allerdings nicht in Ihrem BW-System, sondern stellt lediglich einen Platzhalter dar. Sie können den technischen Namen oder die Beschreibung jetzt ändern.

☛ Objekte ohne technische Namen

Sie können in den Datenflussdiagrammen einen Datenfluss ohne jegliche Angabe von technischen Namen anlegen. Diese sind an der Stelle nicht notwendig. Im Gegensatz dazu sind technische Namen bei der Erstellung persistenter Objekte in der Datenbank erforderlich. Sie brauchen sich also im ersten Entwurf Ihres Datenmodells keine technischen Namen zu überlegen, eine rein fachliche oder inhaltliche Beschreibung reicht aus. Sie müssen aber mindestens eins von beiden angeben: entweder die Beschreibung oder einen technischen Namen.

Um den technischen Namen oder die Beschreibung zu ändern, klicken Sie mit der linken Maustaste auf die DataSource, wie Abbildung 4.20 zeigt.

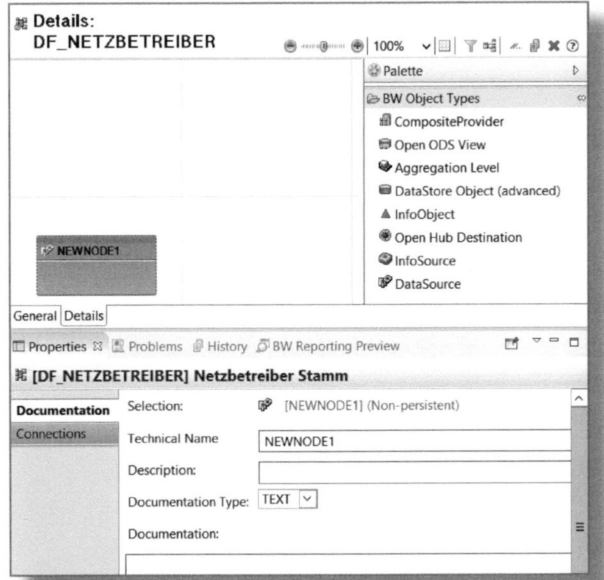

Abbildung 4.20: Editieren der DataSource

Über das Kontextmenü einer DataSource (hier nicht im Bild gezeigt) stehen Ihnen folgende Funktionen zur Verfügung:

- DataSource löschen: Über den Button mit dem Symbol einer Mülltonne löschen Sie die DataSource aus dem Datenflussdiagramm.
- DataSource verknüpfen: Der Button mit dem Pfeil in der Mitte des Kontextmenüs stellt einen Verbindungspfeil dar, mit dem Sie das Objekt mit einem anderen Objekt verknüpfen.
- Verbindungen hervorheben: Das Kontextmenü verfügt über ein Icon mit einem Stift, mit dem Sie erkennen, mit welchen anderen Objekten die DataSource verbunden ist. Die Verbindung wird durch eine farbliche Markierung hervorgehoben.

Sobald die DataSource markiert ist, öffnet sich unterhalb eine neue View PROPERTIES mit den Eigenschaften der DataSource. Da es sich um eine View handelt, können Sie diese beliebig an anderer Stelle platzieren, vergrößern oder verkleinern.

Im Feld TECHNICAL NAME finden Sie den Eintrag NEWNODE1. Die Beschreibung im Feld DESCRIPTION ist leer. Zusätzlich können Sie im Textfeld DOCUMENTATION eine kurze Dokumentation der DataSource hinterlegen. Denkbar ist auch eine kurze Beschreibung dazu, welche Daten von der DataSource gelesen werden und in welchem Format sie bereitgestellt werden. Ändern Sie den technischen Namen der DataSource zu *DS_MD_NETZBETREIBER* und geben Sie als Beschreibung *Netzbetreiber* ein. Das Ergebnis sehen Sie in Abbildung 4.21.

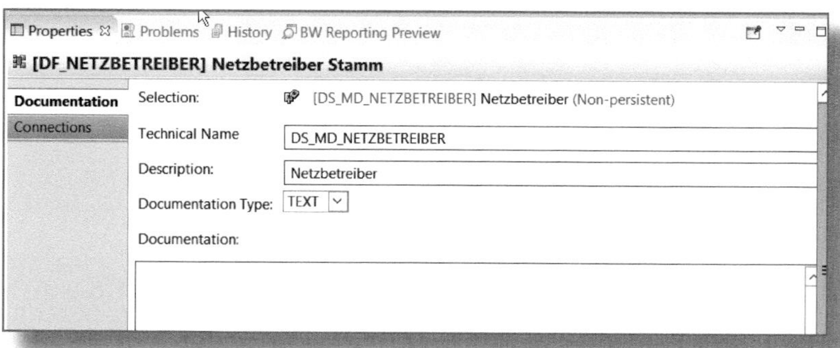

Abbildung 4.21: Technischen Namen und Beschreibung ändern

Hinzufügen weiterer Objekte

Fügen Sie als Nächstes ein Objekt vom Typ »InfoSource« und ein Objekt vom Typ »InfoObject« per Drag-and-drop in das Datenflussdiagramm ein. Ändern Sie den technischen Namen der InfoSource zu *IS_NETZBETREIBER* und geben Sie als Beschreibung *Netzbetreiber* ein. Für das InfoObject legen Sie als technischen Namen *CHNETZBETR* und als Beschreibung *Netzbetreiber* fest. Das Ändern des technischen Namens und der Beschreibung funktioniert genauso wie bei der DataSource beschrieben.

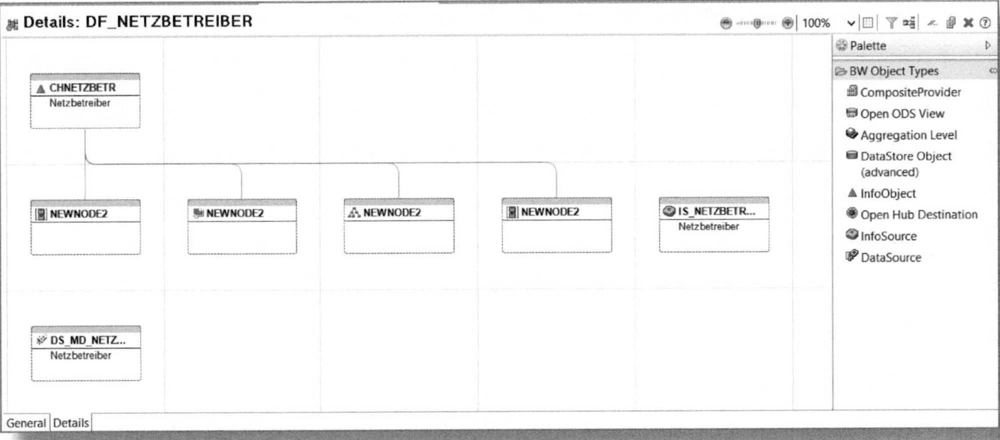

Abbildung 4.22: Datenflussdiagramm »Netzbetreiber«

Als Ergebnis erhalten Sie das Datenflussdiagramm aus Abbildung 4.22.

Physisch wurde immer noch kein Objekt angelegt. Wie Sie in Abbildung 4.22 sehen, zeigt das Datenflussdiagramm unterhalb des InfoObjects CHNETZBETR vier verschiedene Boxen mit unterschiedlichen Symbolen neben dem vorläufigen technischen Namen NEWNODE2 an. Bei diesen Boxen handelt es sich um die vier Standardkonnektoren für Merkmale, über die eine Verbindung von anderen Objekten zu dem jeweiligen Konnektor möglich ist. Bei den Konnektoren wird nach folgenden Typen unterschieden (siehe Abbildung 4.22, von links nach rechts):

- Konnektor für Texte
- Konnektor für Hierarchien
- Konnektor für zeitunabhängige Attribute
- Konnektor für zeitabhängige Attribute

4.5.3 DataSource mit der InfoSource verbinden

Die Objekte liegen unsortiert im Arbeitsbereich nebeneinander. Als Nächstes müssen wir diese in der Reihenfolge des gewünschten Datenflusses miteinander verknüpfen. Markieren Sie hierzu die DataSource und klicken Sie mit der rechten Maus, um das Kontextmenü aus Abbildung 4.20 zu öffnen. Wählen Sie den Verbindungspfeil oberhalb des Editieren-Symbols aus. Der Cursor ändert sich zu einer orangefarbenen Linie. Ziehen Sie die Linie mit der Maus jetzt auf die InfoSource (siehe Abbildung 4.23).

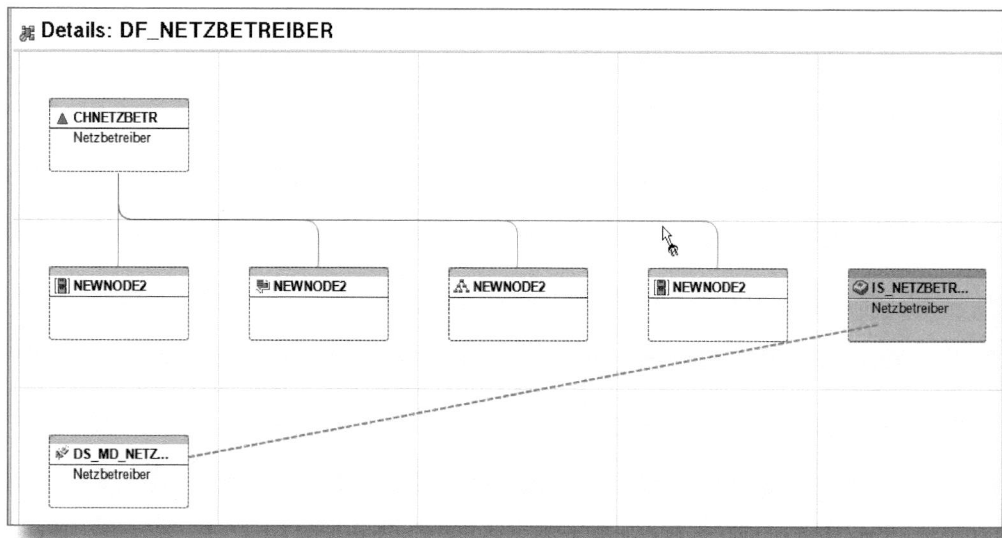

Abbildung 4.23: DataSource mit der InfoSource verbinden

Im Folgenden wird unterhalb der Beschreibung der DataSource das Symbol für eine Transformation mit der Zahl 1 dahinter dargestellt. Dies deutet an, dass die DataSource mit der InfoSource über genau eine Transformation verbunden ist. Das Symbol ist weiß, was andeutet, dass die Transaktion entweder inaktiv oder physisch noch nicht im System vorhanden ist (siehe Abbildung 4.24).

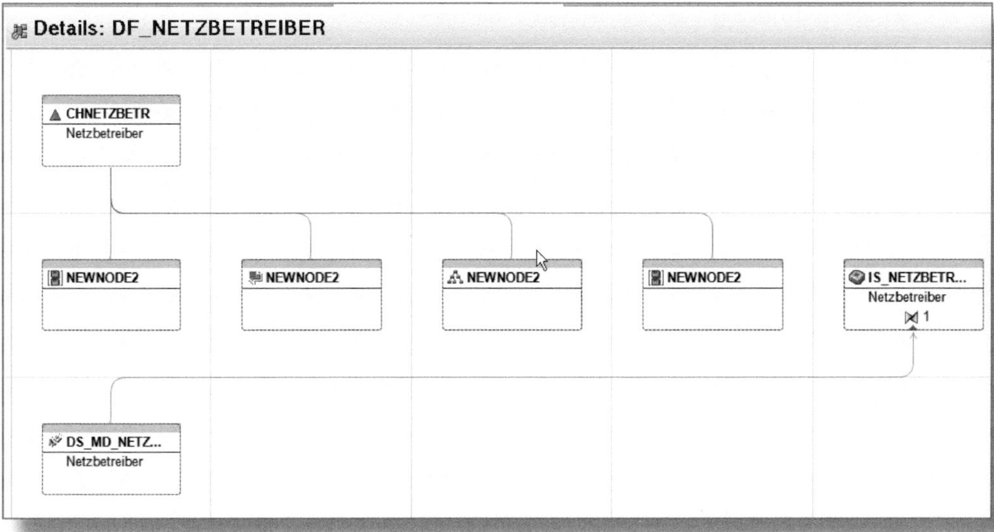

Abbildung 4.24: InfoSource mit dem Text-Konnektor verbinden

4.5.4 InfoSource mit dem InfoObject verbinden

Verbinden Sie als Nächstes auf dieselbe Weise die InfoSource IS_NETZBETR mit den Texten des InfoObject CHNETZBETR (siehe Abbildung 4.25).

Anschließend ist unterhalb des Text-Konnektors wieder das weiße Transformationssymbol zu sehen, um Ihnen die Verbindung der InfoSource mit dem Text-Konnektor durch genau eine Transformation anzuzeigen. Zusätzlich erscheint rechts neben dem Transformationssymbol das Symbol für einen Datentransferprozess (DTP). Das DTP-Symbol wird immer dann angezeigt, wenn zwei persistente Datenziele über eine oder mehrere Transformationen direkt oder indirekt miteinander verbunden sind. Direkt meint in diesem Zusammenhang eine Verbindung von Quell- und Zielobjekt des DTP durch genau eine Transformation. Indirekt bedeutet dagegen, dass zwischen Quell- und Zielobjekt mindestens eine InfoSource liegt, über die die Objekte verknüpft sind. Da die InfoSource selbst keine Daten enthält, erscheint neben dem Transformationssymbol kein DTP-Symbol. Verbinden Sie die InfoSource jetzt mit dem Konnektor für die zeitunabhängigen Attribute des InfoObject (siehe Abbildung 4.25).

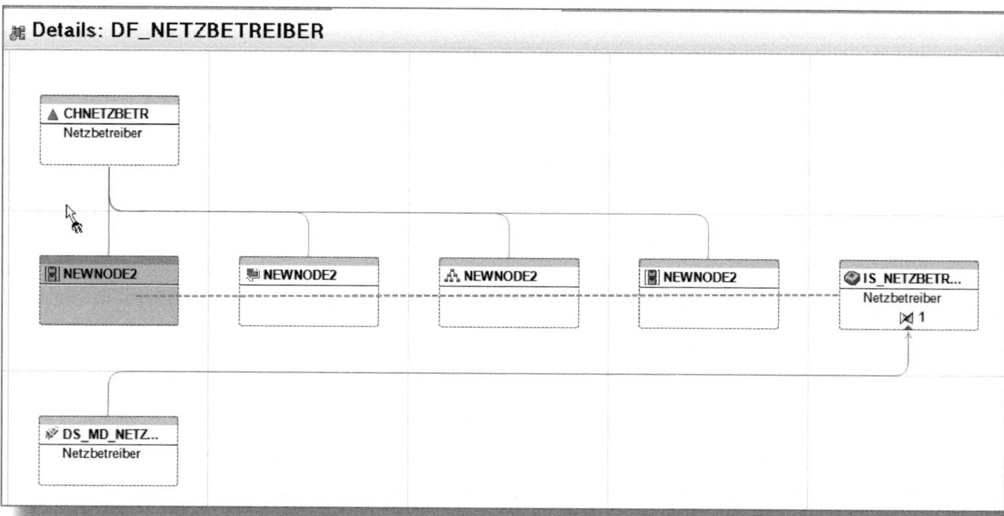

Abbildung 4.25: InfoSource mit dem Konnektor der zeitunabhängigen Attribute verbinden

Die InfoSource verfügt über eine Verbindung zu dem Text-Konnektor und dem Konnektor für zeitunabhängige Attribute. Zudem ist die Netzbetreiber-DataSource mit einem DTP für die Texte und einem DTP für die zeitunabhängigen Attribute des InfoObject *Netzbetreiber* angeschlossen. Alle Verbindungen sind inaktiv oder nicht persistent, zu erkennen an den weißen Symbolen. Hierüber können wir später die Stammdaten des Netzbetreibers in unser BW-System laden; es ist die erste ETL-Strecke.

4.5.5 Die Auto-Layout-Funktion

Die ETL-Strecke sieht zunächst etwas unübersichtlich aus. Sie können die Objekte jetzt manuell mit der Maus so über die Arbeitsfläche ziehen, dass ein übersichtlicher Datenfluss von der DataSource unten bis hoch zum InfoObject entsteht. Diese Arbeit erleichtert Ihnen der AUTO-LAYOUT-Button aus Abbildung 4.26.

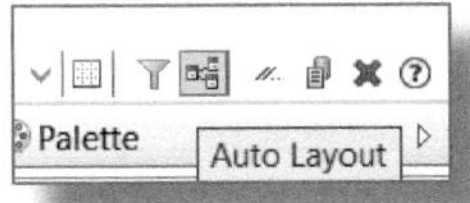

Abbildung 4.26: Auto-Layout erstellen

Das Ergebnis des Auto-Layouts sehen Sie in Abbildung 4.27.

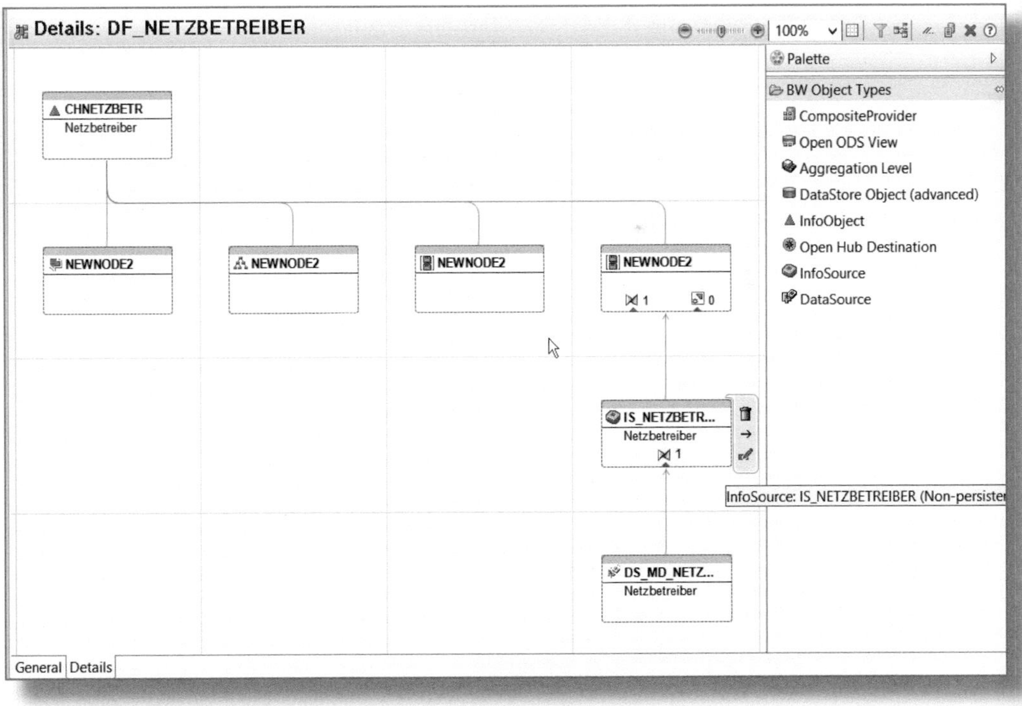

Abbildung 4.27: Ergebnis der Auto-Layout-Funktion

Das InfoObject CHNETZBETR wurde im Datenfluss ganz nach oben bewegt. Darunter befinden sich die vier Konnektoren, von denen der Text-Konnektor und der Konnektor für zeitunabhängige Attribute mit der InfoSource IS_NETZBETR über Transformationen und DTPs verbunden sind. Die InfoSource IS_NETZBETR ist mit der DataSource DS_MD_NETZBETR über genau eine Transformation verbunden.

Damit ist der Datenfluss für die Netzbetreiber-Stammdaten aufgebaut. Allerdings sind physisch noch keine Objekte im System angelegt. Wie Sie jetzt nacheinander die physischen Objekte im System erstellen, zeige ich Ihnen in den nächsten Abschnitten. Dabei bewege ich mich im Datenfluss von unten nach oben. Den Anfang macht die DataSource.

4.6 DataSource anlegen

Das Datenflussdiagramm ist das zentrale Objekt, um physisch Objekte zur Datenmodellierung in SAP BW/4HANA anzulegen.

4.6.1 Persistentes Objekt erzeugen

Um eine DataSource physisch zu erstellen, markieren Sie die DataSource im Datenflussdiagramm und klicken mit der rechten Maustaste darauf. Das Kontextmenü aus Abbildung 4.28 wird angezeigt.

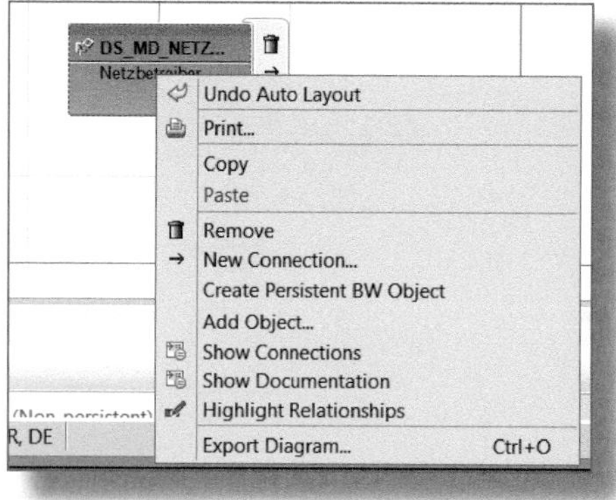

Abbildung 4.28: Kontextmenü der DataSource

Tabelle 4.2 zeigt, welche Funktionen Ihnen im Kontextmenü der DataSource zur Verfügung stehen.

Funktion	Beschreibung
PRINT	Papierausdruck der DataSource
COPY	markiertes Objekt in die Zwischenablage kopieren
PASTE	Objekt aus der Zwischenablage in das Datenflussdiagramm einfügen
REMOVE	markiertes Objekt aus dem Datenflussdiagramm entfernen (es wird aber nicht physisch gelöscht)
NEW CONNECTION	Verbindung vom markierten Objekt zu einem anderen Objekt im Datenflussdiagramm herstellen
CREATE PERSISTENT BW OBJECT	Objekt physisch in SAP BW/4HANA anlegen
ADD OBJECT	bestehende physische DataSource aus SAP BW/4HANA in das Datenflussdiagramm einfügen
SHOW CONNECTIONS	zeigt die Verbindungen des Objekts zu anderen Objekten an
SHOW DOCUMENTATION	zum Objekt hinterlegte Dokumentation zu den Eigenschaften der DataSource auf der Registerkarte DOCUMENTATION anzeigen
HIGHLIGHT RELATIONSHIPS	hebt die bestehenden Verbindungen zwischen den Objekten farblich hervor
EXPORT DIAGRAM	Datenflussdiagramm in einem der gängigen Bildformate (BMP, JPG, TIFF) exportieren – es kann dann auf einem Netzlaufwerk abgelegt werden

Tabelle 4.2: DataSource-Kontextmenü

Wählen Sie die Funktion CREATE PERSISTENT BW OBJECT. Hier gibt es keine Unterstützung durch entsprechende Funktionstasten.

Es startet ein Wizard, der Sie mit einer Reihe von Pop-ups, in denen die benötigten Angaben zu machen sind, durch die Erstellung der DataSource führt. Pflichtfelder, in denen eine Eingabe erforderlich ist und die nicht leer sein dürfen, sind durch einen Stern markiert. Alle nicht mit einem Stern markierten Felder sind entsprechend optional und können leer bleiben. Im ersten Pop-up aus Abbildung 4.29 müssen Sie im Feld BW PROJECT das BW-Projekt angeben, innerhalb dessen die DataSource angelegt werden soll.

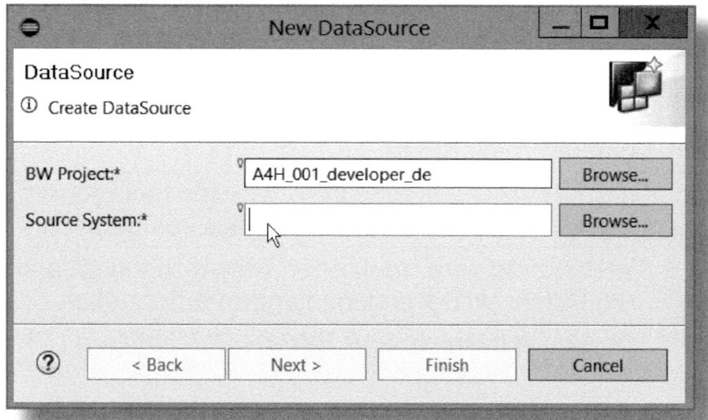

Abbildung 4.29: Erstes Pop-up – DataSource anlegen

In der Voreinstellung ist das aktuelle BW-Projekt ausgewählt. Über den Button BROWSE wählen Sie aus den im Workspace vorhandenen BW-Projekten das zutreffende aus. Im zweiten Feld SOURCE SYSTEM müssen Sie das Quellsystem bestimmen, zu dem die DataSource angelegt werden soll. Drücken Sie hier den Button BROWSE neben dem Feld SOURCE SYSTEM, um die verfügbaren Quellsysteme anzuzeigen. Die vorhandenen Quellsysteme sind beispielhaft in Abbildung 4.30 aufgeführt.

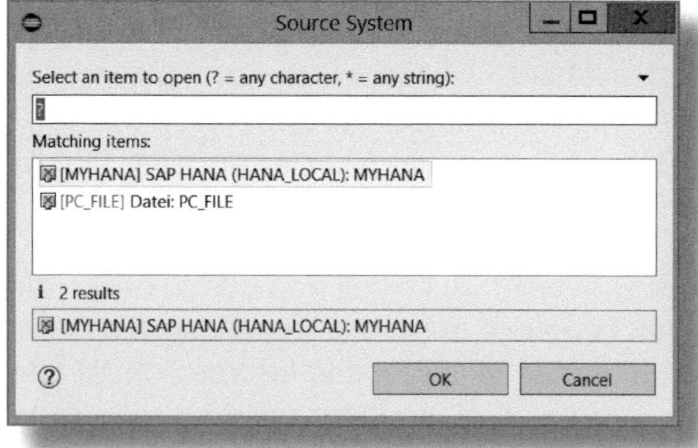

Abbildung 4.30: Verfügbare Quellsysteme

Die Abbildung kann von der Anzeige in Ihrem System abweichen. Unter Umständen sind in Ihrem SAP-BW/4HANA-System weitere Quellsysteme verknüpft.

Für unser Fallbeispiel bilden die Quelle textartige Dateien, die durch einen Separator getrennte Spalten mit Daten enthalten. Wählen Sie daher den Eintrag [PC_FILE] DATEI: PC_FILE aus (siehe Abbildung 4.30) und bestätigen Sie Ihre Wahl mit OK.

Alle erforderlichen Eingaben für das erste Pop-up aus Abbildung 4.29 sind in den mit einem Stern markierten Mussfeldern erfolgt und der Button NEXT > ist aktiv. Um im Wizard zum nächsten Schritt zu gelangen, drücken Sie in Abbildung 4.31 den Button NEXT >. Über den Button CANCEL können Sie die Erstellung der DataSoure jederzeit abbrechen.

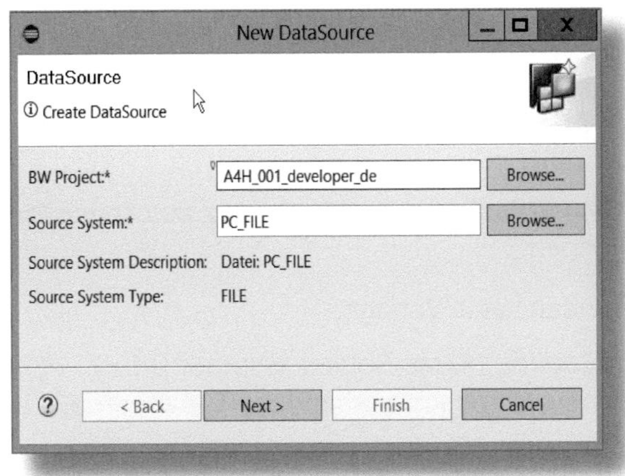

Abbildung 4.31: Erstes Pop-up vollständig

4.6.2 DataSource-Vorlage auswählen

In Abbildung 4.32 werden Sie gefragt, ob Sie die DataSource über eine Vorlage erstellen möchten.

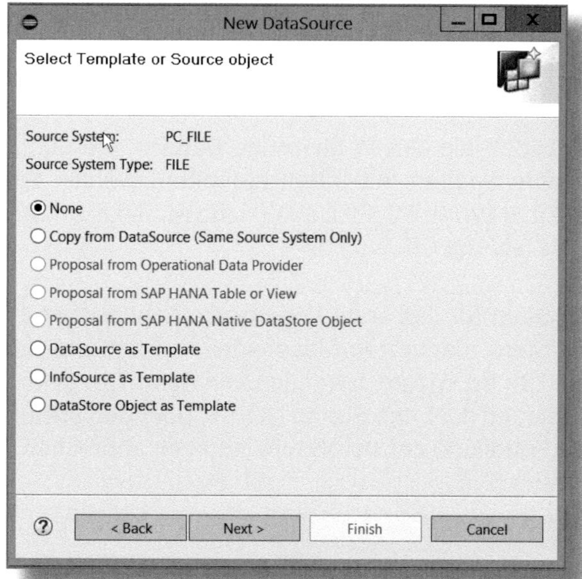

Abbildung 4.32: Auswahl der DataSource-Vorlage

Hierbei stehen Ihnen folgende Optionen zur Verfügung, aus denen Sie genau eine auswählen können:

- NONE – Sie verwenden keine Vorlage.
- COPY FROM DATASOURCE (SAME SOURCE SYSTEM ONLY) – Sie kopieren eine bereits physisch vorhandene DataSource aus demselben Quellsystem.
- DATASOURCE AS TEMPLATE – Sie benutzen eine bereits physisch vorhandene DataSource aus einem beliebigen Quellsystem als Vorlage für die DataSource.
- INFOSOURCE AS TEMPLATE – Sie verwenden eine bereits physisch vorhandene InfoSource des SAP BW/4HANA als Vorlage.
- DATASTORE OBJECT AS TEMPLATE – Sie setzen ein bereits physisch vorhandenes aDSO des SAP BW/4HANA als Vorlage für die DataSource ein.

Die weiteren Optionen PROPOSAL FROM OPERATIONAL DATA PROVIDER, PROPOSAL FROM SAP HANA TABLE OR VIEW und PROPOSAL FROM SAP HANA NATIVE DATASTORE OBJECT sind ausgegraut, da als Quellsystem PC_FILE angegeben wurde, also text- oder binärartige Dateien.

Hierzu ein paar Anmerkungen:

Falls Sie die Optionen INFOSOURCE AS TEMPLATE oder DATASTORE OBJECT AS TEMPLATE nutzen möchten, beachten Sie, dass die Vorlagen keine InfoObjects beinhalten. Eine DataSource darf immer nur aus einfachen, flachen Feldern und keinen InfoObjects bestehen. Verschachtelte Strukturen sind dementsprechend in DataSources ebenfalls nicht erlaubt. Enthält die Vorlage InfoObjects, müssen Sie diese in der DataSource durch entsprechende Felder gleichen Datentyps ersetzen, da sonst eine Aktivierung der DataSource nicht möglich ist.

Die Option DATASOURCE AS TEMPLATE empfiehlt sich dann, wenn die neue DataSource nahezu identische Felder zur DataSource der Vorlage hat. Dies nutzen Sie beispielsweise, um eine DataSource mit allen Feldern von einem Mandanten eines SAP-ERP- oder SAP-S/4HANA-Systems in einen anderen Mandanten oder ein anderes System zu kopieren.

Die Option COPY FROM DATASOURCE (SAME SOURCE SYSTEM ONLY) empfiehlt sich analog zur Option DATASOURCE AS TEMPLATE nur in den Fällen, in denen die DataSource der Vorlage eine nahezu identische Struktur hat. Zudem muss die Vorlage bei dieser Option auch aus demselben Quellsystem stammen. Sie können dies z. B. für ein Planungsszenario mit Ist- und Plandaten nutzen. Sie legen eine DataSource für Ist-Daten aus einer Excel- oder CSV-Datei an. Anschließend kopieren Sie diese für eine DataSource mit Plandaten aus Excel-oder CSV-Dateien.

Für unser Fallbeispiel wählen Sie in Abbildung 4.32 keine Vorlage aus. Klicken Sie anschließend auf den Button NEXT >. Mit dem Button < BACK gelangen Sie zurück zum ersten Pop-up aus Abbildung 4.29.

4.6.3 Bestätigungsseite der DataSource

Im nächsten Pop-up aus Abbildung 4.33 gelangen Sie zur Bestätigungsseite oder CONFIRMATION PAGE.

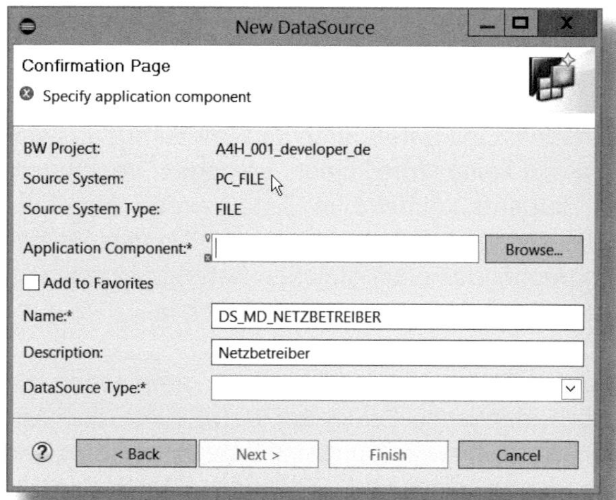

Abbildung 4.33: Bestätigungsseite der DataSource

In den Feldern BW PROJECT und SOURCE SYSTEM erkennen Sie Ihre Angaben aus dem ersten Pop-up (siehe Abbildung 4.31). Zusätzlich wird der Quellsystemtyp für das ausgewählte Quellsystem im Feld SOURCE SYSTEM TYPE angezeigt.

Wie Sie sehen, wurden im Feld NAME der im Datenflussdiagramm angegebene technische Name der DataSource sowie im Feld DESCRIPTION die Beschreibung der DataSource aus dem Datenflussdiagramm bereits übernommen.

Im Feld APPLICATION COMPONENT müssen Sie abschließend eine Anwendungskomponente angeben, unterhalb derer die DataSource im DataSource-Baum abgelegt werden soll. Erkennbar ist das wieder an dem Stern, der ein Mussfeld kennzeichnet. Drücken Sie den Button BROWSE neben dem Feld APPLICATION COMPONENT, um die gewünschte Anwendungskomponente auszuwählen. In Abbildung 4.34 werden die vorhin angelegten Anwendungskomponenten angezeigt.

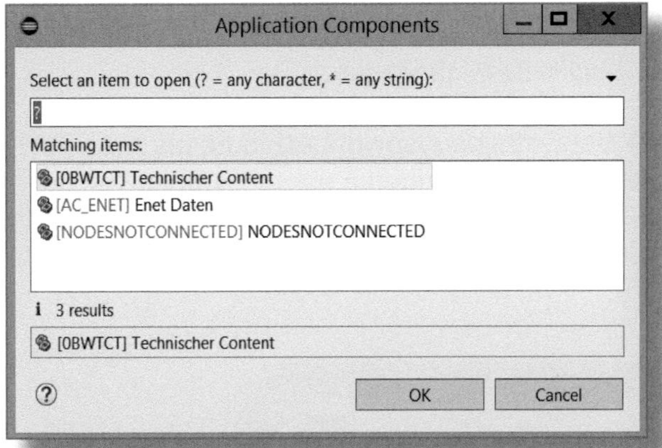

Abbildung 4.34: Auswahl der Anwendungskomponente

! Anlegen der Anwendungskomponente vergessen

Falls Sie an dieser Stelle nicht die gewünschte Anwendungskomponenten zur Auswahl vorfinden, bleibt Ihnen leider nichts anderes übrig, als die Erstellung der DataSource hier abzubrechen. Der Wizard wird in einem modalen Fenster ausgeführt und lässt paralleles Arbeiten in einem anderen Fenster nicht zu.

Sie können Eclipse jedoch ein weiteres Mal auf Ihrem PC starten. Legen Sie wie in Abschnitt 4.4 beschrieben die fehlenden Anwendungskomponenten in dieser zweiten Instanz von Eclipse an. In diesem Fall drücken Sie einfach erneut BROWSE, sobald die Anwendungskomponenten angelegt sind, und wählen die gewünschte Komponente aus.

Als letzten Schritt müssen Sie in Abbildung 4.33 im Feld DATASOURCE TYPE in der Eingabehilfe den Typ der DataSource auswählen. Dabei stehen Ihnen folgende Typen zur Auswahl:

- *Master Data Attributes* – Stammdatenattribute
- *Master Data Texts* – Stammdatentexte
- *Hierarchies* – Hierarchien
- *Transactional Data* – Bewegungsdaten

Da die Quelldatei des Netzbetreibers sowohl Attribute als auch Texte liefert, möchte ich zuerst mit den Attributen starten. Wählen Sie daher im Feld DATASOURCE TYPE den Wert *Master Data Attributes*. Alle erforderlichen Eingaben sind damit gemacht und der Button FINISH ist aktiv (siehe Abbildung 4.35).

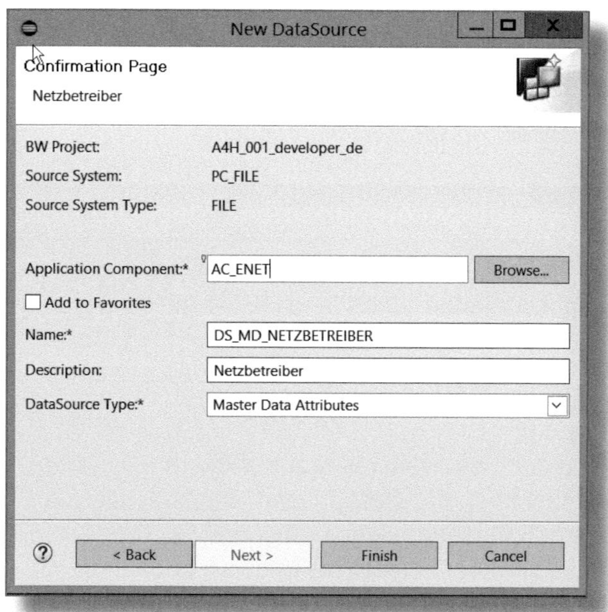

Abbildung 4.35: Erstellung der DataSource abschließen

Zum Schließen der Maske und physischen Anlegen der DataSource in Ihrem SAP-BW/4HANA-System drücken Sie den Button FINISH.

Im Hintergrund werden die benötigten Einträge in den Systemtabellen erzeugt. Allerdings ist dies eine leere Hülle, die beim Anlegen generiert wird und nur die notwendigsten Einstellungen beinhaltet. Diese leere Hülle soll jetzt mit Leben gefüllt werden.

Zum weiteren Verständnis ist ein kurzer Ausflug in das Lifecycle Management von BW-Modellierungsobjekten auf der Datenbank nötig.

4.6.4 Lifecycle Management von BW-Modellierungsobjekten

Jedes BW-Modellierungsobjekt besitzt sogenannte Metadaten, die das Objekt näher beschreiben. Das sind Attribute wie technischer Name, Typ des Objekts, interne Statusfelder zur Verwaltung des Objekts und auch die sogenannte Objektversion. Jedes Objekt kann dabei insgesamt vier Status annehmen. Aber für das weitere Verständnis zur Lösung des Fallbeispiels sind nur die beiden folgenden Status relevant:

- Modifiziert
- Aktiv

Wird ein BW-Modellierungsobjekt das erste Mal auf der Datenbank angelegt, erhält es den Status »Modifiziert«. In diesem Status können es andere Benutzer nicht für ihre Modellierung verwenden, ein Benutzer kann aber beliebig Änderungen vornehmen. Ein BW-Modellierungsobjekt ist jedoch nicht gleichzeitig durch zwei Benutzer änderbar. Möchte der Benutzer die Bearbeitung abschließen und seine Version den anderen Entwicklern zur Verfügung stellen, muss er das Objekt erst aktivieren. Mit diesem Schritt der Aktivierung erhält das Objekt den Status »Aktiv«. Jetzt kann es ein anderer Entwickler bearbeiten. Er setzt es wieder in den Änderungsmodus, wodurch das Objekt erneut den Status »Modifiziert« erhält. Die alte aktive Version steht jedoch nach wie vor allen Entwicklern zur Verfügung, und sie können damit Datenmodelle oder Datenflüsse erstellen. Speichert der Entwickler sein Objekt, weichen das modifizierte und das aktive Objekt voneinander ab. Erst mit der Aktivierung des Objekts stehen die Änderungen am Objekt allen Entwicklern zur Verfügung. Bei denjenigen, die mit der alten aktiven Version gearbeitet haben, sind nach der Aktivierung eventuell ein paar Objekte inaktiv geworden. Inaktiv bedeutet in dem Zusammenhang eher, dass das Objekt nicht mehr konsistent ist und es überarbeitet werden muss, um die allgemeine Modell- und Datenkonsistenz wiederherzustellen.

Dieser Vorgang ist vollkommen normal und Eclipse weist im Protokollfenster die von der Aktivierung abhängigen Objekte aus, die bei einer Aktivierung inaktiv werden könnten. Diese Liste muss dann komplett abgearbeitet werden, um die Datenmodelle untereinander konsistent zu halten. Doch jetzt wieder zurück zur Konfiguration der DataSource.

4.6.5 Allgemeine Konfiguration der DataSource

Zur Konfiguration der DataSource steht in Eclipse eine View zur Verfügung, die sich in mehrere Registerkarten unterteilt. Die Bearbeitung beginnt mit der Registerkarte ALLGEMEINES (siehe Abbildung 4.36).

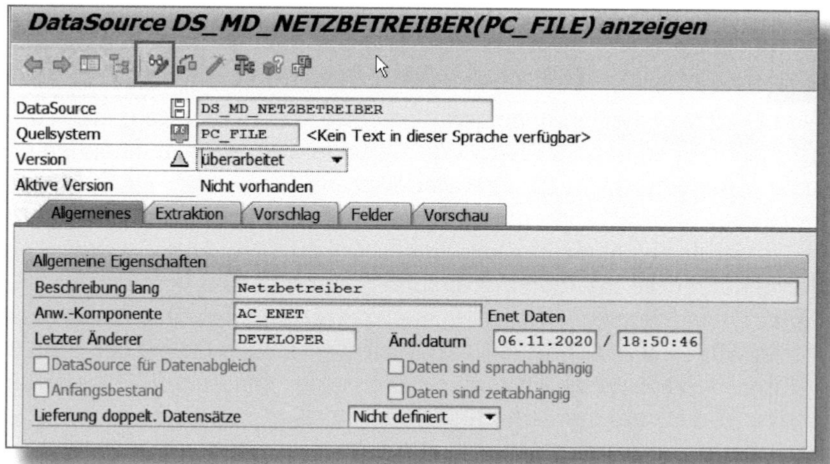

Abbildung 4.36: DataSource – Registerkarte »Allgemeines«

Die DataSource wird standardmäßig immer im Anzeigemodus geöffnet. Dies ist eine Sicherheitseinstellung seit BW 7.x, um unbeabsichtigtes Überschreiben zu verhindern. Um in den Änderungsmodus zu wechseln, klicken Sie im Menü auf das Icon mit Stift und Brille (rot umrahmt in Abbildung 4.36). Die DataSource wechselt in den Änderungsmodus (siehe Abbildung 4.37).

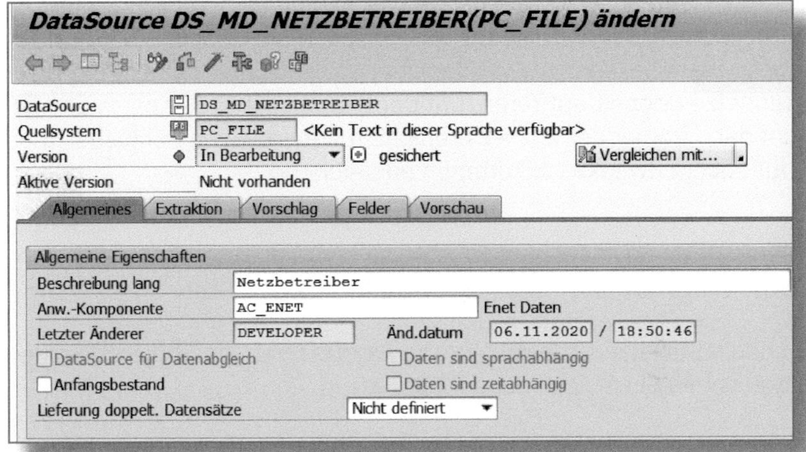

Abbildung 4.37: DataSource im Änderungsmodus

An dieser Stelle möchte ich auf das Feld Version hinweisen. Es spielt eine wichtige Rolle, da in diesem Feld immer der aktuelle Status des Objekts angezeigt wird. Das Feld Version ist Teil aller BW-Modellierungsobjekte. Ein Modellierungsobjekt kann zu jedem Zeitpunkt immer genau einen der folgende drei Status annehmen:

- Überarbeitet – Die aktive Version unterscheidet sich von der modifizierten Version des Objekts oder das Objekt wurde erstellt.
- In Bearbeitung – Das Objekt in der modifizierten Version wird von einem Entwickler bearbeitet.
- Aktiv – Das Objekt liegt allen Entwicklern in der aktiven Version zur weiteren Modellierung vor.

Die Felder Beschreibung lang und Anw.-Komponente sind frei für eine Eingabe. Hier können Sie die Beschreibung ändern oder über die Eingabehilfe im Feld Anw.-Komponente der DataSource eine andere Anwendungskomponente zuweisen. Mit der DataSource werden keine

Bestände, also etwa Lagerbestände einer bestimmten Ware, geladen. Daher bleibt das Feld ANFANGSBESTAND initial. Zusätzlich können Sie im Feld LIEFERUNG DOPPELT. DATENSÄTZE definieren, was im Falle von doppelten Datensätzen aus der Quelle passieren soll. Nicht jede Datenquelle stellt sicher, dass die Datensätze nicht doppelt vorkommen. Insbesondere bei sehr großen flachen Dateien kann es passieren, dass Datensätze doppelt auftreten. Mit der Einstellung NICHT DEFINIERT gewinnt dann immer der letzte Datensatz mit demselben Schlüssel. Dies ist für unsere Zwecke vollkommen ausreichend.

4.6.6 DataSource – Registerkarte »Extraktion«

Wechseln Sie jetzt zur Registerkarte EXTRAKTION. Die Standardeinstellungen sehen Sie in Abbildung 4.38.

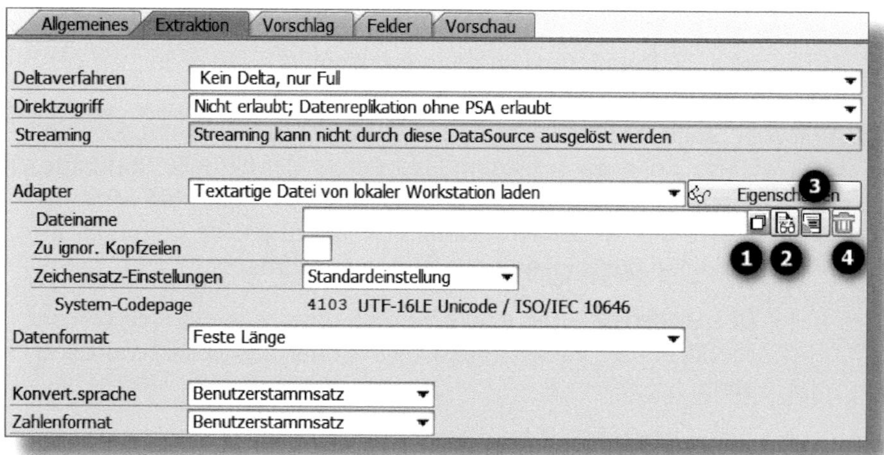

Abbildung 4.38: DataSource – Registerkarte »Extraktion«

Auf dieser Registerkarte definieren Sie den genauen Namen und Pfad der Quelldatei, den Typ über den ADAPTER, das DATENFORMAT sowie eventuelle KONVERTIERUNGSSPRACHEN und ZAHLENFORMATE. Die einzelnen Felder erläutere ich nachfolgend im Detail:

DELTAVERFAHREN: Hier definieren Sie, ob die Daten per *Delta* oder per *Full* geladen werden: *Delta* beinhaltet nur das Laden der Änderungen seit dem letzten Ladevorgang, *Full* beinhaltet immer das Laden aller Datensätze, unabhängig davon, ob die Daten geändert wurden oder nicht. In den meisten Fällen wird ein *Delta*-Ladevorgang favorisiert, da mit ihm deutlich weniger Datensätze übertragen werden. Ein *Delta* ist bei flachen Dateien jedoch nicht möglich, darum ist hier *Kein Delta, nur Full* vorausgewählt.

DIREKTZUGRIFF: Hier definieren Sie, ob die DataSource einen direkten Zugriff auf die Quelldaten erhält. Dies ist z. B. bei SAP-Quelltabellen möglich. Hier kann die DataSource ohne Umwege direkt auf die Daten zugreifen und sie ohne einen speziellen Adapter in SAP BW/4HANA laden. Bei flachen Dateien ist dies nicht möglich, daher ist die Einstellung *Nicht erlaubt; Datenreplikation ohne PSA erlaubt* gewählt. Da SAP BW/4HANA über keine spezielle PSA-Schicht mehr verfügt, ist dieser Zusatz eher historisch zu sehen.

STREAMING: Hierüber definieren Sie eine Echtzeit-Replikation der Daten. Dies bedeutet, sobald sich die Daten in der Quelle ändern, werden diese Änderungen über die DataSource an SAP BW/4HANA übertragen. Streaming ist für Flatfiles nicht vorgesehen, daher wurde hier die Einstellung STREAMING KANN NICHT DURCH DIESE DATASOURCE AUSGELÖST WERDEN festgelegt, die nicht änderbar ist.

ADAPTER: Hier tragen Sie den Adapter ein, mit dem die Extraktion durchgeführt werden soll. Diese Adapter sind quellsystemabhängig. Für Flatfiles stehen Ihnen folgende Adapter zur Auswahl:

- MS-Excel-Datei (XLS) von lokaler Workstation laden
- Binäre Datei von lokaler Workstation laden
- Binäre Datei von Applikationsserver laden
- Textartige Datei von lokaler Workstation laden
- Textartige Datei von Applikationsserver laden

Für unser Fallbeispiel ist die Standardeinstellung *Textartige Datei von lokaler Workstation laden* vollkommen ausreichend.

! Prozessketten und textartige Dateien von lokaler Workstation

Mit dem Adapter *Textartige Datei von lokaler Workstation laden* ist keine Automatisierung der Datenbeladung möglich, da der Zugriff auf die Datei explizit über Funktionen der SAP GUI erfolgt. Zur Automatisierung, etwa nächtliches Laden der Datei, müssen Sie einen anderen Adapter wählen, z. B. *Textartige Datei von Applikationsserver laden*. Dies erfordert allerdings einen Zwischenschritt: Die Datei muss per FTP in ein Verzeichnis auf dem Applikationsserver geladen werden.

Dateiname: Hier definieren Sie den Pfad zu Ihrer Quelldatei. Folgende Funktionen (siehe Abbildung 4.38) können Sie hierfür nutzen:

❶ Auswahl der Datei über einen Explorer, mit dem Sie zum Verzeichnis der Datei auf Ihrem lokalem PC navigieren.

❷ Anzeige: Auswahl des konkreten Adapters. Hier wählen Sie zwischen *Benutzereingabe*, *OLTP-Variable* oder *ABAP-Routine*. Als Standard ist *Benutzereingabe* voreingestellt.

❸ Programmierung des Pfades über eine Routine: Hier hinterlegen Sie eine ABAP-Routine, die Ihnen den Pfad zu Ihrer Quelldatei zurückliefert. Der Vorteil ist hier, dass Sie teildynamische Pfade zurückliefern können, etwa falls ein Teil des Dateinamens aus einem Datum besteht. Das Zurückliefern der aktuellsten Datei im Verzeichnis unabhängig vom Dateinamen ist ebenfalls möglich.

❹ Löschen: Über diese Funktion setzen Sie Ihre Eingabe zurück.

! Ändern der Eingabe

Möchten Sie die Art der Eingabe von »Manuell« in »Programmcode« ändern, geht der manuell ausgewählte Pfad zur Datei verloren. Wechseln Sie von »Programmcode« zu »Manuell«, verlieren Sie das

> Coding. Sichern Sie das Coding bei Bedarf in einem Dokument, bevor Sie die Eingabe umstellen.

ZU IGNOR. KOPFZEILEN: Hier geben Sie die Anzahl der zu ignorierenden Kopfzeilen ein. Falls Ihre Datei in der ersten Zeile Überschriften für die einzelnen Spalten beinhaltet, geben Sie hier *1* ein. Im Standard ist es *0*.

ZEICHENSATZ-EINSTELLUNGEN: Der Zeichensatz wird bei der Installation von SAP BW/4HANA voreingestellt. Sie müssen hier den Zeichensatz der Quelldatei bzw. einen kompatiblen Zeichensatz auswählen. Beachten Sie insbesondere die jeweiligen Sonderzeichen in der Quelldatei. Um den Zeichensatz zu ändern, wählen Sie in der Eingabehilfe *Direkte Eingabe*. Danach stehen Ihnen zwei weitere Felder ZEICHENSATZ und ERSATZZEICHEN zur Verfügung. Im Feld ZEICHENSATZ tragen Sie die eindeutige Nummer des Zeichensatzes ein, den Sie über die Eingabehilfe zum Feld auswählen können. Im Feld ERSATZZEICHEN tragen Sie ein Zeichen für Sonderzeichen ein, die in Ihrer Quelldatei zwar vorkommen, aber nicht im Standard-Zeichensatz vorhanden und nicht durch die Konvertierungssprache abgedeckt sind. Als Standard ist hier *#* eingetragen. Französische Sonderzeichen in Ihrer Quelldatei würden so z. B. durch *#* ersetzt.

DATENFORMAT: Hier können Sie zwischen den Datenformaten *Feste Länge* und *Durch Trennzeichen getrennt (z. B. CSV)* wählen.

KONVERT.SPRACHE: Hier definieren Sie, welche Konvertierungssprache für die Datei genutzt werden soll. Dies ist für Sonderzeichen wichtig, da der ausgewählte Zeichensatz sprachabhängige Abschnitte hat, in denen sich die länderspezifischen Zeichen befinden, wie etwa die deutschen Umlaute. Die Standardeinstellung ist *Benutzerstammsatz*.

ZAHLENFORMAT: Hier definieren Sie bei Zahlen das Tausenderzeichen und das Zeichen für Dezimalpunkt. Hier lautet die Standardeinstellung ebenfalls *Benutzerstammsatz*.

Für die Netzbetreiber-Stammdaten wählen Sie die in Abbildung 4.39 gezeigten Einstellungen.

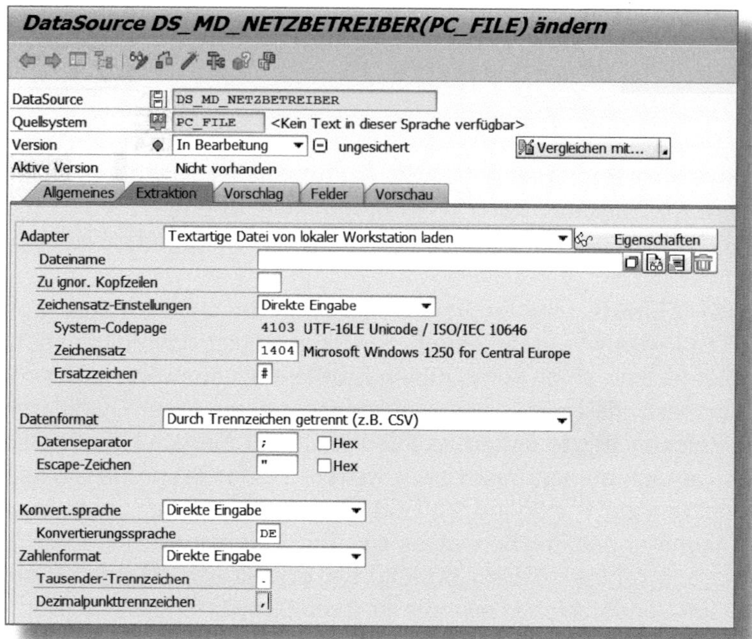

Abbildung 4.39: Einstellungen auf der Registerkarte »Extraktion«

Drücken Sie den Button zur Dateiauswahl ❶ (siehe Abbildung 4.38). Im sich öffnenden Windows-Explorer-Fenster navigieren Sie zum Ordner C:\DATA\ENET und wählen dort die Datei NNS_CSV_WINDOWS_1252_NETZBETREIBER.CSV. Bestätigen Sie Ihre Dateiauswahl über dem Button OPEN (siehe Abbildung 4.40).

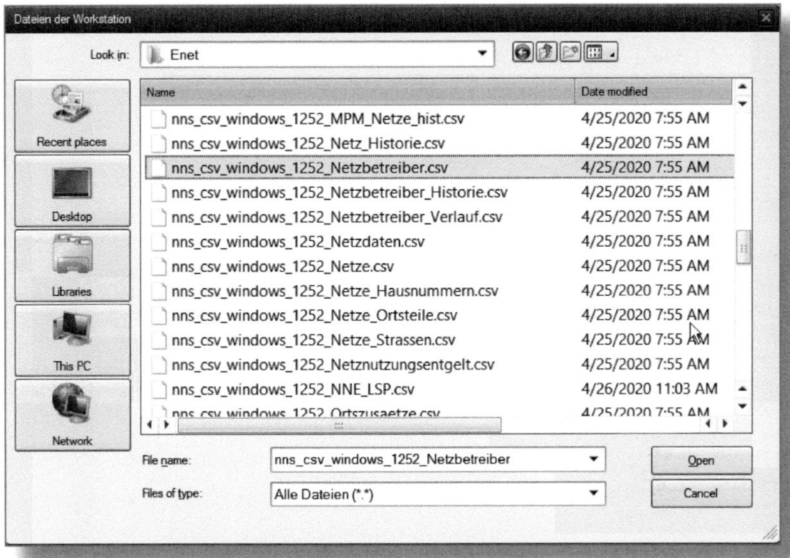

Abbildung 4.40: Dateiauswahl für Netzbetreiber

Im Feld DATEINAME finden Sie den kompletten Pfad zu der CSV-Datei mit den Netzbetreiber-Stammdaten. Tragen Sie abschließend im Feld ZU IGNOR. KOPFZEILEN den Wert *1* ein. Abbildung 4.41 fasst die Einstellungen zusammen.

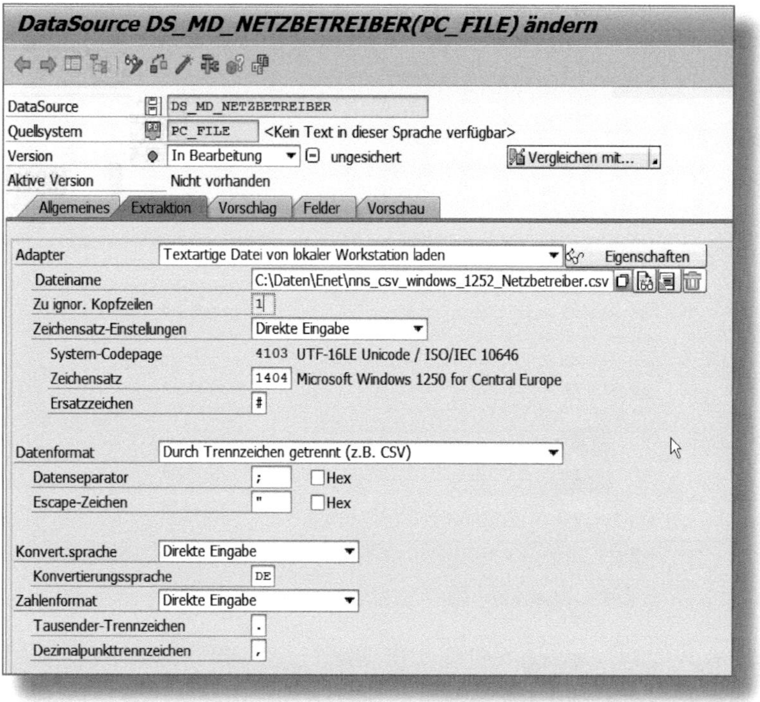

Abbildung 4.41: Zusammenfassung – Einstellungen der DataSource

4.6.7 DataSource – Registerkarte »Vorschlag«

Jetzt sind für die DataSource die Quelldatei sowie die relevanten Einstellungen festgelegt. Noch fehlt eine Definition der Struktur, die bestimmt, aus welchen Feldern mit welchen Datentypen die Eingabedatei besteht. Dazu wechseln Sie zur Registerkarte VORSCHLAG (siehe Abbildung 4.42).

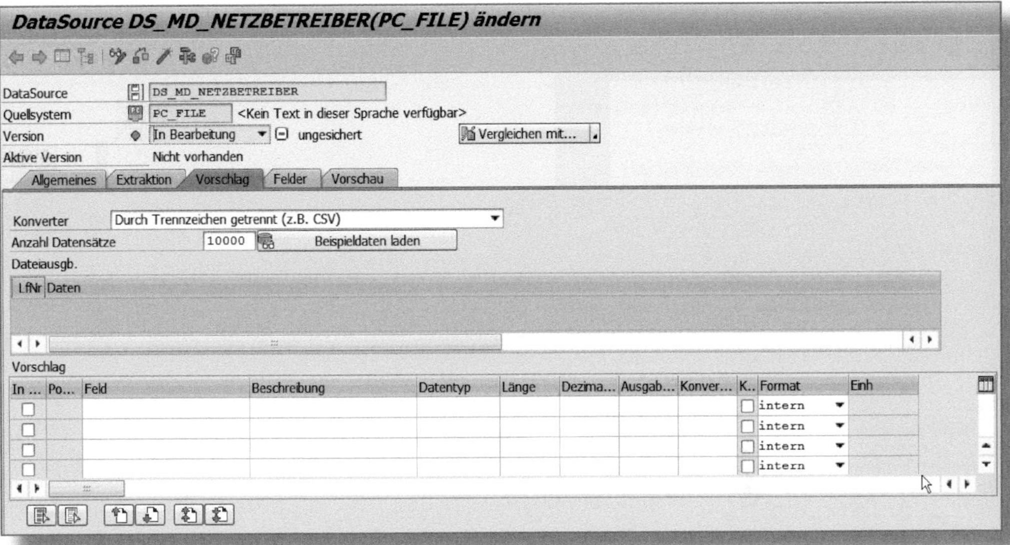

Abbildung 4.42: DataSource – Vorschlag aus Datei

Diese Registerkarte bietet Ihnen die Möglichkeit, die zu extrahierende Datei mit den ersten Zeilen zu lesen und daraus einen Vorschlag für die Felder zu generieren. Im Feld ANZAHL DATENSÄTZE legen Sie fest, wie viele Zeilen zu Beginn der Datei gelesen werden sollen. Im Standard sind das 10.000. Für unsere Zwecke reichen die ersten *100*. Ändern Sie daher das Feld ANZAHL DATENSÄTZE von *10000* in *100*. Drücken Sie anschließend den Button BEISPIELDATEN LADEN, woraufhin das System die CSV-Datei öffnet. Einen eventuellen Dialog, der die Erlaubnis für den Zugriff auf die Datei benötigt, bestätigen Sie. Basierend auf den ersten 100 Zeilen generiert das System einen Vorschlag für die Felder und zeigt Ihnen die ersten eingelesenen Zeilen an (siehe Abbildung 4.43).

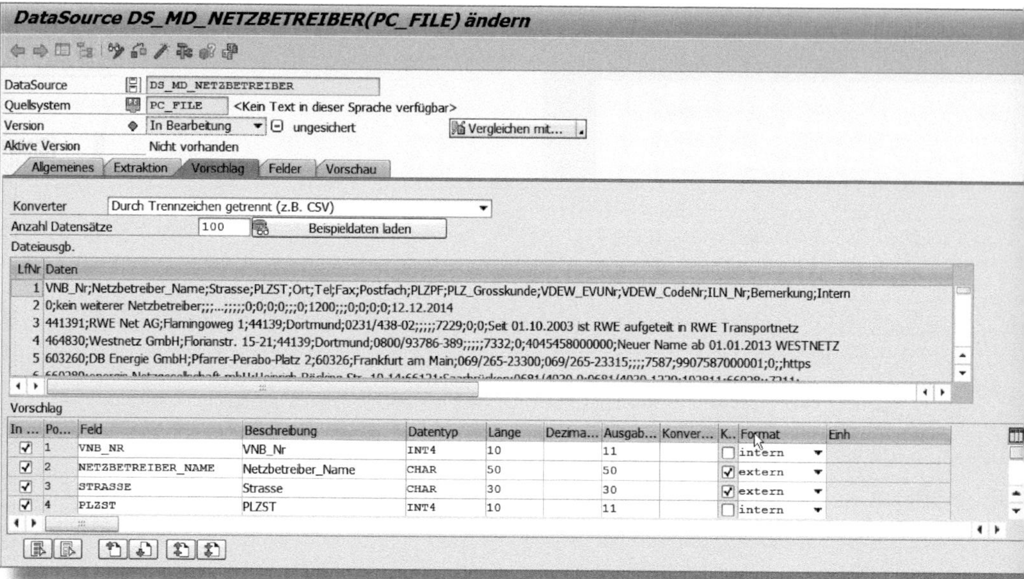

Abbildung 4.43: Generierter Vorschlag aus Beispieldaten

Wie Sie sehen, hat das System die Netzbetreibernummer im Feld *VNB_NR* als Integer definiert. Ein Integer repräsentiert in einem BW-System immer eine Kennzahl. Anstelle des Integer wird ein Zeichenfeld benötigt, in das nur Ziffern eingegeben werden können. Ändern Sie den Datentyp daher in der Tabelle unter VORSCHLAG in der Zeile 1 im Feld DATENTYP von *INT4* in *NUMC*. Da Sie das erkannte Format ändern, müssen Sie zusätzlich in der Spalte FORMAT den Wert von *intern* in *extern* ändern. Verfahren Sie genauso beim Feld *PLZST* in Zeile 4 und ändern Sie den DATENTYP für Postleitzahl von *INT4* in *CHAR*. Ändern Sie auch hier das FORMAT von *intern* in *extern*. Zusätzlich muss die AUSGABELÄNGE angepasst werden, da die Länge *10* nicht mit der Ausgabelänge *11* ohne Konvertierungsexit für den Datentyp CHAR korrespondiert. Ändern Sie die AUSGABELÄNGE in *10*. Die restlichen Felder der DataSource können Sie unverändert beibehalten, da diese Felder nicht relevant für unser Fallbeispiel sind. Die vorgenommenen Änderungen unter VORSCHLAG sind in Abbildung 4.44 zusammengefasst.

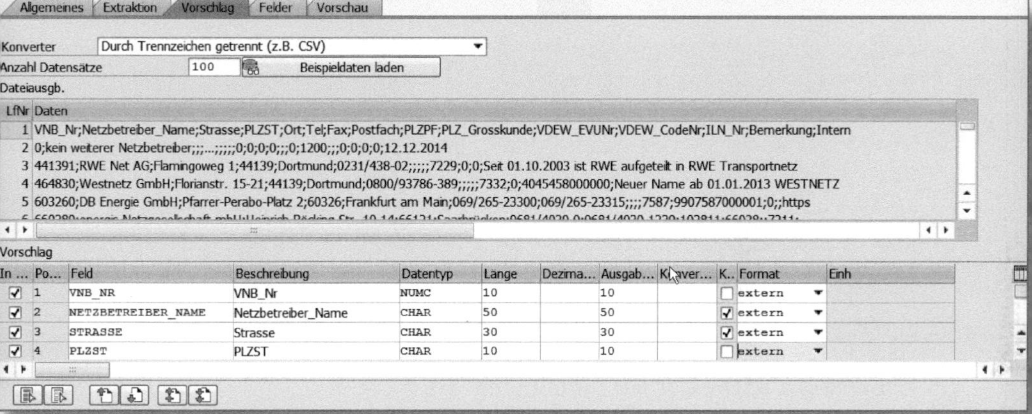

Abbildung 4.44: Angepasste Felder des Vorschlags

Wechseln Sie nun zur Registerkarte FELDER.

4.6.8 DataSource – Registerkarte »Felder«

Diese Registerkarte zeigt Ihnen tabellarisch alle identifizierten Felder der DataSource an. Die aus der Quelldatei für Netzbetreiber identifizierten Felder sind in Abbildung 4.45 dargestellt.

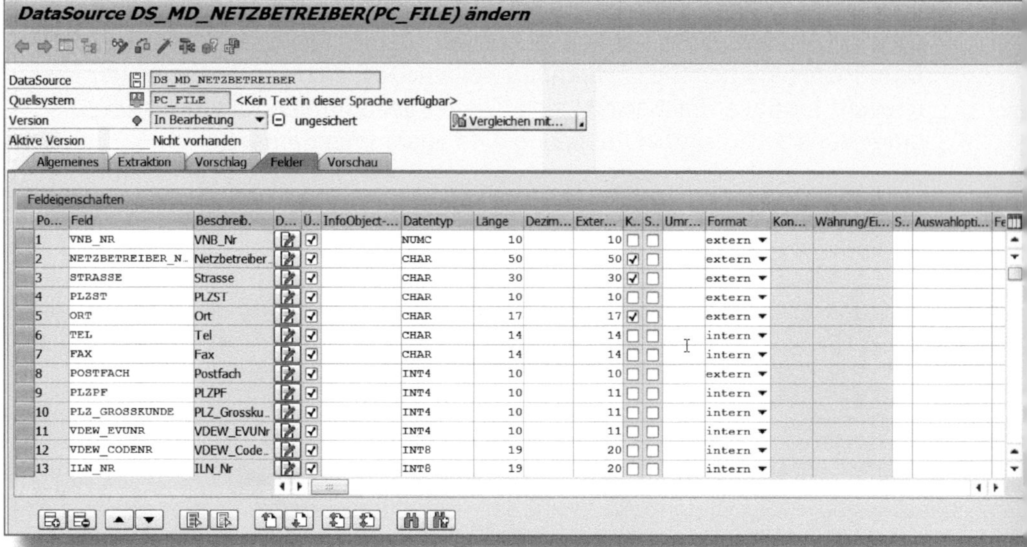

DataSource DS_MD_NETZBETREIBER(PC_FILE) ändern

DataSource: DS_MD_NETZBETREIBER
Quellsystem: PC_FILE <Kein Text in dieser Sprache verfügbar>
Version: In Bearbeitung ⊖ ungesichert — Vergleichen mit...
Aktive Version: Nicht vorhanden

Allgemeines | Extraktion | Vorschlag | Felder | Vorschau

Feldeigenschaften

Po...	Feld	Beschreib.	D...	Ü..	InfoObject-...	Datentyp	Länge	Dezim...	Exter...	K..	S..	Umr...	Format	Kon...	Währung/Ei...	S..	Auswahlopti...	Fe
1	VNB_NR	VNB_Nr		☑		NUMC	10		10	☐	☐		extern					
2	NETZBETREIBER_N..	Netzbetreiber..		☑		CHAR	50		50	☑	☐		extern					
3	STRASSE	Strasse		☑		CHAR	30		30	☑	☐		extern					
4	PLZST	PLZST		☑		CHAR	10		10	☐	☐		extern					
5	ORT	Ort		☑		CHAR	17		17	☑	☐		extern					
6	TEL	Tel		☑		CHAR	14		14	☐	☐		intern					
7	FAX	Fax		☑		CHAR	14		14	☐	☐		intern					
8	POSTFACH	Postfach		☑		INT4	10		10	☐	☐		extern					
9	PLZPF	PLZPF		☑		INT4	10		11	☐	☐		intern					
10	PLZ_GROSSKUNDE	PLZ_Grossku..		☑		INT4	10		11	☐	☐		intern					
11	VDEW_EVUNR	VDEW_EVUNr		☑		INT4	10		11	☐	☐		intern					
12	VDEW_CODENR	VDEW_Code..		☑		INT8	19		20	☐	☐		intern					
13	ILN_NR	ILN_Nr		☑		INT8	19		20	☐	☐		intern					

Abbildung 4.45: Felder der DataSource

Sie erkennen die im VORSCHLAG geänderten Datentypen in den Feldern *VNB_NR* und *PLZST*. In dieser Tabelle ist die Spalte Ü... (für »Übertragen«) wichtig. Wenn das Kennzeichen gesetzt ist, wird der Inhalt dieses Feldes an SAP BW/4HANA übertragen. Für unser Fallbeispiel ist jedoch nur ein Teil der Felder relevant. Setzen Sie den Haken für ÜBERTRAGEN nur in den ersten fünf Feldern *VNB_NR*, *NETZBETREIBER_NAME*, *STRASSE*, *PLZST* und *ORT* (siehe Abbildung 4.46).

Allgemeines | Extraktion | Vorschlag | Felder | Vorschau

Feldeigenschaften

Po...	Feld	Beschreib.	D...	Ü..	InfoObject-...	Datentyp	Länge	Dezim...	Exter...	K..	S..	Umr...	Format	Kon...	Währung/Ei...	S..	Auswahlopti...	Fe
1	VNB_NR	VNB_Nr		☑		NUMC	10		10	☐	☐		extern					
2	NETZBETREIBER_N..	Netzbetreiber..		☑		CHAR	50		50	☑	☐		extern					
3	STRASSE	Strasse		☑		CHAR	30		30	☑	☐		extern					
4	PLZST	PLZST		☑		CHAR	10		10	☐	☐		extern					
5	ORT	Ort		☑		CHAR	17		17	☑	☐		extern					
6	TEL	Tel		☐		CHAR	14		14	☐	☐		intern					
7	FAX	Fax		☐		CHAR	14		14	☐	☐		intern					
8	POSTFACH	Postfach		☐		INT4	10		10	☐	☐		extern					
9	PLZPF	PLZPF		☐		INT4	10		11	☐	☐		intern					
10	PLZ_GROSSKUNDE	PLZ_Grossku..		☐		INT4	10		11	☐	☐		intern					
11	VDEW_EVUNR	VDEW_EVUNr		☐		INT4	10		11	☐	☐		intern					
12	VDEW_CODENR	VDEW_Code..		☐		INT8	19		20	☐	☐		intern					
13	ILN_NR	ILN_Nr		☐		INT8	19		20	☐	☐		intern					

Abbildung 4.46: Felder deaktiviert

Aktivieren Sie die DataSource, indem Sie im Menü den Button wählen. Damit aktivieren Sie generell alle BW-Modellierungsobjekte. Wenn die DataSource erfolgreich aktiviert wurde, erhalten Sie eine entsprechende Nachricht in der Statuszeile (siehe Abbildung 4.47).

Abbildung 4.47: DataSource ist aktiv

Die DataSource wurde erfolgreich im System angelegt und steht damit allen Entwicklern für die Datenmodellierung zur Verfügung. Abschließend sollten Sie testen, ob die Daten auch wie erwartet aus der Datei ausgelesen werden und in den korrekten Feldern der DataSource landen.

4.6.9 DataSource – Registerkarte »Vorschau«

Zum Testen wechseln Sie auf die Registerkarte VORSCHAU (siehe Abbildung 4.48).

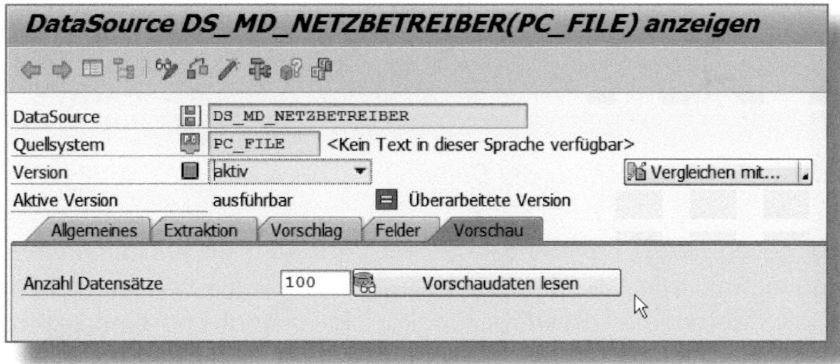

Abbildung 4.48: »Vorschau« der DataSource

Sie sehen jetzt, dass die Version in *aktiv* geändert wurde. Zusätzlich erkennen Sie im Feld AKTIVE VERSION den Wert *ausführbar* und ein Gleichheitszeichen auf blauem Hintergrund mit dem Text ÜBERARBEI-

TETE VERSION. Dies besagt, dass die aktive Version der DataSource mit der überarbeiteten Version identisch ist. Zusätzlich ist die Transaktion wieder in den Anzeigemodus gewechselt. Prüfen Sie nun die Konfiguration und lesen Sie mit dem Button VORSCHAUDATEN LESEN die ersten *100* Datensätze aus der Quelldatei in SAP BW/4HANA. Da es sich nur um eine Vorschau handelt, werden die Daten zwar ausgelesen, aber lediglich in SAP HANA geladen und nicht physisch in einer Tabelle abgespeichert. Das Ergebnis der Vorschau sehen Sie in Abbildung 4.49.

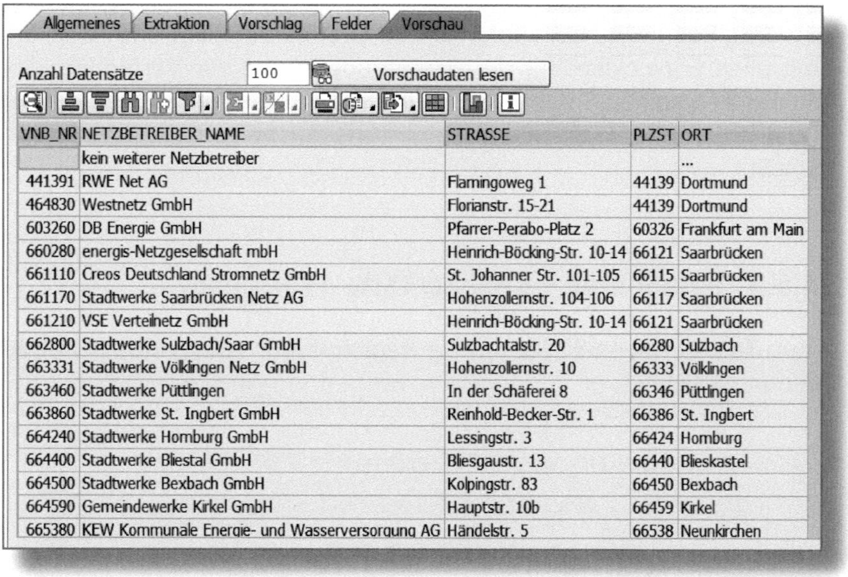

Allgemeines | Extraktion | Vorschlag | Felder | Vorschau

Anzahl Datensätze 100 Vorschaudaten lesen

VNB_NR	NETZBETREIBER_NAME	STRASSE	PLZST	ORT
	kein weiterer Netzbetreiber			...
441391	RWE Net AG	Flamingoweg 1	44139	Dortmund
464830	Westnetz GmbH	Florianstr. 15-21	44139	Dortmund
603260	DB Energie GmbH	Pfarrer-Perabo-Platz 2	60326	Frankfurt am Main
660280	energis-Netzgesellschaft mbH	Heinrich-Böcking-Str. 10-14	66121	Saarbrücken
661110	Creos Deutschland Stromnetz GmbH	St. Johanner Str. 101-105	66115	Saarbrücken
661170	Stadtwerke Saarbrücken Netz AG	Hohenzollernstr. 104-106	66117	Saarbrücken
661210	VSE Verteilnetz GmbH	Heinrich-Böcking-Str. 10-14	66121	Saarbrücken
662800	Stadtwerke Sulzbach/Saar GmbH	Sulzbachtalstr. 20	66280	Sulzbach
663331	Stadtwerke Völklingen Netz GmbH	Hohenzollernstr. 10	66333	Völklingen
663460	Stadtwerke Püttlingen	In der Schäferei 8	66346	Püttlingen
663860	Stadtwerke St. Ingbert GmbH	Reinhold-Becker-Str. 1	66386	St. Ingbert
664240	Stadtwerke Homburg GmbH	Lessingstr. 3	66424	Homburg
664400	Stadtwerke Bliestal GmbH	Bliesgaustr. 13	66440	Blieskastel
664500	Stadtwerke Bexbach GmbH	Kolpingstr. 83	66450	Bexbach
664590	Gemeindewerke Kirkel GmbH	Hauptstr. 10b	66459	Kirkel
665380	KEW Kommunale Energie- und Wasserversorgung AG	Händelstr. 5	66538	Neunkirchen

Abbildung 4.49: »Vorschau« der Daten

Die Vorschau liefert nur die fünf zum Übertragen gekennzeichneten Spalten zurück. Wie Sie erkennen können, wurden die Sonderzeichen, etwa im Städtenamen *Saarbrücken*, korrekt erkannt und eingelesen. Der eindeutige Schlüssel der Netzbetreibernummer im Feld *VNB_NR* wurde als numerisches Zeichen ohne führende Nullen zurückgeliefert. Damit ist die DataSource voll funktionstüchtig und ich zeige Ihnen im nächsten Abschnitt, wie Sie eine InfoSource anlegen.

4.7 InfoSource anlegen

Zum Anlegen der InfoSource springen Sie zurück in das Datenflussdiagramm. Hierzu müssen Sie einfach auf die entsprechende View in Ihrem Eclipse-Arbeitsbereich klicken.

Alle geöffneten Views sehen Sie im Arbeitsbereich in Registerkarten nebeneinander angeordnet (siehe Abbildung 4.50).

Klicken Sie auf die InfoSource IS_NETZBETREIBER und öffnen Sie mit der rechten Maustaste das Kontextmenü.

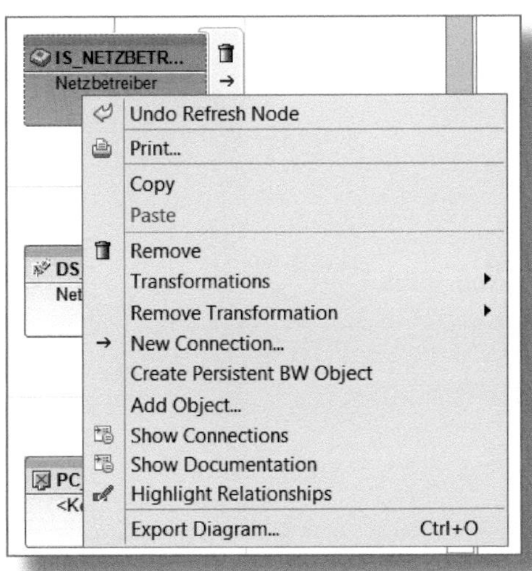

Abbildung 4.50: Kontextmenü der InfoSource

Sie finden hier die bereits aus dem Kontextmenü der DataSource bekannten Funktionen wieder. Wählen Sie die Funktion CREATE PERSISTENT BW OBJECT aus, um eine InfoSource physisch auf der Datenbank anzulegen. Es startet ein Wizard, der Sie Schritt für Schritt durch die Erstellung der InfoSource führt.

4.7.1 Namen der InfoSource festlegen

Im ersten Pop-up des Wizards (siehe Abbildung 4.51) werden die aus dem Datenfluss vorhandenen Eingaben für den technischen Namen und die Beschreibung übernommen.

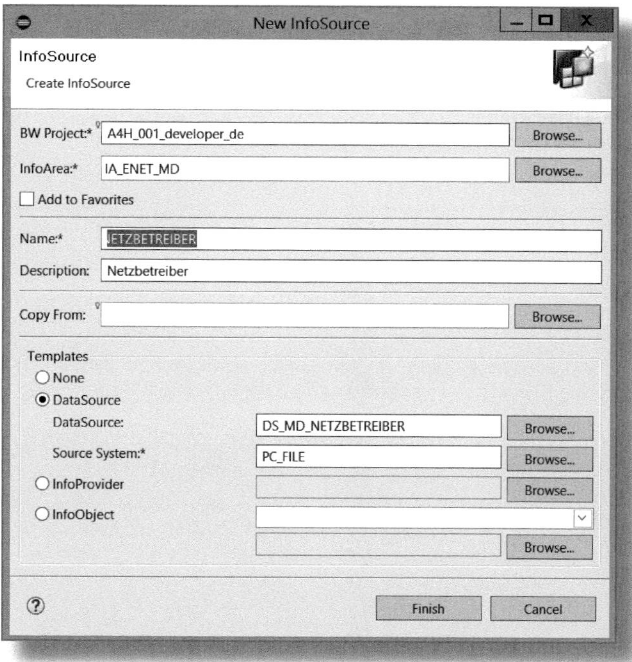

Abbildung 4.51: Namen der InfoSource festlegen

Im Feld BW PROJECT ist das aktuelle BW-Projekt wieder vorausgewählt. Im Feld INFOAREA tragen Sie den technischen Namen für die InfoArea der ene't-Stammdaten *IA_ENET_MD* ein. Sie können diese auch über den Button BROWSE aus den im System vorhandenen InfoAreas in einem Dialog auswählen.

Das Feld NAME ist mit dem technischen Namen der InfoSource *NETZ-BETREIBER* aus dem Datenflussdiagramm vorbelegt. Ändern Sie diesen zu *IS_NETZBETREIBER*.

Im Feld DESCRIPTION finden Sie die Beschreibung *Netzbetreiber*, ebenfalls aus dem Datenflussdiagramm vorbelegt. Die Option DATASOURCE im Bildbereich TEMPLATES ist bereits voreingestellt, da im Datenflussdiagramm eine Verbindung von der DataSource für Netzbetreiber zu dieser InfoSource definiert wurde. Daher enthält das Feld DATASOURCE den technischen Namen der Netzbetreiber-Stammdaten-DataSource *DS_MD_NETZBETREIBER*. Das Pflichtfeld SOURCE SYSTEM ist mit dem Wert *PC_FILE* vorbelegt.

Zum Anlegen der InfoSource stehen Ihnen zusätzlich folgende Optionen zur Verfügung:

- NONE – Es ist keine Vorlage vorhanden. Sie erstellen die InfoSource mit den Feldern oder InfoObjects manuell.
- INFOPROVIDER – Sie erstellen die Felder der InfoSource auf Basis eines im System vorhandenen aktiven InfoProvider. Dies kann ein aDSO, ein CompositeProvider oder auch ein als InfoProvider gekennzeichnetes InfoObject sein.
- INFOOBJECT – Sie erstellen die Felder auf Basis eines im System vorhandenen aktiven InfoObject, unabhängig ob es als InfoProvider gekennzeichnet ist oder nicht.

Damit sind alle benötigten Eingaben vorhanden. Klicken Sie auf den Button FINISH, um die InfoSource physisch im System anzulegen.

4.7.2 InfoSource – allgemeine Einstellungen

Die InfoSource wird nun physisch als modifizierte Version auf der Datenbank erstellt. Es öffnet sich eine neue View zur Konfiguration der InfoSource (siehe Abbildung 4.52).

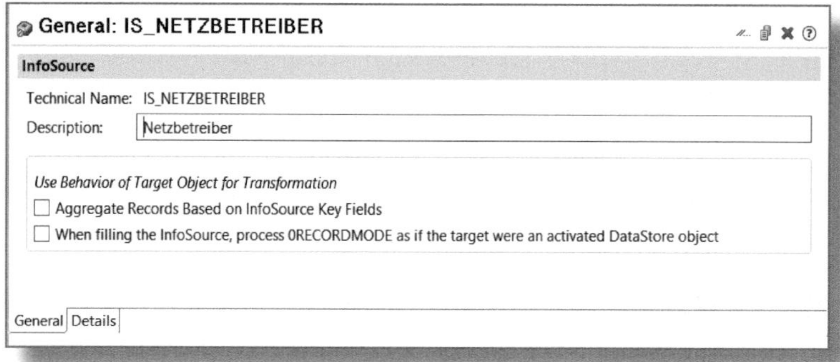

Abbildung 4.52: InfoSource – allgemeine Einstellungen

Hier finden Sie den technischen Namen im Feld TECHNICAL NAME sowie die Beschreibung der InfoSource im Feld DESCRIPTION.

Folgende weitere Einstellungen sind möglich:

- AGGREGATE RECORDS BASED ON INFOSOURCE KEY FIELDS – Die InfoSource aggregiert die Datensätze auf Basis der Schlüsselfelder. Datensätze mit gleichen Schlüsseln werden zu einem Datensatz zusammengefasst und die Kennzahlen addiert. Dies ist nur sinnvoll, wenn Ihre InfoSource ausschließlich aggregierende Kennzahlen aufweist, wie z. B. die Summe der Umsätze.
- WHEN FILLING THE INFOSOURCE, PROCESS 0RECORDMODE AS IF THE TARGET WERE AN ACTIVATED DATASTORE OBJECT – Die InfoSource verfügt über das Feld 0RECORDMODE. Beim Beladen der InfoSource soll sich diese nun genauso verhalten, als ob ein aDSO beladen wird. Auf die Besonderheiten beim Beladen eines aDSO über das Feld 0RECORDMODE gehe ich im Rahmen der Bewegungsdaten in Abschnitt 5.5 ein. Diese Einstellung wird dann benötigt, wenn Sie auf ein zusätzliches redundantes Speichern der Daten in einem aDSO verzichten möchten, aber das Aggregationsverhalten eines aDSO für Ihre Logik benötigen.

Zusätzlich finden Sie im Menü oben rechts die folgenden Funktionen mit ihren zugehörigen Icons:

– **BW-Modeling-Tools-Link** (oder BW-MT-Link): Dies ist ein Link, den Sie an andere Benutzer senden können. Der Benutzer kann über den Link das gesendete Objekt in seiner Eclipse-Installation direkt anschauen.

– **Version**: Hier prüfen Sie die Versionshistorie des Objekts. Zusätzlich zu den Status »Modifiziert« und »Aktiv« wird pro gespeicherter und aktiver Version intern eine Versionsnummer vergeben und das Objekt unter dieser Versionsnummer gespeichert. Sie können sich die einzelnen Versionen mit Ihren Änderungen unter der Versionsnummer hier anzeigen.

– **Löschen**: Über diesen Button wird das Objekt von der Datenbank gelöscht. Auch die Historie wird damit gelöscht.

– **Hilfe**: Es wird Ihnen eine View mit einer Hilfeseite zu dem ausgewählten Objekt angezeigt.

Klicken Sie nun auf die Registerkarte DETAILS der InfoSource.

4.7.3 InfoSource -Detaileinstellungen

In Abbildung 4.53 sehen Sie in der Spalte NAME im Bereich FIELDS untereinander die Felder der InfoSource, die aus der Definition der DataSource übernommen wurden, mit ihrem technischen Namen und der Beschreibung.

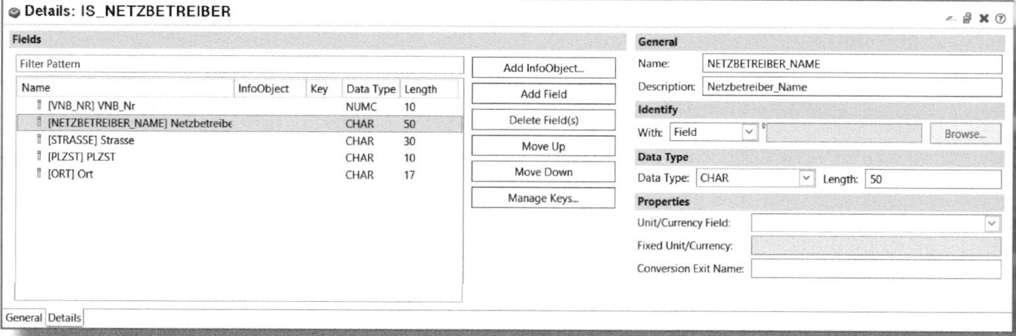

Abbildung 4.53: Details der InfoSource

Neben dem Namen finden Sie auch den Datentyp des Feldes. Das erste Feld ist markiert und weitere Details zu dem Feld sind auf der rechten Seite zu finden. Diese Einstellungen können Sie prinzipiell ändern, indem Sie den Wert des Feldes einfach manuell mit einem anderen Wert überschreiben. Unter GENERAL finden Sie den technischen Namen im Feld NAME und die Beschreibung im Feld DESCRIPTION. Unter IDENTIFY können Sie das Feld einem anderen Feld oder einem InfoObject zuordnen. Dies bewirkt, dass sich das Feld wie das zugeordnete Objekt verhält. Hierüber sind z. B. Plausibilitätsprüfungen möglich.

Ein Beispiel:

Sie identifizieren das Feld *PLZST* mit dem InfoObject *0POSTAL_CD*. Letzteres enthält alle bekannten Postleitzahlen eines Landes. Durch die Identifikation erfolgt eine Prüfung, ob die geladene Postleitzahl in der InfoSource einer bekannten Postleitzahl in *0POSTAL_CD* entspricht. Falls nicht, wird ein Fehler ausgegeben.

Unter DATA TYPE ist der Datentyp mit seiner zugehörigen Länge angegeben. Unter PROPERTIES finden Sie weitere Einstellungen für Einheiten und Währungen. Dies ist an der Stelle jedoch nicht relevant.

In der Mitte befinden sich Buttons mit folgenden Funktionen:

- ADD INFOOBJECT – Sie fügen nach der markierten Zeile ein im System vorhandenes aktives InfoObject in die InfoSource ein.
- ADD FIELD – Sie fügen nach der markierten Zeile ein neues Feld in die InfoSource ein.
- DELETE FIELD(S) – Das markierte oder die markierten Felder werden aus der InfoSource gelöscht. Sie markieren ein oder mehrere Felder wie im Windows-Explorer mit den Tasten [⇧] + [Strg].
- MOVE UP – Die markierte Zeile wird in der InfoSource-Feldliste um eine Zeile nach oben geschoben. Die darüberliegende Zeile rückt entsprechend eine Zeile nach unten.
- MOVE DOWN – Die markierte Zeile wird in der InfoSource-Feldliste um eine Zeile nach unten geschoben. Die darunterliegende Zeile rückt entsprechend eine Zeile nach oben.
- MANAGE KEYS – Hier definieren Sie die Schlüsselfelder der InfoSource.

Für unser Fallbeispiel sind die Einstellungen so ausreichend. Aktivieren Sie die InfoSource, indem Sie auf den Button drücken. Wechseln Sie anschließend zurück ins Datenflussdiagramm. Als Nächstes müssen die Stammdaten als InfoObjects angelegt werden.

4.8 InfoObjects anlegen

Das wichtigste Element zur Modellierung in SAP BW ist das InfoObject. Es lässt sich prinzipiell in Merkmale und Kennzahlen unterteilen. Zu den Merkmalen zählen auch Zeitmerkmale, wie beispielsweise Monat und Jahr, sowie Einheiten. Einem Merkmal kann dabei der Standarddatentyp *alphanumerisch*, *zeichennumerisch*, *Datum* oder *Zeitstempel* zugewiesen werden. Merkmale können zudem weitere Attribute, wie beispielsweise *Postleitzahl*, *Stadt* oder *Land* des Kunden, beinhalten und beschreibende Texte oder Hierarchien tragen.

Ein InfoObject vom Typ »Kennzahl« kann als Ganzzahl, Fließkommazahl, Mengen- bzw. Währungsgröße oder als Datum angelegt werden. Bei der Kennzahl ist auf die Aggregationsart zu achten. Für die meisten Kennzahlen ist Summation die richtige Aggregationsart und daher bei deren Definition voreingestellt. Bei Kennzahlen, die Mindest- oder Maximalbestände widerspiegeln, führt Summation nicht zum gewünschten Ergebnis. In solchen Fällen ist Maximum oder Minimum die korrekte Wahl.

Bei der Konzeption von InfoObjects bietet SAP Hilfe an. So müssen Sie sich die Datentypen und Attribute der meisten InfoObjects nicht selbst überlegen, sondern können auf einen fest definierten Standard zurückgreifen.

Im sogenannten *Business Content* des SAP Business Warehouse finden Sie zahlreiche InfoObjects für die meisten Geschäftsprozesse im Unternehmen. Diese InfoObjects beginnen alle mit dem Zeichen *0* (Null), gefolgt von einem sprechenden Namen. So heißt das von SAP an den Materialstamm im R/3 angelehnte InfoObject *0MATERIAL*, der Kunde entsprechend *0CUSTOMER*. Diese InfoObjects heißen daher auch Standard-InfoObjects. Über deren Attribute müssen Sie sich wenig Gedanken machen, da sie ebenfalls bereits vorhanden sind. Das InfoObject *0MATERIAL* trägt die wichtigsten Attribute aus dem Standardmaterialstamm im ERP.

In einigen Fällen setzt sich der Schlüssel der Werte eines InfoObject aus mehreren InfoObjects zusammen. Ein Beispiel ist die Kostenstelle. Die Kostenstelle ist erst in Kombination mit dem Kostenrechnungskreis eindeutig. Bei solchen InfoObjects spricht man von geklammerten InfoObjects oder von *Klammerung*. Ein anderes Beispiel kann ein Kunde sein, der nur über eine Klammerung an das Quellsystem eindeutig identifizierbar ist. Ein und dieselbe Kundennummer aus zwei verschiedenen Quellsystemen kann unterschiedliche Bedeutungen haben.

Tipps für InfoObjects

- Ändern Sie nicht die Klammerung von Standard-InfoObjects des Business Content.
- Zusätzliche Attribute können Sie den Standard-InfoObjects des Business Content ohne Mehraufwand hinzufügen.
- Überlegen Sie, ob Summation für die Kennzahlen das richtige Aggregationsverhalten in Ihrer Anwendung darstellt.
- Das Entfernen von Attributen ist generell nur möglich, wenn alle Daten, die auf das Attribut und damit auf das InfoObject verweisen, vorher gelöscht wurden.

Für unser Fallbeispiel benötigen wir ein InfoObject für den Netzbetreiber. Um den Namen des Netzbetreibers mit seiner Nummer zu speichern, braucht das InfoObject Texte. Zusätzlich soll es die Attribute *Postleitzahl*, *Ort* und *Straße* enthalten. Um das InfoObject mit Attributen zu versehen, müssen zuerst die Attribute vorhanden sein. Für Postleitzahl, Ort und Straße können Objekte des Business Content verwendet werden.

4.8.1 Aufruf des Business Content (BC)

Zum Aufruf des Business Content benötigen Sie die Data Warehouse Workbench. Rufen Sie diese mit der Transaktion *RSA1* auf (siehe Abschnitt 3.4). Im Standard öffnet sich die Transaktion mit der Funktionssicht ADMINISTRATION. Den Business Content finden Sie über den Button BI CONTENT. Klicken Sie darauf und die Auswahl des Business Content wird angezeigt (siehe Abbildung 4.54).

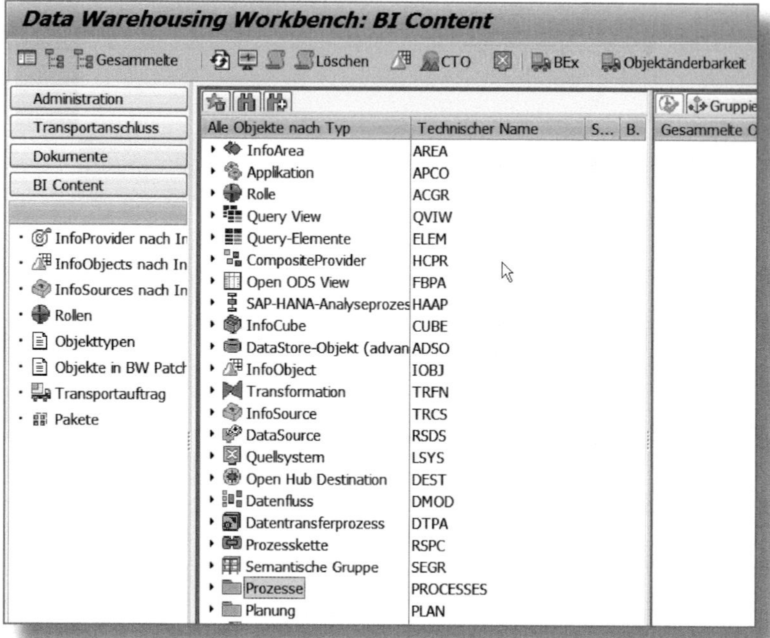

Abbildung 4.54: Business Content

Unterhalb des Buttons BI CONTENT finden Sie vordefinierte Selektionskriterien:

INFOPROVIDER NACH INFOAREA führt Sie zu einer nach InfoArea gefilterten Sicht aller im Business Content definierten InfoProvider. Analog erhalten Sie mit INFOOBJECT NACH INFOAREA eine nach InfoArea gefilterte Sicht auf alle im Business Content definierten InfoObjects. Der Filter INFOSOURCES NACH INFOAREA liefert alle unterhalb einer InfoArea definierten InfoSources im Business Content zurück. Über den Filter ROLLEN werden alle einer bestimmten Rolle zugeordneten Objekte des Business Content angezeigt. Eine Rolle ist etwa *Einkäufer* oder *Produktmanager*.

Im Filter OBJEKTTYPEN filtern Sie gezielt nach einzelnen Objekttypen. Dies ist zugleich auch die Standardeinstellung, die Sie in der Tabellenansicht ALLE OBJEKTE NACH TYP (siehe Abbildung 4.54) wiederfinden. Der Filter OBJEKTE IN BW PATCH liefert Ihnen gepatchte Content-Objekte des BW Patch, der Filter TRANSPORTAUFTRAG Objekte des Business Content aus einem Standard-Transportauftrag zurück. Mit dem Filter PAKETE werden Ihnen Objekte des Business Content angezeigt, die einem Standard-Paket zugeordnet sind.

4.8.2 Übernahme der Objekte aus dem BC

Zum Aktivieren der InfoObjects aus dem Business Content klappen Sie die Liste in der Spalte ALLE OBJEKTE NACH TYP unter INFOOBJECT auf, indem Sie auf das kleine Dreieck davor ▸ klicken. Sie sehen eine Liste der zuletzt ausgewählten InfoObjects des Business Content. Eventuell ist Ihre Liste auch leer, dann finden Sie lediglich den markierten Eintrag OBJEKTE AUSWÄHLEN vor (siehe Abbildung 4.55).

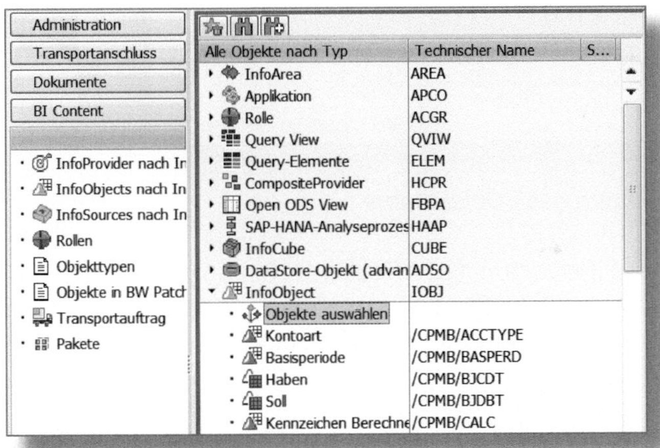

Abbildung 4.55: Aufklappen der InfoObjects im BC

Doppelklicken Sie auf OBJEKTE AUSWÄHLEN. Es wird ein neues Pop-up mit den ersten 5.000 InfoObjects des Business Content angezeigt. Klicken Sie auf den Spaltenkopf OBJEKTNAME, sodass die ganze Spalte markiert ist (siehe Abbildung 4.56).

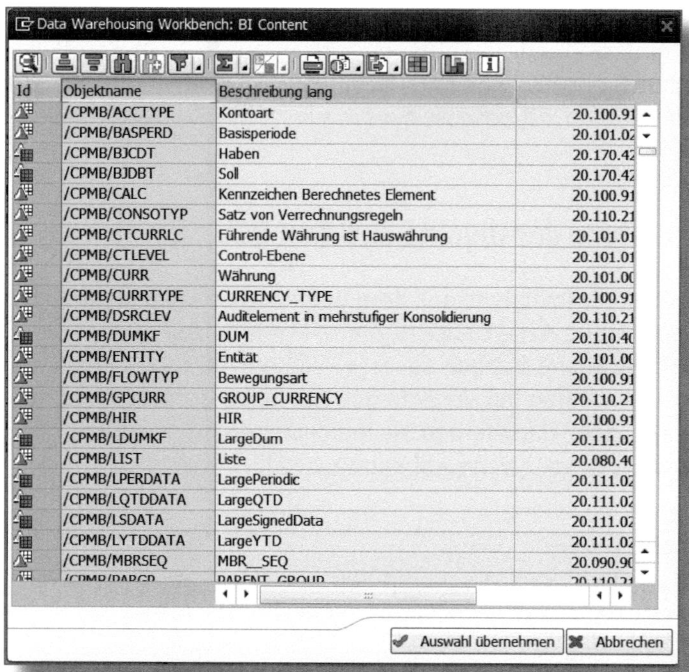

Data Warehousing Workbench: BI Content

Id	Objektname	Beschreibung lang	
	/CPMB/ACCTYPE	Kontoart	20.100.91
	/CPMB/BASPERD	Basisperiode	20.101.02
	/CPMB/BJCDT	Haben	20.170.42
	/CPMB/BJDBT	Soll	20.170.42
	/CPMB/CALC	Kennzeichen Berechnetes Element	20.100.91
	/CPMB/CONSOTYP	Satz von Verrechnungsregeln	20.110.21
	/CPMB/CTCURRLC	Führende Währung ist Hauswährung	20.101.01
	/CPMB/CTLEVEL	Control-Ebene	20.101.01
	/CPMB/CURR	Währung	20.101.00
	/CPMB/CURRTYPE	CURRENCY_TYPE	20.100.91
	/CPMB/DSRCLEV	Auditelement in mehrstufiger Konsolidierung	20.110.21
	/CPMB/DUMKF	DUM	20.110.40
	/CPMB/ENTITY	Entität	20.101.00
	/CPMB/FLOWTYP	Bewegungsart	20.100.91
	/CPMB/GPCURR	GROUP_CURRENCY	20.110.21
	/CPMB/HIR	HIR	20.100.91
	/CPMB/LDUMKF	LargeDum	20.111.02
	/CPMB/LIST	Liste	20.080.40
	/CPMB/LPERDATA	LargePeriodic	20.111.02
	/CPMB/LQTDDATA	LargeQTD	20.111.02
	/CPMB/LSDATA	LargeSignedData	20.111.02
	/CPMB/LYTDDATA	LargeYTD	20.111.02
	/CPMB/MBRSEQ	MBR_SEQ	20.090.90

Abbildung 4.56: Filtern nach Objektname

Mit Klick auf den Filterbutton öffnet sich ein zusätzliches Filter-Pop-up. Tragen Sie im Feld OBJEKTNAME den Wert *0CITY* ein. Damit filtern Sie auf das Business-Content-InfoObject für Stadt (siehe Abbildung 4.57).

Werte für Filterkriterien festlegen
Auswahl
Objektname 0CITY bis

Abbildung 4.57: Filtern auf »0CITY«

Klicken Sie zur Bestätigung auf den Button mit dem grünen Haken. Im erscheinenden Pop-up wird Ihnen das ermittelte InfoObject *0CITY* des Business Content angezeigt (siehe Abbildung 4.58).

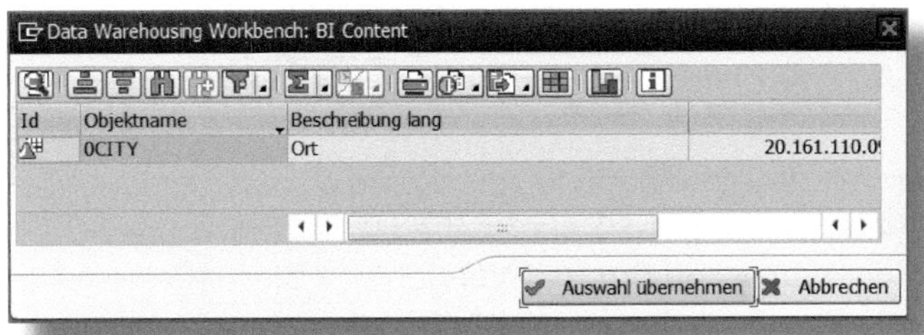

Abbildung 4.58: InfoObject »0CITY« des BC

Das weiße Symbol in der Spalte ID bedeutet, dass das InfoObject in Ihrem System noch nicht im BC aktiviert wurde. Wenn es bereits aktiviert wurde, so ist das Symbol grün. Übernehmen Sie die Auswahl, indem Sie auf AUSWAHL ÜBERNEHMEN klicken. Das InfoObject *0CITY* erscheint in der Liste der ausgewählten Objekte (siehe Abbildung 4.59).

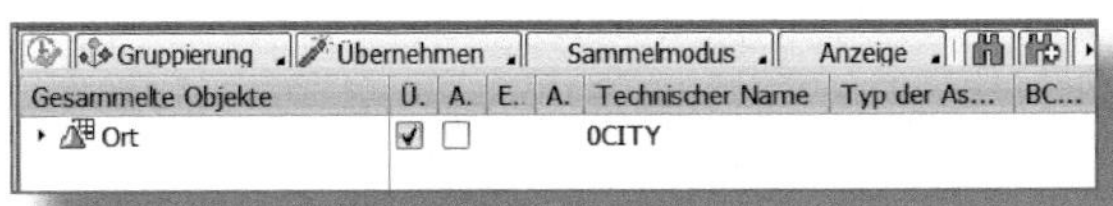

Abbildung 4.59: BC-InfoObject für »Ort«

Übernahme weiterer InfoObjects des BC

Fügen Sie auf gleiche Weise die InfoObjects *0POSTAL_CD* für Postleitzahl und *0STREET* für Straße aus dem BC in die Liste der ausgewählten Objekte ein.

Die Liste der ausgewählten Objekte sieht nun wie in Abbildung 4.60 aus.

Gruppierung | Übernehmen | Sammelmodus | Anzeige

Gesammelte Objekte	Ü.	A.	E.	A.	Technischer Name	Typ der As...	BC...
Ort	☑	☐			0CITY		
Postleitzahl	☑	☐			0POSTAL_CD		
Straße und Hausnummer	☑	☐			0STREET		

Abbildung 4.60: Ausgewählte InfoObjects des BC

Sie sehen, dass für die drei Objekte das Kennzeichen ÜBERNEHMEN gesetzt wurde (in Abbildung 4.60 als Spalte Ü. sichtbar). Die BC-Objekte liegen in einer speziellen Content-Version vor. Dies ist eine weitere mögliche Ausprägung zu den bereits bekannten Versionen »Aktiv« und »Modifiziert«. Durch Übernahme wird das InfoObject vom Status »Content« in einen Zwischenstatus »Modifiziert« und anschließend in den Status »Aktiv« überführt.

Zum Übernehmen der Objekte aus dem Business Content klicken Sie auf den Button ÜBERNEHMEN. Über den kleinen Pfeil in der Ecke des Buttons wird ein erweitertes Menü eingeblendet (siehe Abbildung 4.61).

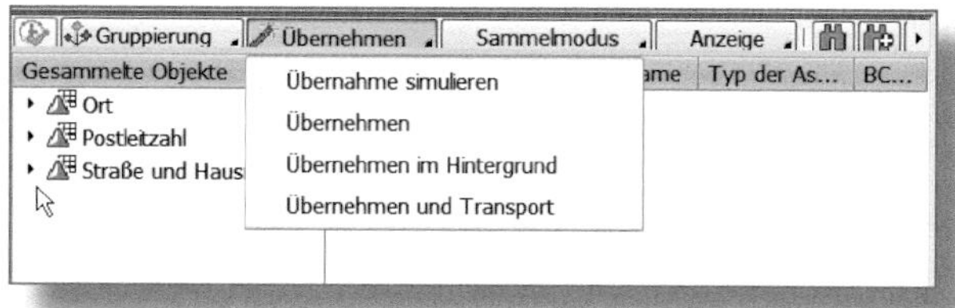

Abbildung 4.61: Erweitertes Menü zum Übernehmen

Über die Option ÜBERNAHME SIMULIEREN können Sie prüfen, ob eine Übernahme ohne Kollisionen möglich ist. Dieser Schritt ist in größeren Systemen mit vielen aktiven Objekten zu empfehlen, da eventuell Änderungen an Business-Content-Objekten vorgenommen wurden, die nicht kompatibel mit den zu übernehmenden Objekten sind. War die Simulation erfolgreich, können Sie die Übernahme starten. Über die Funktion ÜBERNEHMEN wird die Übernahme als Dialogprozess im Vordergrund durchgeführt. Bei sehr vielen zu übernehmenden Objekten und einer langen Laufzeit empfiehlt sich ÜBERNEHMEN IM HINTERGRUND. Damit wird ein Batchjob angelegt und ausgeführt, der alle Aktivierungen der Objekte als Job im Hintergrund ausführt. Die letzte Option ist schließlich ÜBERNEHMEN UND TRANSPORT. Nach erfolgreicher Aktivierung der Objekte werden diese ohne separates Sammeln direkt auf einen gewählten Transportauftrag geschrieben. In unserem Beispiel reicht eine einfache Übernahme der Objekte im Vordergrund aus. Drücken Sie auf den Button ÜBERNEHMEN und die Übernahme der Objekte startet. Im Hintergrund werden die benötigten Einträge in den Systemtabellen sowie die neuen Tabellen für die Objekte angelegt. Die erfolgreiche Aktivierung wird Ihnen im Protokollfenster angezeigt (siehe Abbildung 4.62).

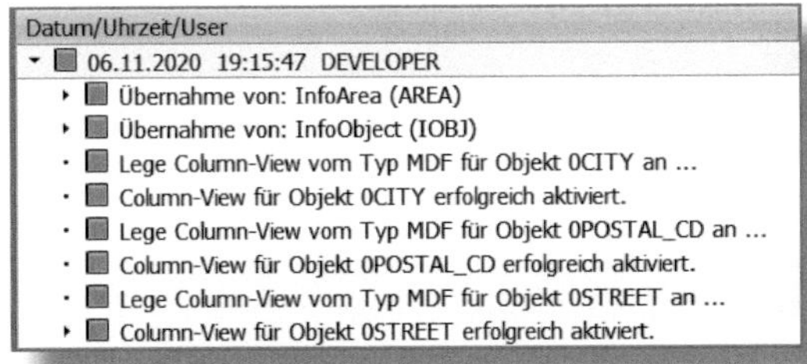

Abbildung 4.62: Erfolgreiche Aktivierung

4.8.3 InfoObject »Netzbetreiber« anlegen

Im nächsten Schritt erstellen Sie in Eclipse die InfoObjects für unser Fallbeispiel. Wechseln Sie dazu zurück in das Datenflussdiagramm und wählen Sie hier das InfoObject CHNETZBETR aus. Rufen Sie mit der rechten Maustaste das Kontextmenü auf. Wählen Sie im Kontextmenü die Funktion CREATE PERSISTENT BW OBJECT (siehe Abbildung 4.63).

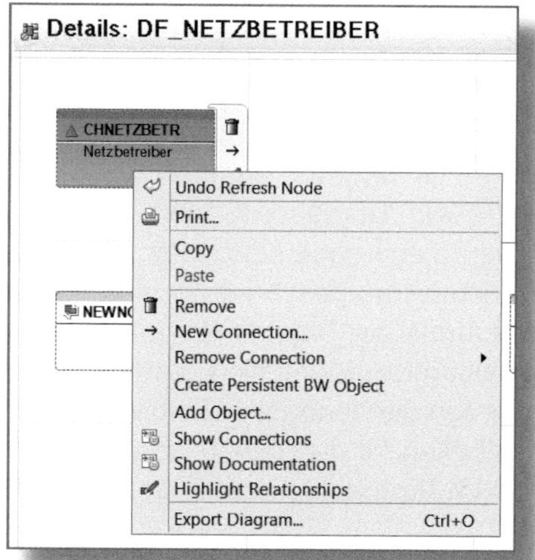

Abbildung 4.63: InfoObject »CHNETZBETR« anlegen

Daraufhin wird ein Wizard gestartet, der Sie durch die Erstellung eines InfoObject führt. Nehmen Sie die Eingaben wie in Abbildung 4.64 vor.

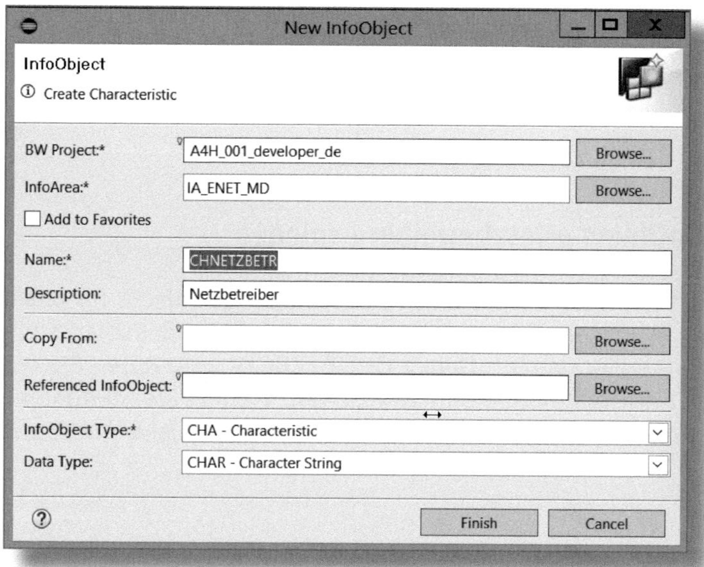

Abbildung 4.64: Notwendige Eingaben für »CHNETZBETR«

Im Feld NAME tragen Sie den technischen Namen des InfoObject ein. Das Feld DESCRIPTION enthält eine entsprechende Beschreibung.

Im Feld COPY FROM geben Sie ein InfoObject an, das als Kopiervorlage dienen soll. Alle Einstellungen sowie Attribute und Klammerungen werden dann aus dem zu kopierenden in das neue InfoObject übernommen.

Im Feld REFERENCED INFOOBJECT geben Sie an, auf welches InfoObject das neue InfoObject referenziert. Es handelt sich dann um ein sogenanntes Referenz-InfoObject. Referenz-InfoObjects teilen alle Einstellungen des referenzierten InfoObject sowie die Stammdaten-, Text- und Hierarchietabellen. Sie werden beispielsweise dann genutzt, wenn verschiedene Rollen abgebildet werden sollen. So kann ein Geschäftspartner z. B. Kunde, Lieferant, Debitor oder Kreditor sein. Um diese Rollen abzubilden, kann ein Basis-InfoObject »Geschäftspartner« angelegt werden. Die Rollen für Kunde, Lieferant, Kreditor oder Debitor können als Referenz-InfoObject mit Referenz auf das InfoObject »Geschäftspartner« angelegt werden.

Im Feld INFOOBJECT TYPE wählen Sie über die Eingabehilfe den Typ des InfoObject aus. SAP BW kennt folgende Typen:

- *CHA* – Merkmale
- *KFG* – Kennzahlen
- *UNIT* – Einheiten
- *DATE* – Datum
- *TIMESTAMP* – Zeitstempel

Im Feld DATA TYPE wählen Sie den Datentyp aus. Diese Auswahl ist abhängig vom zuvor ausgewählten InfoObject-Typ, wobei ich mich an dieser Stelle auf *CHA* (Merkmale) beschränken möchte. Es stehen Ihnen folgende Datentypen zur Auswahl:

- *CHAR* – alphanumerischer Text ohne Sonderzeichen
- *NUMC* – numerischer Text

- *DATS* – Datum
- *TIMS* – Uhrzeit
- *SNUMC* – vorzeichenbehaftete numerische Zeichen

! Zeitmerkmale und Merkmale vom Typ »DATS« und »TIMS«

Ein Merkmal wird durch den Datentyp *DATS* oder *TIMS* nicht zu einem Zeitmerkmal. Zeitmerkmale sind immer Referenzen auf das vordefinierte Zeitmerkmal »Tagedatum«, technischer Name *0DATE*. Zeitmerkmale lassen weitergehende automatische Ableitungen zu. So können z. B. aus dem Tagesdatum die Kalenderwoche, der Kalendermonat oder das Kalenderjahr automatisiert, d. h. über fest im System hinterlegte Regeln abgeleitet werden. Bei InfoObjects mit dem Datentyp *DATS* oder *TIMS* ist eine automatisierte Ableitung nicht möglich und muss selbst programmiert werden.

Es soll also ein neues InfoObject mit dem technischen Namen *CHNETZBETR*, der Beschreibung *Netzbetreiber* vom InfoObject-Typ *CHA* (Merkmal) mit dem Datentyp *CHAR* (numerischer Text) angelegt werden. Der Datentyp *CHAR* ist an dieser Stelle für die weitere Verarbeitung notwendig, da aus der Datenquelle »PLZ-Netze« der Netzbetreiber mit führenden Nullen geliefert wird. Drücken Sie jetzt auf den Button FINISH (siehe Abbildung 4.64). Sie erhalten eine Fehlermeldung (siehe Abbildung 4.65).

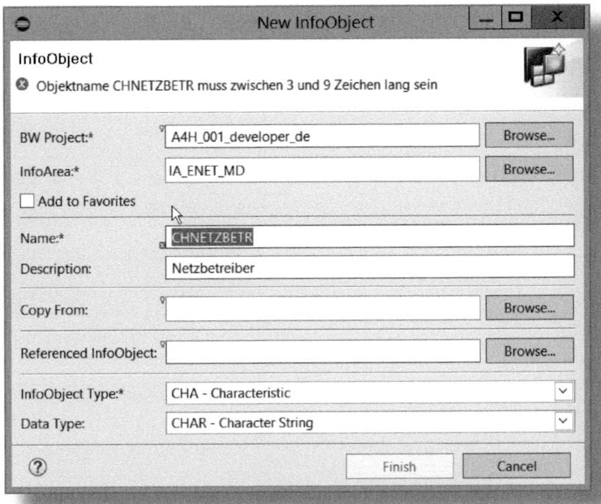

Abbildung 4.65: Fehler bei der Erstellung

Der technische Name des InfoObject ist zu lang. Erlaubt sind lediglich maximal 9, mindestens erforderlich sind jedoch 3 Zeichen. Ändern Sie daher den technischen Namen im Feld NAME zu *CHNETZBTR* und bestätigen Sie Ihre Angaben mit dem Button FINISH (siehe Abbildung 4.66).

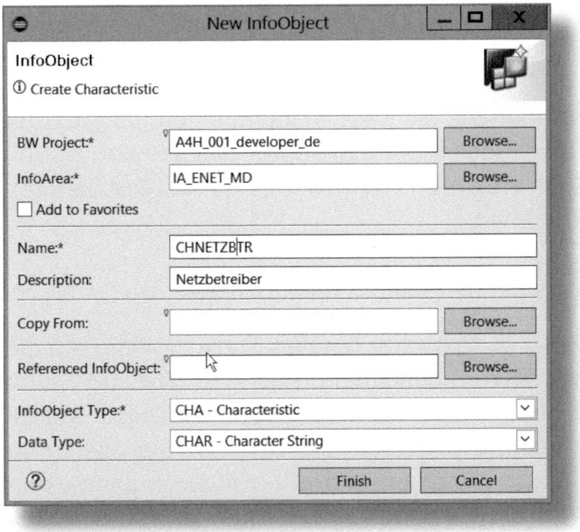

Abbildung 4.66: Eingabe für »CHNETZBTR« beenden

Als Ergebnis gelangen Sie in die Bearbeitungs-View für das InfoObject auf der Registerkarte GENERAL für allgemeine Einstellungen (siehe Abbildung 4.67).

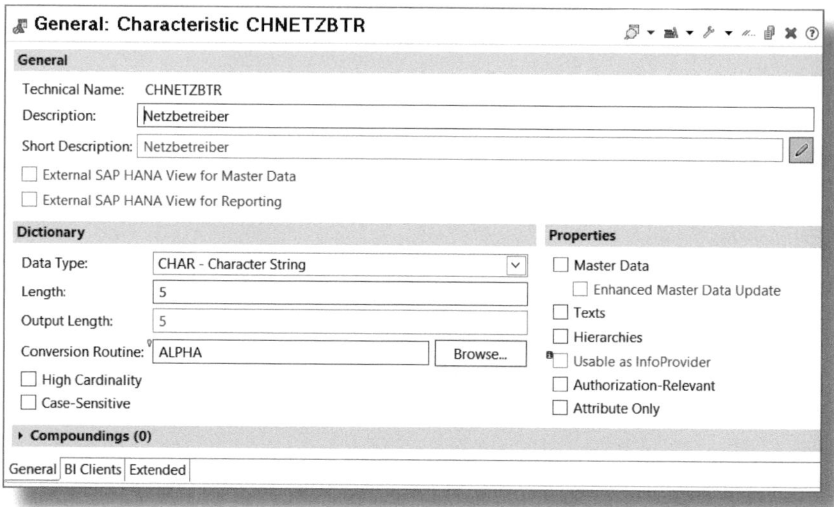

Abbildung 4.67: InfoObject – Registerkarte »General«

Im Feld TECHNICAL NAME wird der technische Name CHNETZBTR als nicht änderbar angezeigt.

Im Feld DESCRIPTION können Sie als Beschreibung einen Langtext mit maximal 60 Zeichen eingeben. Das Feld SHORT DESCRIPTION enthält eine Beschreibung als Kurztext mit maximal 20 Zeichen. Der Langtext wird dabei initial übernommen.

Darunter finden Sie die folgenden beiden Ankreuzfelder:

- EXTERNAL SAP HANA VIEW FOR MASTER DATA – Wenn Sie dieses Kennzeichen setzen, wird eine SAP-HANA-View im Schema SAP A4H mit Sicht auf die Stammdaten des InfoObject auf der SAP-HANA-Datenbank angelegt. Die Struktur der View wird persistiert und muss bei einem Aufruf nicht durch das System generiert werden.

- EXTERNAL SAP HANA VIEW FOR REPORTING – Dies ist eine spezielle SAP-HANA-View, geeignet für das Reporting. Ansonsten gilt dasselbe wie unter EXTERNAL SAP HANA VIEW FOR MASTER DATA.

Im Bildbereich DICTIONARY definieren Sie den exakten Datentyp für das InfoObject. Dazu tragen Sie im Feld DATA TYPE den Datentyp und im Feld LENGTH die gewünschte Länge für den Datentyp ein, die mit dem Wert *5* vordefiniert ist. Ändern Sie die Länge in *10* Zeichen. In CONVERSION ROUTINE können Sie eine der im System hinterlegten Konvertierungsroutinen angeben. Eine Konvertierungsroutine wandelt z. B. den Anzeigewert »01.01.2020« in das interne Format der Datenbank »20200101« um.

Nehmen Sie die in Abbildung 4.68 gezeigten Eingaben vor.

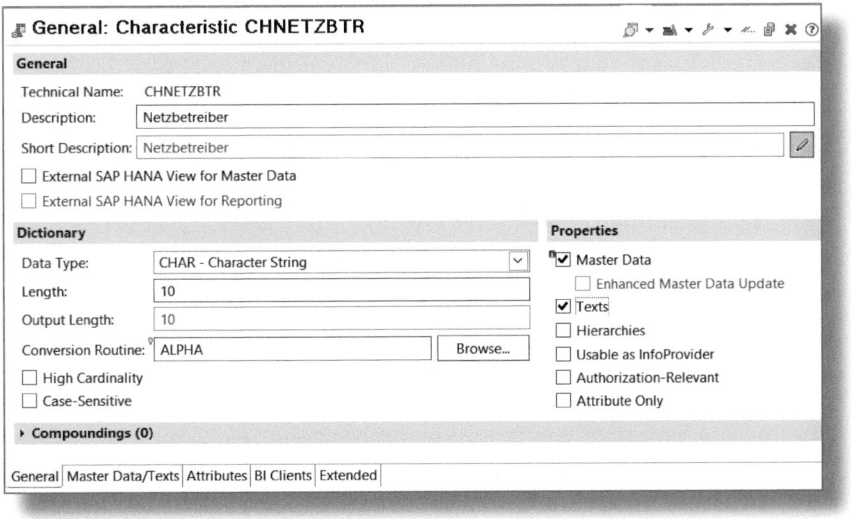

Abbildung 4.68: Eingaben auf der Registerkarte »General«

Sie werden Folgendes bemerken: Sobald Sie unter PROPERTIES das Kennzeichen MASTER DATA setzen, wird eine neue Registerkarte ATTRIBUTES für Stammdatenattribute eingeblendet. Genauso verhält es sich bei den Texten. Sobald Sie das Kennzeichen TEXTS für Texte aktivieren, wird eine neue Registerkarte MASTER DATA TEXTS für die Stammdatentexte eingeblendet. Ähnliches würde passieren, wenn Sie das Kennzeichen HIERARCHIES, also Hierarchien, setzen. Hierarchien für Netzbetreiber sind im Rahmen des Fallbeispiels jedoch nicht relevant. Zusätzlich können Sie das Kennzeichen USABLE AS INFOPROVIDER setzen. Damit nutzen Sie das InfoObject als InfoProvider und verknüpfen es z. B. per SQL-JOIN in einem CompositeProvider mit anderen InfoProvidern. Das nächste Ankreuzfeld AUTHORIZATION-RELEVANT bestimmt, ob das InfoObject berechtigungsrelevant sein soll. Abfragen sind dann nur möglich, falls der Benutzer eine entsprechende Analyseberechtigung besitzt, die ihn dazu berechtigt, die Inhalte oder Werte anzuzeigen. Auf das Thema »Analyseberechtigungen unter SAP BW/4HANA« wird jedoch im Rahmen dieses Buches nicht eingegangen. Das letzte Ankreuzfeld ATTRIBUTE ONLY definiert, ob das InfoObject ausschließlich als Attribut in anderen InfoObjects genutzt werden darf. Auf das Feld gehe ich im Rahmen der beiden InfoObjects für »Ort« und »Straße« etwas genauer ein. Damit sind die Eingaben auf der Registerkarte GENERAL für allgemeine Einstellungen abgeschlossen.

4.8.4 Attribute und Texte zu Netzbetreiber anlegen

Als Nächstes müssen Texte und Attribute des Merkmals definiert werden. Zuerst möchte ich die Texte betrachten.

InfoObject – Registerkarte für Texte

Für die Netzbetreibernummer soll auch der Firmenname des Netzbetreibers hinterlegt werden. Dies ermöglichen Sie über die Texte zum InfoObject. Um die Texte auf der Datenbank zu hinterlegen, klicken Sie auf die Registerkarte MASTER DATA/TEXTS (siehe Abbildung 4.69).

Unter READ ACCESS wird der Lesezugriff für das System festgelegt. Hier ist als nicht änderbarer Standard GENERIC ACCESS vorgegeben, also generischer Zugriff. Über den Button DETAILS können Sie sich Einzelheiten hierzu anzeigen.

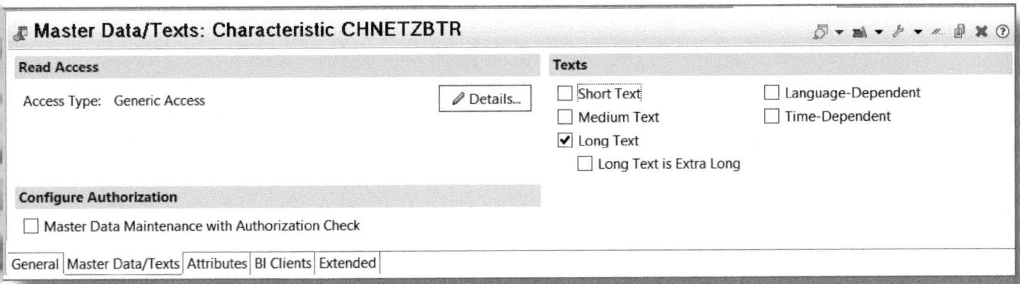

Abbildung 4.69: Registerkarte für Stammdatentexte

Im Bildbereich CONFIGURE AUTHORIZATION definieren Sie, ob der Stammdatenzugriff unter Beachtung der Analyseberechtigungen erfolgen soll. Falls Sie nur Zugriff auf berechtigte Stammdatenwerte und damit auch auf die Texte erlauben möchten, setzen Sie das Kennzeichen MASTER DATA MAINTENANCE WITH AUTHORIZATION CHECK. Beim Zugriff auf die Stammdatenpflege wird also zuerst eine Berechtigungsprüfung durchgeführt und in der Stammdatenpflege werden dementsprechend nur Werte angezeigt, die in Ihren Analyseberechtigungen hinterlegt sind.

Im Bildbereich TEXTS definieren Sie, welche Texte für das InfoObject hinterlegt werden sollen. Sie können maximal drei verschiedene Texte hinterlegen, indem Sie die entsprechenden Kennzeichen setzen:

- SHORT TEXT – Kurztext mit maximal 20 Zeichen
- MEDIUM TEXT – mittellanger Text mit maximal 40 Zeichen
- LONG TEXT – Langtext mit maximal 60 Zeichen

Bei Langtext können Sie zusätzlich das Kennzeichen LONG TEXT IS EXTRA LONG setzen. Dies erlaubt Ihnen einen extralangen Langtext mit maximal 1333 Zeichen.

Für unser Beispiel hat die Beschreibung des Netzbetreibers aus den ene't-CSV-Dateien maximal 50 Zeichen. Daher müssen Sie hier nur das Kennzeichen für den Langtext setzen.

Mit dem Kennzeichen LANGUAGE-DEPENDENT definieren Sie sprachabhängigen Text. Dies ist wichtig, sobald Sie in Ihrem Business Warehouse mehrere Länder und Sprachen unterstützen. So möchte ein Benutzer aus Amerika englische Texte, der Benutzer aus Spanien aber spanische Texte sehen.

Das Kennzeichen TIME-DEPENDENT gibt an, ob der Text zeitabhängig sein soll. Dies kann für Organisationseinheiten sinnvoll sein, wenn sich die Bezeichnung der Abteilung in einem bestimmten zeitlichen Rhythmus ändert.

Für unser Fallbeispiel sind diese beiden Einstellungen jedoch nicht relevant.

Damit sind alle notwendigen Eingaben für die Texte gemacht. Als Nächstes sollen die Attribute des Netzbetreibers definiert werden.

InfoObject – Registerkarte für Attribute

Für unser Fallbeispiel soll der Netzbetreiber mit den Attributen *Postleitzahl*, *Ort* und *Straße* versehen werden. Wechseln Sie zur Registerkarte ATTRIBUTES, um die Attribute des Merkmals zu definieren (siehe Abbildung 4.70).

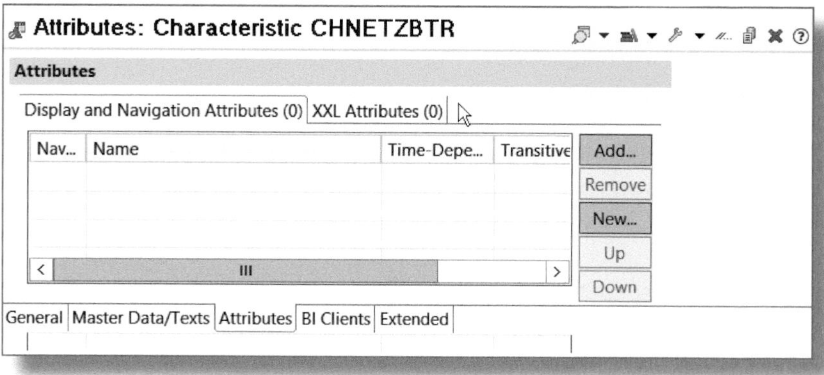

Abbildung 4.70: Registerkarte für Stammdatenattribute

Unterhalb des Bildbereichs ATTRIBUTES finden Sie eine Tabelle mit den Anzeige- und Navigationsattributen, ausgewiesen mit DISPLAY AND NAVIGATION ATTRIBUTES (0), des InfoObject. Die Zahl in Klammern hinter dem Text gibt die Anzahl der vorhandenen Attribute des Merkmals an, hier aktuell keine. Neben der Tabelle befindet sich der Button ADD, mit dem Sie ein bereits vorhandenes InfoObject als Attribut hinzufügen können. Mit dem Button NEW hingegen legen Sie ein neues InfoObject im System an, das anschließend nach der Aktivierung als Attribut hinzugefügt wird. Es wurden aus dem Business Content bereits die Standard-InfoObjects für *Straße*, *Ort* und *Postleitzahl* aktiviert. Diese sollen jetzt als Attribute zum InfoObject *CHNETZBTR* hinzugefügt werden. Klicken Sie daher auf den Button ADD. Das Auswahl-Pop-up aus Abbildung 4.71 wird angezeigt, das vorerst jedoch leer ist.

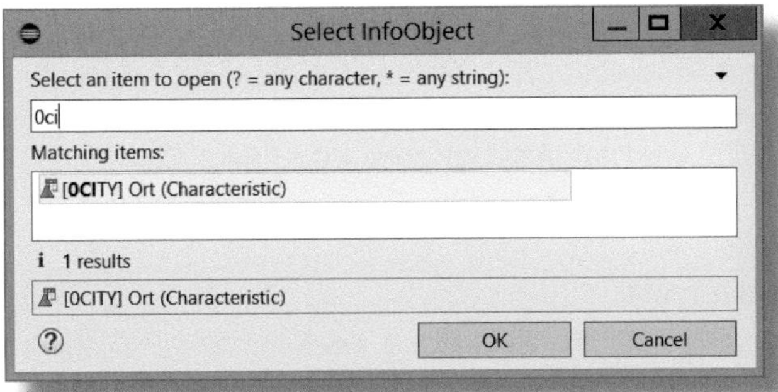

Abbildung 4.71: Auswahl-Pop-up für InfoObjects

Geben Sie im Eingabefeld unter SELECT AN ITEM TO OPEN (Deutsch: »Objekt zum Öffnen auswählen«) die ersten Buchstaben des einzufügenden InfoObject ein. Sobald Sie anfangen zu tippen, sucht das System nach InfoObjects, die mit Ihrem Suchbegriff übereinstimmen. Sie können dabei nach dem technischen Namen oder der Beschreibung suchen. Die Suche nach PLZ würde allerdings keine Treffer ergeben. Geben Sie *0CI* ein. Im Listenfenster unter MATCHING ITEMS werden die dem Suchkriterium entsprechenden InfoObjects angezeigt.

Die Suche unterstützt auch den Platzhalter? für die Suche nach einem Zeichen an einer Position oder * für jeden Teilstring.

Hierzu zwei Beispiele:

Mit dem Suchbegriff *Po?t* suchen Sie nach allen InfoObjects, die mit *Po* beginnen und an vierter Stelle ein *t* im technischen Namen oder der Beschreibung aufweisen. Das dritte Zeichen im Objekt kann beliebig sein.

Mit dem Suchbegriff *Post** suchen Sie nach allen InfoObjects, die mit *Post* beginnen und beliebig enden. Wie Sie sehen, führt die voreingestellte Suche intern eine Anfrage mit Platzhalter durch, indem sie den Platzhalter * immer am Ende Ihrer Eingabe ergänzt. Daher können Sie sich den Platzhalter * am Ende der Eingabe sparen.

Die Suche findet zu Ihrem Suchbegriff *0CI* das aus dem Business Content übernommene InfoObject *0CITY*. Wählen Sie dieses InfoObject im Listenfeld MATCHING ITEMS aus und bestätigen Sie Ihre Wahl mit OK. Das InfoObject *0CITY* wird als Attribut zum InfoObject CHNETZBTR eingefügt (siehe Abbildung 4.72).

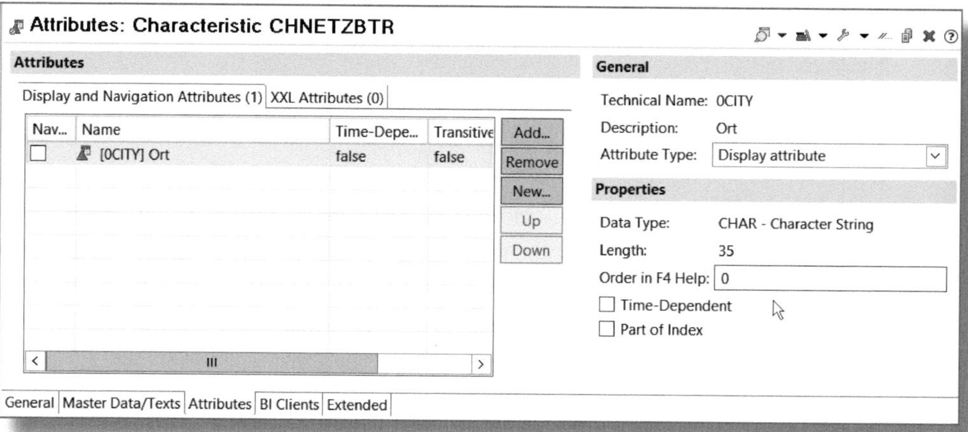

Abbildung 4.72: Attribut »Stadt« zu Netzbetreiber

Zusätzlich wird der Button REMOVE aktiv, mit dem Sie das Attribut wieder aus der Liste entfernen können.

Einfügen weiterer Attribute

Fügen Sie auf die genau gleiche Art und Weise die InfoObjects *0POSTAL_CD* für Postleitzahl und *0STREET* für Straße als weitere Attribute zum Merkmal *CHNETZBTR* ein.

Wenn Sie die beiden weiteren Attribute hinzugefügt haben, erhalten Sie als Ergebnis die Attributliste aus Abbildung 4.73.

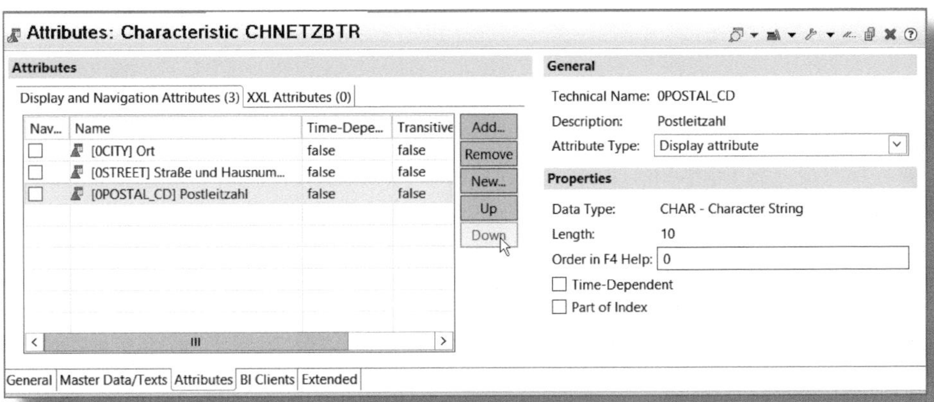

Abbildung 4.73: Alle Attribute zum Netzbetreiber

Da Sie jetzt mehr als ein Attribut hinzugefügt haben, sind die beiden weiteren Buttons Up und Down aktiv. Über den Button Up können Sie ein Attribut in der Reihenfolge um eine Position nach oben und über den Button Down ein Attribut um eine Position nach unten schieben. Beim letzten Attribut in der Liste ist entsprechend nur der Button Up aktiv, während beim ersten Attribut in der Liste nur der Button Down aktiv ist.

In der Spalte Nav... befindet sich ein Ankreuzfeld, mit dem Sie ein Attribut als Navigationsattribut definieren können. Wenn das Kennzeichen nicht gesetzt ist, handelt es sich beim zugehörigen Attribut um ein reines Anzeigeattribut.

Der Tabelle 4.3 können Sie die Eigenschaften für ein Anzeige- und ein Navigationsattribut zur Verwendung in Abfragen entnehmen:

Anzeigeattribut	Navigationsattribut
reine Anzeige	unterstützt OLAP-Funktionen
kein Filtern in der Query möglich	Filtern in der Query möglich
kein Sortieren in der Query möglich	Sortieren möglich
Das Attribut befindet sich in der Query immer hinter dem Basismerkmal.	Das Navigationsattribut ist ein eigenes Merkmal, das in der Query in einer beliebigen Spalte angeordnet sein kann.

Tabelle 4.3: Anzeige- versus Navigationsattribut

Da für das Fallbeispiel im Reporting eine Sortierung der Netzbetreiber nach *Postleitzahl*, *Ort* oder *Straße* möglich sein soll, müssen die Attribute *0CITY*, *0POSTAL_CD* und *0STREET* als Navigationsattribute gekennzeichnet werden. Setzen Sie für diese Attribute daher das Kennzeichen in der Spalte NAV... Sie erhalten für das Merkmal *0CITY* allerdings eine Fehlermeldung (siehe Abbildung 4.74).

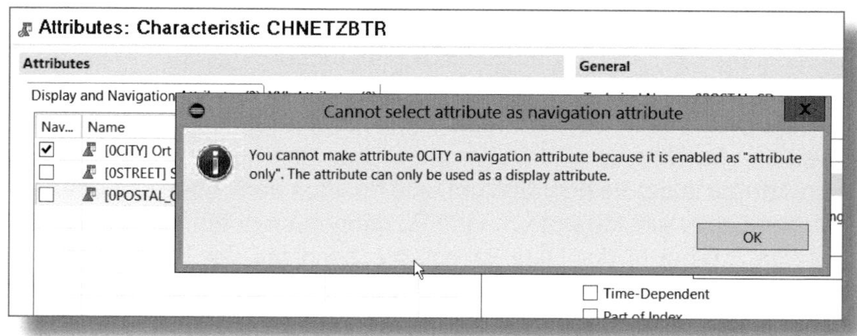

Abbildung 4.74: Merkmal »Ort« mit Ausprägung »Nur als Attribut«

Die Fehlermeldung besagt nun, dass das Merkmal *0CITY* mit der Ausprägung ATTRIBUTE ONLY (Deutsch: »nur als Attribut«) nicht als Navigationsmerkmal verwendet werden kann. Beim Aktivieren des Attributs *0STREET* erhalten Sie dieselbe Fehlermeldung. Das Merkmal *0POS-*

TAL_CD kann jedoch als Navigationsattribut aktiviert werden. Sie erhalten das Ergebnis aus Abbildung 4.75.

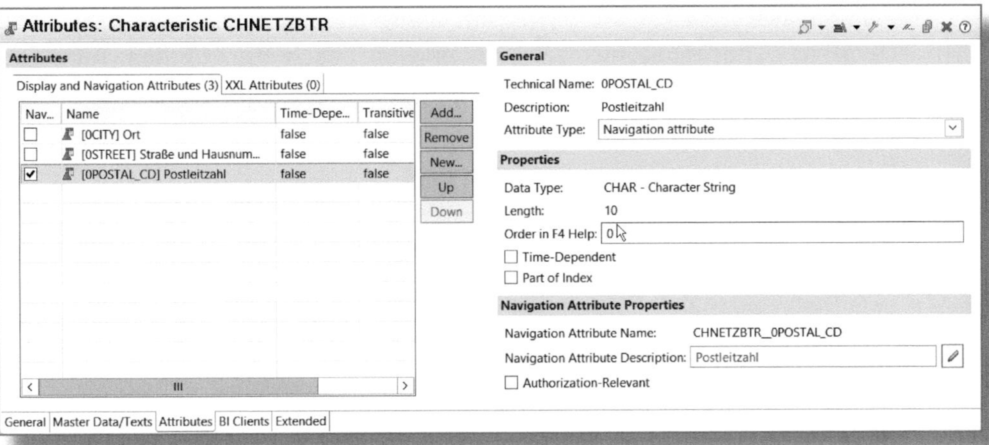

Abbildung 4.75: Navigationsattribut »Postleitzahl«

Im Bildbereich GENERAL (Allgemeines) sehen Sie den technischen Namen und die Beschreibung des Basis-InfoObject und im Bildbereich PROPERTIES (Eigenschaften) dessen Datentyp. Unter NAVIGATION ATTRIBUTE PROPERTIES (Eigenschaften des Navigationsattributs) finden Sie im Feld NAVIGATION ATTRIBUTE NAME den technischen Namen des Navigationsattributs, mit dem es z. B. in Queries und Abfragen angesprochen werden kann. Der technische Name des Navigationsattributs setzt sich immer aus dem technischen Namen des InfoObject, in dem es als Attribut verwendet wird, gefolgt von einem Unterstrich, gefolgt vom technischen Namen des InfoObject des Attributs zusammen. Im Feld NAVIGATION ATTRIBUTE DESCRIPTION finden Sie eine Beschreibung für das Navigationsattribut. Über den Button mit dem Stift ✎ ändern Sie die Beschreibung. Dabei hat es sich als sinnvoll erwiesen, der Beschreibung ein »NAV:« voranzustellen, um es von der Verwendung als herkömmliches Merkmal in Abfragen unterscheiden zu können. Für unser einfaches Beispiel soll das hier vernachlässigt werden. Doch wie fügen Sie die beiden Attribute *Straße* und *Ort* dem InfoObject für Netzbetreiber als Navigationsattribute hinzu?

Eine Option wäre, die Standard-InfoObjects *0CITY* für Ort und *0STREET* für Straße zu ändern und dort die Eigenschaft ATTRIBUTE ONLY zu deaktivieren. Von einem Ändern der Standardobjekte ist in komplexeren Systemen wegen schwer abzuschätzender Nebeneffekte jedoch abzuraten. Daher muss hier ein anderer Weg beschritten werden. Als Lösung bietet es sich an, eigene InfoObjects anzulegen, mit den Business-Content-Objekten als Vorlage.

4.8.5 InfoObject für Ort anlegen

Wechseln Sie in den Project Explorer und wählen Sie die InfoArea mit dem technischen Namen IA_ENET_MD aus. Rufen Sie mit der rechten Maustaste das Kontextmenü auf und wählen Sie die Funktion NEW • INFOOBJECT (siehe Abbildung 4.76).

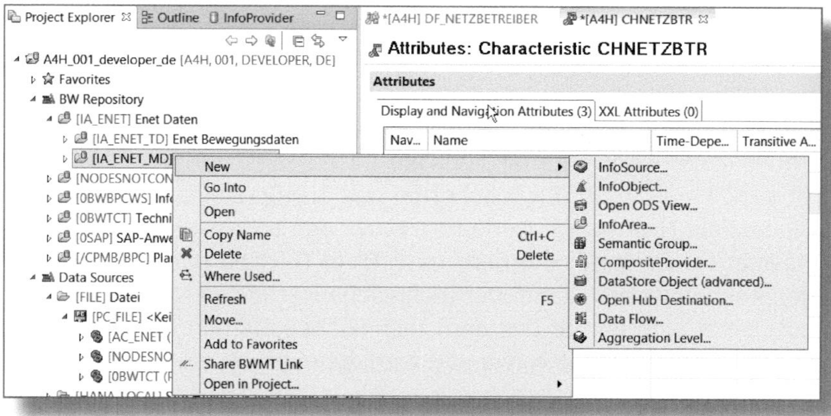

Abbildung 4.76: InfoObject im Project Explorer anlegen

Zuerst soll ein InfoObject *Ort* angelegt werden, mit dem Business-Content-Objekt *0CITY* als Vorlage. Es startet der bereits bekannte Wizard zur Erstellung eines InfoObject. Nehmen Sie die in Abbildung 4.77 gezeigten Eingaben vor und bestätigen Sie diese mit dem Button FINISH.

Abbildung 4.77: Angaben für InfoObject »CHORT«

Danach wird die Konfigurations-View für das InfoObject angezeigt. Entfernen Sie das Kennzeichen ATTRIBUTE ONLY (siehe Abbildung 4.78).

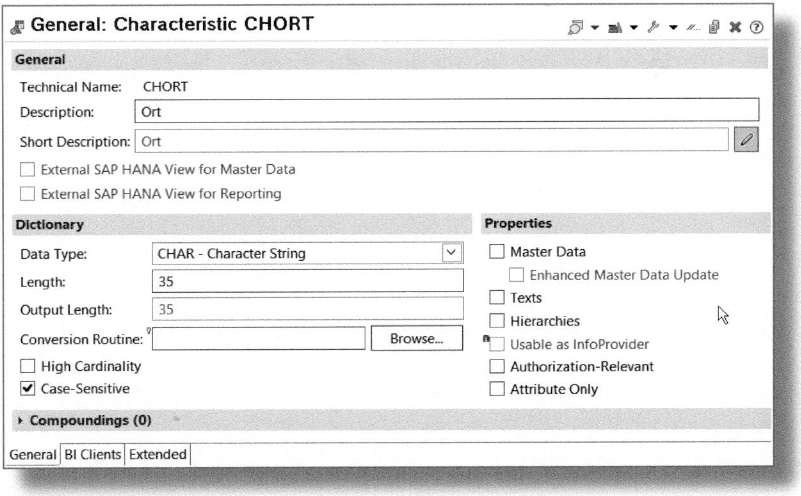

Abbildung 4.78: Allgemeine Einstellungen für Merkmal »CHORT«

Zusätzlich sehen Sie einen Hilfetext, der Ihnen angezeigt wird, wenn Sie Ihre Maus über das Ankreuzfeld bewegen.

Hilfetext zu Funktionen

Wenn Sie sich nicht sicher sind, welche Funktion sich hinter einem Ankreuzfeld versteckt oder wie sich die Funktion auswirkt, bewegen Sie Ihre Maus auf die entsprechende Stelle und warten einen Moment. Mit dem sogenannten Mouseover-Effekt erhalten Sie oftmals einen Hilfetext zu dem ausgewählten Feld.

Speichern und aktivieren Sie das InfoObject *CHORT*.

Merkmal CHSTREET mit Vorlage anlegen

Legen Sie analog zum Merkmal *CHORT* mit dem Standard-InfoObject *0CITY* als Vorlage ein neues Merkmal *CHSTREET* mit *0STREET* als Vorlage an. Entfernen Sie den Haken am Kennzeichen ATTRIBUTE ONLY. Speichern und aktivieren Sie das neue InfoObject.

4.8.6 Ändern der Attribute des Merkmals »Netzbetreiber«

Es müssen also die Attribute zum Merkmal »Netzbetreiber« geändert werden. Rufen Sie daher wieder die View zur Bearbeitung des Merkmals CHNETZBTR für den Netzbetreiber auf. Wechseln Sie hier in die Ansicht der Stammdatenattribute, falls nötig. In der Tabelle mit den vorhandenen Attributen markieren Sie die Zeile mit dem InfoObject *0CITY* und wählen den Button REMOVE. Das Attribut wird aus der Liste entfernt. Genauso verfahren Sie für das Attribut *0STREET*. Markieren Sie es und wählen Sie wieder REMOVE. Das InfoObject *CHNETZBTR* verfügt nur noch über das Navigationsattribut *0POSTAL_CD* (siehe Abbildung 4.79).

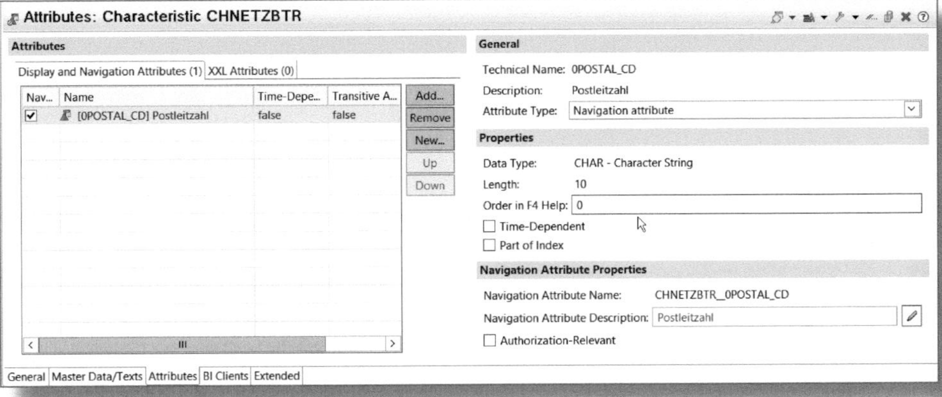

Abbildung 4.79: Attribute entfernen

Neue Attribute hinzufügen

Fügen Sie die neuen Merkmale *CHORT* für Ort und *CHSTREET* für Straße über den Button ADD als weitere Attribute des Merkmals *CHNETZBTR* dem Netzbetreiber hinzu. Geben Sie im Suchfeld des Auswahl-Pop-ups für InfoObjects mindestens *CH* an und selektieren Sie die InfoObjects. Bestätigen Sie Ihre Auswahl mit dem Button OK. Schieben Sie ggf. die Attribute mit den Buttons UP und DOWN an die Positionen in der Attributliste (siehe Abbildung 4.80). Markieren Sie anschließend alle Attribute als Navigationsattribute. Speichern und aktivieren Sie das Merkmal.

Als Ergebnis erhalten Sie die Navigationsattributliste gemäß der Abbildung 4.80.

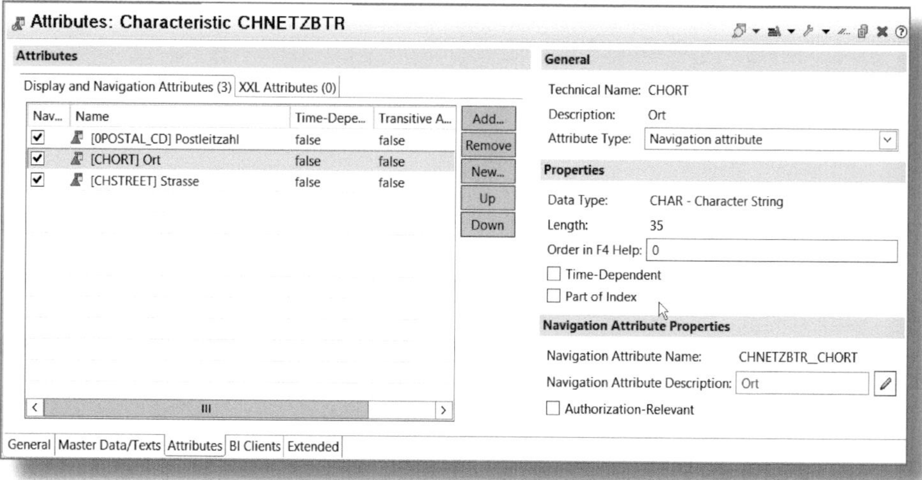

Abbildung 4.80: Navigationsattribute zum Merkmal »Netzbetreiber«

Als Letztes muss die InfoSource mit den Konnektoren für Attribute und Texte des Merkmals im Datenflussdiagramm verbunden werden. Wechseln Sie dazu wieder in das Datenflussdiagramm. Sie stellen fest, dass die gezogene Verbindung der InfoSource zu den Konnektoren für die zeitunabhängigen Attribute und zu den Texten des Merkmals NETZBETREIBER fehlen, obwohl das InfoObject mit Attributen und Texten aktiviert wurde. Dieser Schönheitsfehler ist dem verwendeten Releasestand der BW Modeling Tools geschuldet und wird mit einem späteren Release behoben. Ihnen wird auch auffallen, dass die Konnektoren für zeitabhängige Attribute und Hierarchien ebenfalls fehlen. Dies ist aber korrekt, da das Merkmal NETZBETREIBER ohne zeitabhängige Attribute und ohne Hierarchien aktiviert wurde. Ziehen Sie die Verbindungen von der InfoSource zu den Konnektoren für zeitunabhängige Stammdatenattribute und Texte, wie beim Herstellen einer Verbindung zwischen DataSource und InfoSource erklärt. Es entsteht der Datenfluss aus Abbildung 4.81.

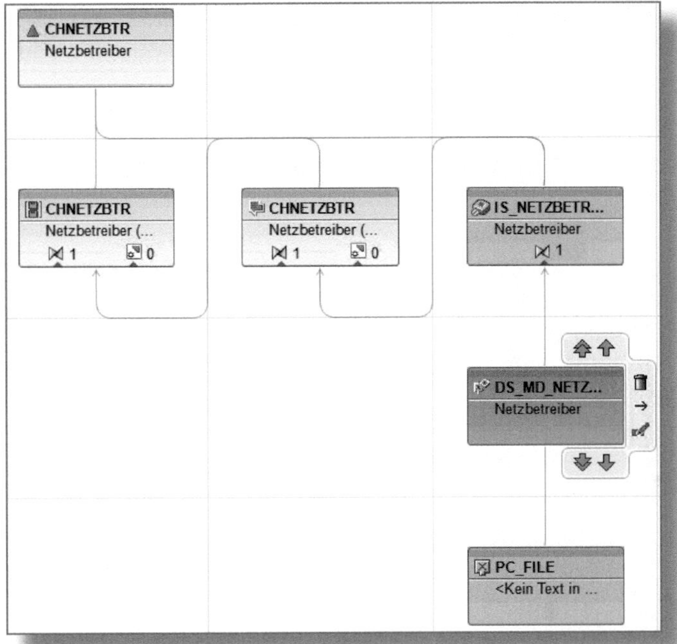

Abbildung 4.81: Datenfluss ohne aktive Transformationen

Der nächste Schritt ist jetzt das Anlegen der Transformationen und DTPs für die einzelnen Verbindungen.

4.9 Transformationen und DTPs anlegen

Transformationen sind die grundlegenden Elemente für Extraktion - Transformation - Laden (ETL). Innerhalb der Transformationen definieren Sie die notwendigen Logiken, um die angeforderten Auswertungen und Berichte erstellen zu können. Hierfür stehen Ihnen in der Transformation verschiedene Elemente zur Verfügung. Doch dazu später mehr. Als Erstes soll die Transformation zwischen DataSource und InfoSource angelegt werden.

4.9.1 Transformation von DataSource zu InfoSource anlegen

Zur Erstellung der Transformation bewegen Sie die Maus auf das weiße Transformationssymbol der InfoSource und wählen aus dem Kontextmenü TRANSFORMATIONS • CREATE TRANSFORMATION RSDS DS_MD_NETZBETREIBER PC_FILE -> TRCS IS_NETZBETREIBER (siehe Abbildung 4.82).

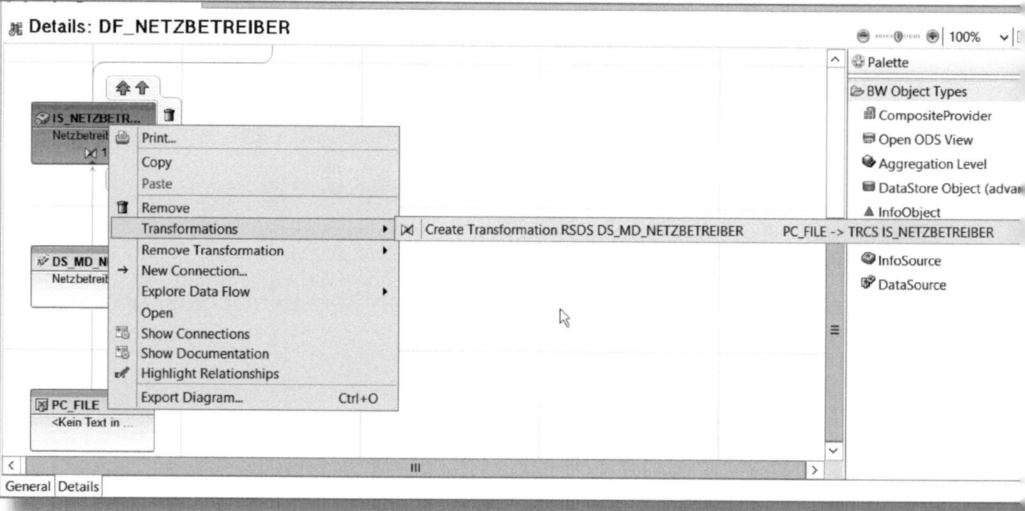

Abbildung 4.82: Transformation von DataSource zu InfoSource anlegen

Es erscheint ein Bestätigungs-Pop-up mit Ihrer Auswahl (siehe Abbildung 4.83).

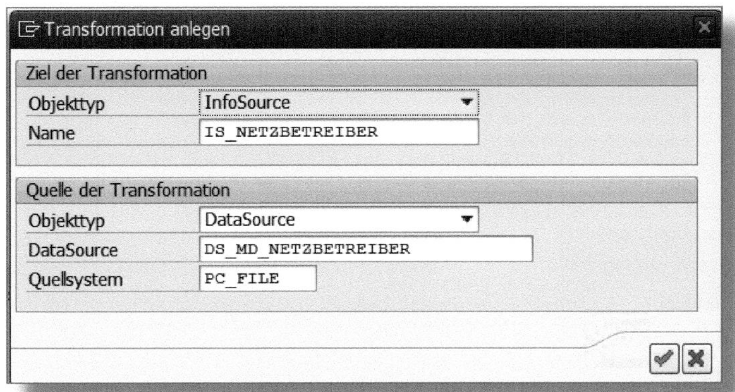

Abbildung 4.83: Bestätigungs-Pop-up der Transformation

Das Pop-up ist in zwei Bildbereiche unterteilt: ZIEL DER TRANSFORMATION und QUELLE DER TRANSFORMATION. Beide Bildbereiche verfügen generell über Felder für den Objekttyp und den Namen des Objekts. Für DataSources gibt es eine Abweichung hinsichtlich der Namensangabe: Statt des Feldes NAME stehen hier die Felder DATASOURCE und QUELLSYSTEM zur Verfügung, die in Kombination einen eindeutigen technischen Namen für die DataSource ergeben.

Als ZIEL DER TRANSFORMATION ist ein OBJEKTTYP mit dem Wert *InfoSource* definiert. Im Feld NAME befindet sich der technische Name der ausgewählten InfoSource als Ziel, *IS_NETZBETREIBER*. Als QUELLE DER TRANSFORMATION ist für den OBJEKTTYP der Wert *DataSource* angegeben. Im Feld QUELLSYSTEM finden Sie den Eintrag *PC_FILE* für Dateien als Quelle und im technischen Namen den Eintrag *DS_MD_NETZBETREIBER*. Dies ist so korrekt, deshalb bestätigen Sie das Pop-up mit dem grünen Hakensymbol. Das System erzeugt nun basierend auf den Namen der Quell- und Zielfelder einen Vorschlag für die Zuordnungen. Diesen generierten Vorschlag sehen Sie in Abbildung 4.84.

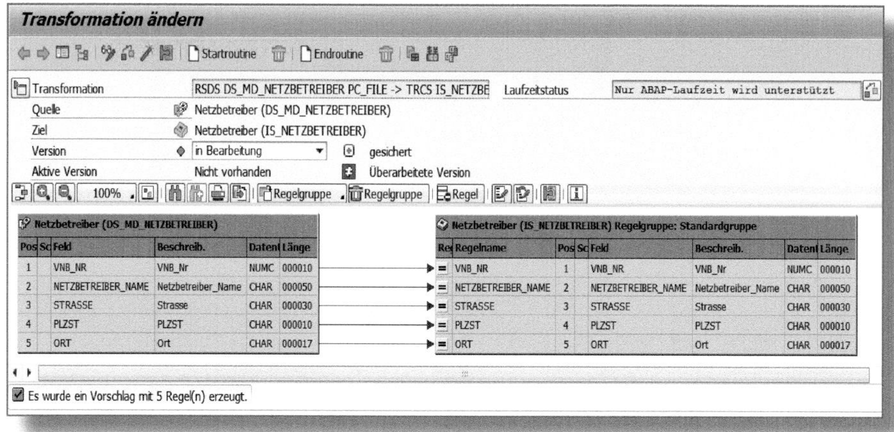

Abbildung 4.84: Generierter Vorschlag der Transformation

Wie Sie erkennen, sind die Quellfelder mit den Zielfeldern über Pfeile grafisch miteinander verbunden. Da die Quell- und Zielfelder identische technische Namen haben, wird eine Eins-zu-eins-Zuordnung generiert. Das bedeutet, dass der Inhalt des Quellfeldes unverändert an das Zielfeld übertragen wird. Sie erkennen die Eins-zu-eins-Zuordnung am Gleichheitszeichen vor dem Zielfeld. Dies ist das Standardvorgehen bei der Generierung der Transformation, die Vorteil und Nachteil zugleich birgt. Wenn die Namen der Quell- und Zielfelder überwiegend identisch sind, wird eine Eins-zu-eins-Zuordnung angelegt. Weichen die technischen Namen der Quelle jedoch stark von den Namen im Ziel ab, kann keine Eins-zu-eins-Zuordnung hergestellt werden. Die Quell- und Zielfelder müssen manuell miteinander verbunden werden. In einem Mixed-Modeling-Ansatz hält sich der Aufwand dafür jedoch in Grenzen, da bei diesem Ansatz die Quellfelder unverändert übernommen werden und nur an den für die Logik entscheidenden Stellen durch InfoObjects ersetzt werden. Wenn einem Feld ein InfoObject zugeordnet werden soll, so muss die Verbindung in der Transformation manuell hergestellt werden.

Wichtig ist das Feld LAUFZEITSTATUS. Hier erkennen Sie, ob die Transformation in der SAP-HANA-Datenbank oder im sogenannten *ABAP Stack* auf der SAP-HANA-Datenbank ausgeführt wird. Der ABAP Stack ist ein gesonderter Arbeitsspeicher auf der SAP-HANA-Datenbank, bei dem die übergebenen Daten in ABAP-Code umgewandelt werden und das Ergebnis der Berechnungen wieder auf die SAP-HANA-Datenbank zurückgeschrieben wird. Die Ausführung einer Transformation im ABAP Stack ist etwas langsamer als die vollständige Ausführung in der SAP-HANA-Datenbank; eine Ausführung der Transformation in SAP HANA ist im Allgemeinen vorzuziehen. Dies ist im Wesentlichen von zwei Bedingungen abhängig:

1. Die Daten des Quellsystems können per Smart Data Access (SDA) oder Smart Data Integration (SDI) direkt in die SAP-HANA-Datenbank geladen werden. Bei einer Flatfile als Datenquelle ist dies leider nicht möglich, da intern ABAP-Code aufgerufen wird, um die Datei aus dem Laufwerk zu öffnen und auszulesen.

2. Bei der Transformation wird keine ABAP-Logik in Feld-, Start-, End- oder Expertenroutinen verwendet.

Da das Quellsystem für unser Beispiel *PC_FILE* ist, wird nur ABAP-Laufzeit unterstützt. Sie finden den entsprechenden Eintrag im Feld LAUFZEITSTATUS.

Eine Funktionsbeschreibung der Buttons aus dem oberen Menü finden Sie in Abbildung 4.85.

	Anzeigen /Ändern
	Prüfen
	Aktivieren
	Details
Startroutine	Startroutine
Endroutine	Endroutine

Abbildung 4.85: Funktionen der Buttons

Das Laden erfolgt blockweise in sogenannten Datenpaketen. Jedes Datenpaket erhält eine fortlaufende Nummer, und innerhalb des Datenpakets bekommt jeder Datensatz eine eindeutige Satznummer.

Die Abarbeitung der Logik erfolgt in diesen Schritten:

1. Startroutine: In der Startroutine stehen Ihnen alle Felder aus der Quelle datenpaketweise in Form einer internen Tabelle zur Verfügung. Sie können alle Datensätze des Datenpakets auf einmal bearbeiten.

2. Feldregeln oder Feldroutinen: Die Logik wird satzweise abgearbeitet. Daher sollten größere Rechenlogiken nicht in Feldroutine, sondern in Start- oder Endroutinen programmiert werden.

3. Endroutine: In der Endroutine stehen Ihnen alle Felder der Quelle nach Abarbeitung von Schritt 2 datenpaketweise in Form einer internen Tabelle zur Verfügung. Sie können alle Datensätze des Datenpakets auf einmal bearbeiten.

Für unser Fallbeispiel bestätigen Sie die Zuordnung der Felder in der Transformation, indem Sie diese speichern und aktivieren. Mit dem AKTIVIEREN-Button wird die Transformation automatisch vor der Aktivierung gespeichert.

4.9.2 Transformation von der InfoSource zu den Attributen anlegen

Erstellen Sie auf dieselbe Art und Weise wie beim Anlegen einer Transformation zwischen DataSource und InfoSource im nächsten Schritt eine Transformation zwischen InfoSource und dem Konnektor für zeitunabhängige Attribute. Wählen Sie dazu im Kontextmenü den Pfad TRANSFORMATIONS • CREATE TRANSFORMATION TRCS IS_NETZBETREIBER -> IOBJ CHNETZBTR (siehe Abbildung 4.86).

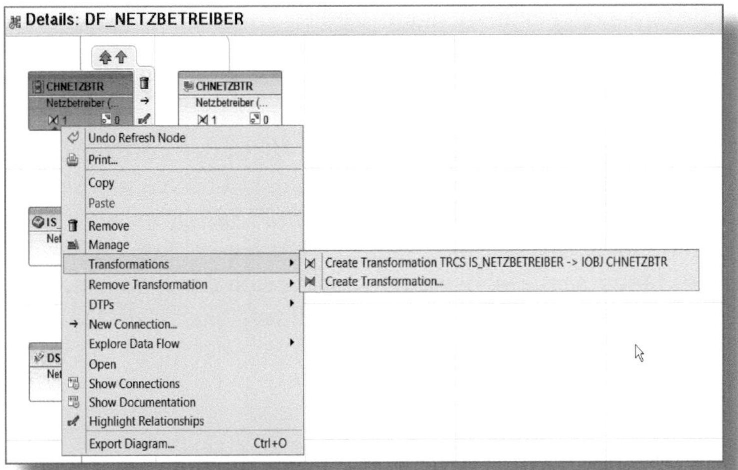

Abbildung 4.86: Transformation zwischen InfoSource und Konnektor für zeitunabhängige Attribute anlegen

Das darauffolgende Pop-up bestätigen Sie mit OK.

In Abbildung 4.87 ist der Fall dargestellt, in dem das System keine Zuordnung generieren kann, da die Feldnamen von Quelle und Ziel stark voneinander abweichen:

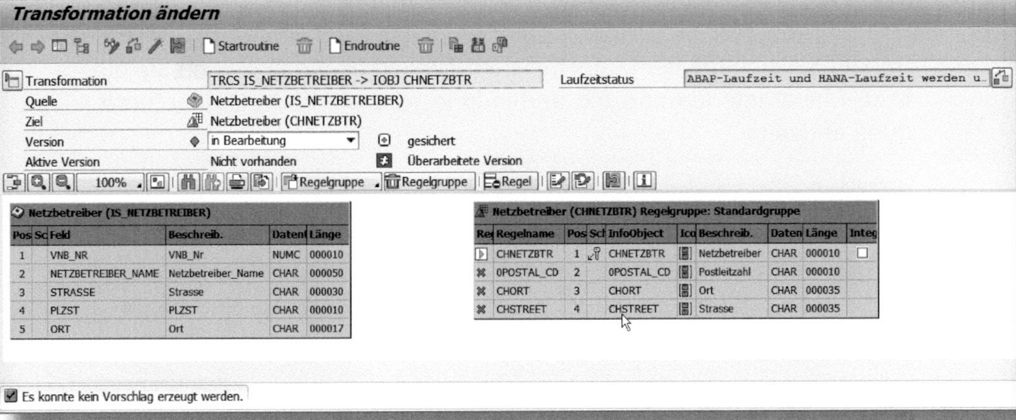

Abbildung 4.87: Transformation ohne Zuordnungen

Da das System hier keine Aussage treffen kann, ob eine SAP-HANA- oder ABAP-Ausführung möglich ist, wird der LAUFZEITSTATUS mit *ABAP-Laufzeit und HANA-Laufzeit werden unterstützt* angegeben. Als Nächstes müssen Sie die Felder miteinander verbinden. Klicken Sie mit der linken Maustaste auf das Feld *VNB_NR* in der InfoSource der Quelle. Halten Sie die linke Maustaste gedrückt und ziehen Sie das Feld mittels Drag-and-drop auf das Feld *CHNETZBETR* im Konnektor für zeitunabhängige Stammdaten des Netzbetreibers. Sobald Sie das Feld mit der Maus zum Ziel bewegen, ändert sich der Mauszeiger zu einem Pfeil. Ziehen Sie den Pfeil bei gedrückter linker Maustaste auf das Feld *CHNETZBTR* (siehe Abbildung 4.88).

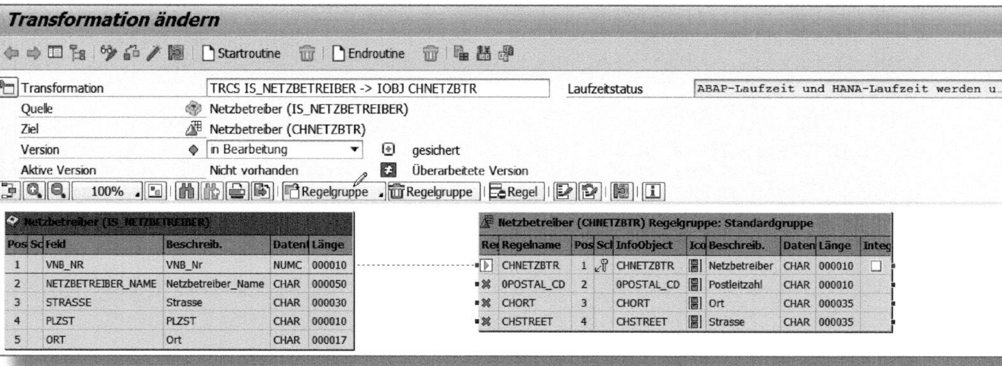

Abbildung 4.88: Felder mit Drag-and-drop verbinden

Sobald Sie sich mit der Maus auf dem Zielfeld befinden, lassen Sie die linke Maustaste los und die Verbindung wird als Eins-zu-eins-Zuordnung angelegt.

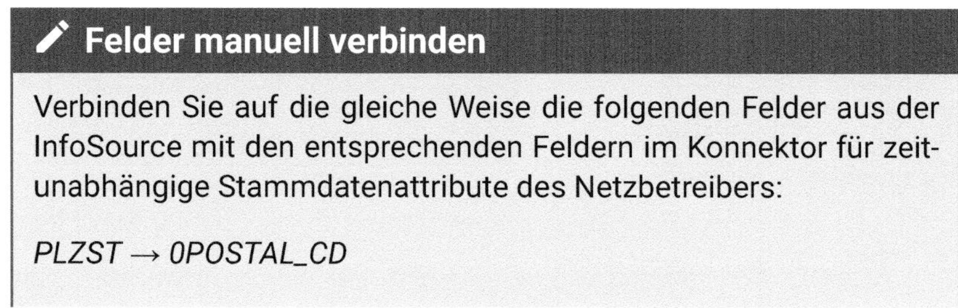

Felder manuell verbinden

Verbinden Sie auf die gleiche Weise die folgenden Felder aus der InfoSource mit den entsprechenden Feldern im Konnektor für zeitunabhängige Stammdatenattribute des Netzbetreibers:

PLZST → 0POSTAL_CD

STRASSE → CHSTREET

ORT → CHORT

Sie erhalten die in Abbildung 4.89 gezeigte Transformation.

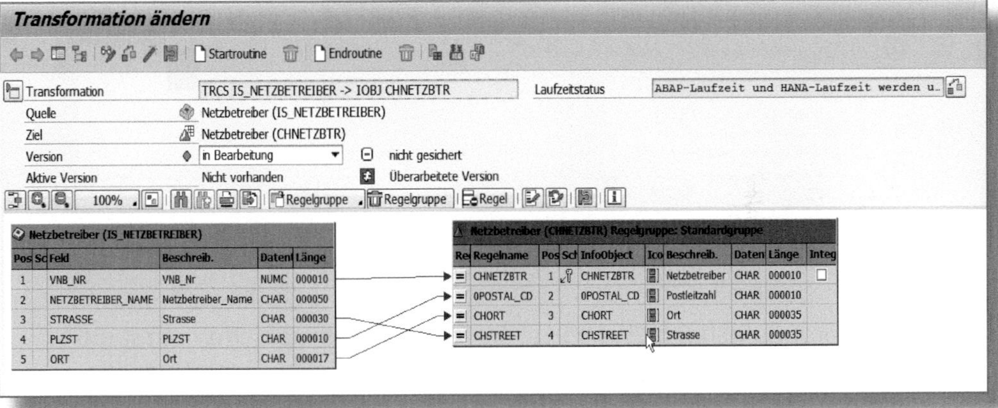

Abbildung 4.89: Alle Felder der Transformation sind verbunden

Speichern und aktivieren Sie die Transformation. Damit sind die Attribute des Netzbetreibers eindeutig den Quellfeldern der ene't-CSV-Datei mit den Stammdaten des Netzbetreibers zugeordnet.

4.9.3 Transformation für Texte anlegen

Jetzt können Sie die Transformation für die Texte anlegen. Klicken Sie im Datenflussdiagramm auf den Konnektor für die Stammdatentexte und wählen Sie aus dem Kontextmenü TRANSFORMATIONS • CREATE TRANSFORMATION TRCS IS_NETZBETREIBER -> IOBJ CHNETZBTR (siehe Abbildung 4.90).

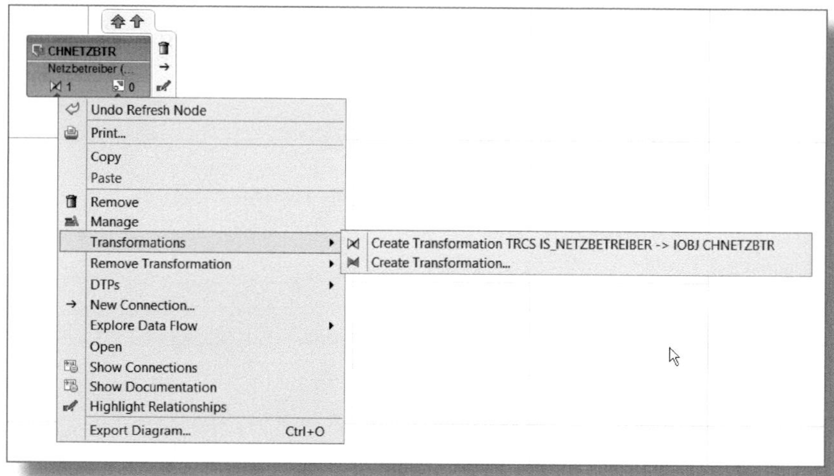

Abbildung 4.90: Transformation für Texte anlegen

Im darauffolgenden Pop-up ist im Feld SUBTYP der Wert *Attribute* vorausgewählt. Dafür existiert jedoch bereits eine Transformation. Zudem soll eine Transformation für die Texte des Netzbetreibers angelegt werden. Ändern Sie daher den Wert im Feld SUBTYP mit der Eingabehilfe von *Attribute* in *Texte* (siehe Abbildung 4.91).

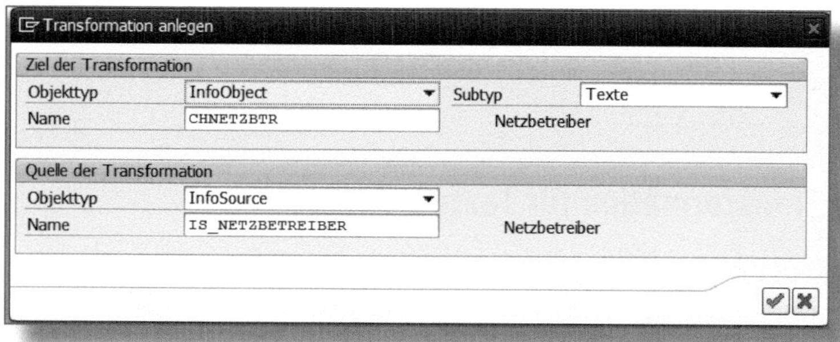

Abbildung 4.91: Transformation für Subtyp »Texte«

Das System generiert einen Vorschlag ohne Zuordnungen. Verbinden Sie das Feld *VNB_NR* aus der InfoSource, wie eben gezeigt, per Drag-and-drop mit dem Feld *CHNETZBTR* des Konnektors für die Texte. Verbinden Sie ebenso das Feld *NETZBETREIBER_NAME* aus der InfoSource mit dem Feld *0TXTLG* des Konnektors. Sie erhalten die in Abbildung 4.92 gezeigten Zuordnungen.

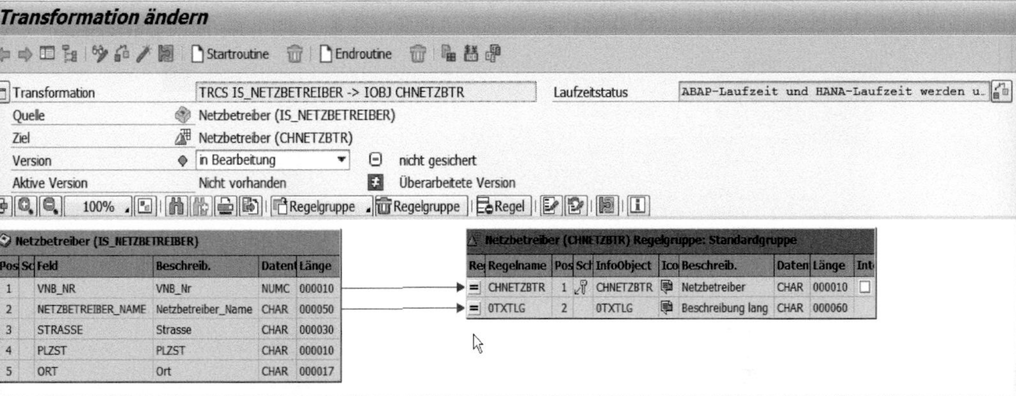

Abbildung 4.92: Verbinden der Felder für Texte

Speichern und aktivieren Sie die Transformation. Jetzt sind auch die Texte des Netzbetreibers über eine Logik versorgt.

4.10 Datentransferprozesse (DTPs) anlegen

Als letzten Schritt des ETL-Prozesses müssen Objekte zum Laden der Daten angelegt werden. Dafür werden in SAP BW/4HANA *Datentransferprozesse (DTPs)* genutzt. Datentransferprozesse beschreiben den Ladevorgang von einer Quelle zu einem über Transformationen verbundenen Datenziel.

Zum Anlegen eines DTP wechseln Sie zurück in das Datenflussdiagramm.

4.10.1 DTP für Attribute anlegen

Zuerst soll ein DTP zur Beladung der Attribute erzeugt werden. Klicken Sie auf das weiße DTP-Symbol im Konnektor für zeitunabhängige

Attribute und wählen Sie aus dem Kontextmenü DTPs • CREATE DTP... (siehe Abbildung 4.93).

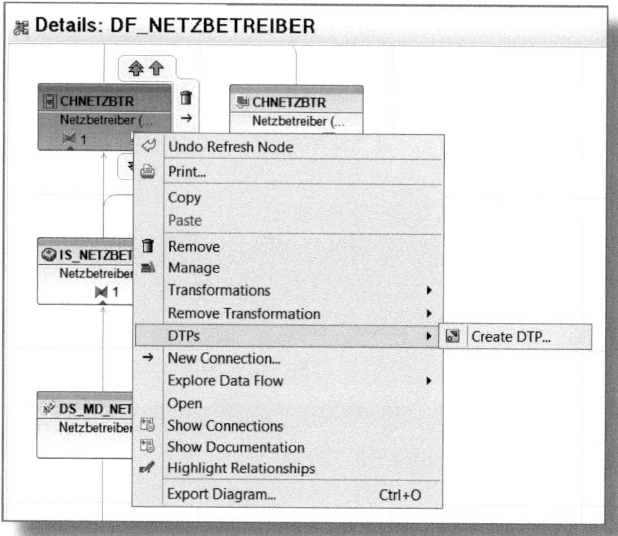

Abbildung 4.93: DTP für Attribute anlegen

Beim Generieren des DTP im System erscheint ein Pop-up, das Ihnen die Ladestrecke als Hierarchie darstellt (siehe Abbildung 4.94).

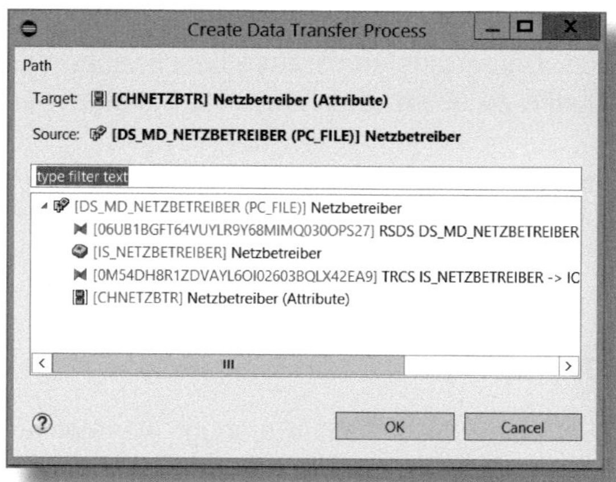

Abbildung 4.94: DTP-Pop-up

In der obersten Zeile wird die Quelle angezeigt, in diesem Fall die DataSource DS_MD_NETZBETREIBER aus dem Quellsystem. Darauf folgt in der Reihenfolge des Datenflusses von der Quelle bis zum Ziel die erste Transformation zwischen DataSource und InfoSource. Sie erkennen, dass Transformationen ebenfalls einen technischen Namen haben, der aufgrund der automatisierten Generierung durch das System sehr kryptisch ist. Im Weiteren folgen die InfoSource IS_NETZBETREIBER, die Transformation zwischen InfoSource und Konnektor für die zeitunabhängigen Attribute sowie zuletzt das eigentliche Ziel: die Attributtabelle für das InfoObject NETZBETREIBER. Bestätigen Sie das Pop-up mit OK.

Es öffnet sich ein zweites Pop-up (siehe Abbildung 4.95), in dem Sie einige Einstellungen ändern können.

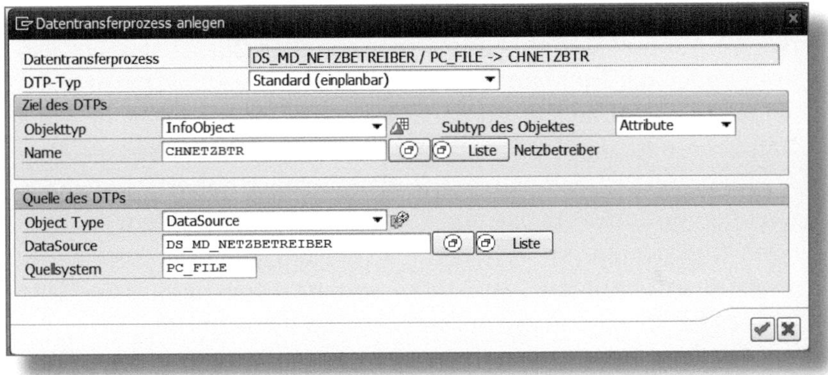

Abbildung 4.95: Einstellungen im DTP-Pop-up

Im Feld DATENTRANSFERPROZESS können Sie die Beschreibung des DTP ändern. In der Praxis haben sich hier Zusätze wie *FULL*, *DELTA* oder *INIT* bewährt, um den exakten Extraktionsmodus in der Beschreibung zu hinterlegen. Auf die Bedeutung des Extraktionsmodus gehe ich im nächsten Abschnitt ein. Für unser Fallbeispiel soll jedoch hier auf Änderungen verzichtet werden.

Unter ZIEL DES DTPs sind die Felder OBJEKTTYP und SUBTYP DES OBJEKTES (bei InfoObjects) sowie das Feld NAME mit dem technischen

Namen des Objekts aufgeführt. Unter QUELLE DES DTPs befinden sich das Feld OBJECT TYPE sowie, im Fall einer DataSource, zusätzlich die Felder DATASOURCE und QUELLSYSTEM für den technischen Namen der DataSource und das zugehörige Quellsystem.

Für die Praxis ist der Button Liste in Quelle und Ziel recht wichtig. Im Bildbereich QUELLE DES DTPs können Sie sich darüber alle Datenflüsse anzeigen lassen, in denen eine Datenquelle über Transformationen mit dem ausgewählten Datenziel verbunden ist, und den gewünschten Datenfluss auswählen. Dies möchte ich noch kurz an einem Beispiel verdeutlichen:

Liste mit Datenflüssen

An das SAP BW/4HANA sind drei SAP-ERP-Systeme für Tochtergesellschaften Ihres Unternehmens angeschlossen. Sie möchten nun die Attribute des Kundenstamms aus allen Quellsystemen, also alle Kunden der Tochtergesellschaften, extrahieren und in ein aDSO verdichten. Dazu aktivieren Sie in jedem der drei Quellsysteme die DataSource für die Kundenstamm-Attribute und verbinden sie über Transformationen mit dem aDSO. Beim Anlegen des DTP finden Sie über den Button LISTE alle drei Transformationen mit dem zugehörigen Quellsystem in der Liste aus Abbildung 4.94 untereinander angeordnet und nach DataSource sortiert. Quell- und Zielobjekte werden entsprechend der Auswahl im Pop-up geändert.

Für das Fallbeispiel zur Beladung der Attribute ist der ausgewählte DTP so vollständig. Bestätigen Sie Ihre Wahl mit dem grünen Häkchen. Sie gelangen in eine View, bestehend aus drei Registerkarten für den DTP.

DTP – Registerkarte »Extraktion«

Auf der Registerkarte EXTRAKTION sind alle Einstellungen aus der zugrunde liegenden DataSource nochmals aufgeführt (siehe Abbildung 4.96).

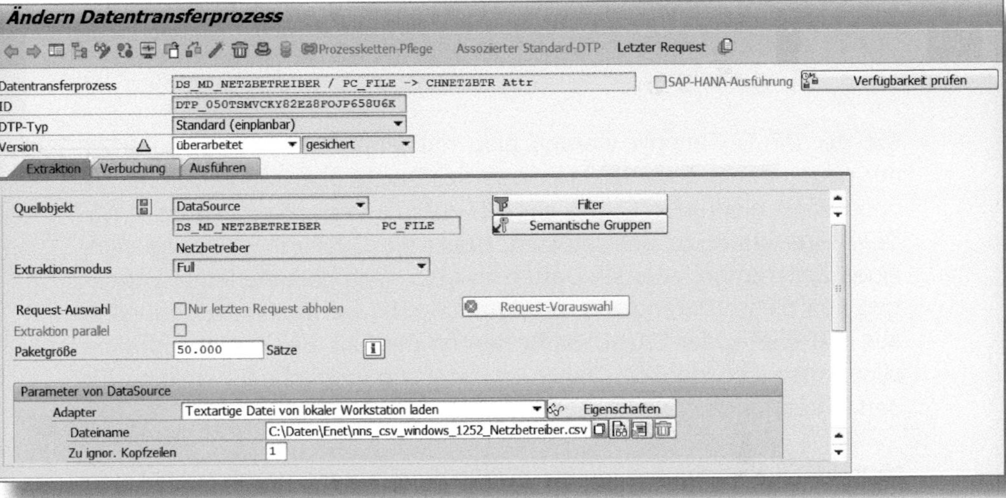

Abbildung 4.96: DTP-Attribute – Registerkarte »Extraktion«

Sie finden im Feld DATENTRANSFERPROZESS die Beschreibung des DTP. Um die DTPs für die verschiedenen Konnektoren besser unterscheiden zu können, empfiehlt es sich, in der Beschreibung einen Zusatz für den Konnektor anzugeben. In der Praxis werden die Zusätze »Attr« für Attribute und »Text« für Texte häufig verwendet. Ergänzen Sie daher in der Beschreibung *Attr* am Ende (siehe Abbildung 4.96). Im Feld ID steht der technische Name des DTP. Auf der Registerkarte EXTRAKTION finden Sie unter QUELLOBJEKT Angaben zur DataSource, die als Datenquelle für diesen DTP dient. Im Feld EXTRAKTIONSMODUS können Sie einen der drei folgenden Extraktionsmodi angeben:

- *FULL* – Alle Datensätze, die in der Quelle vorliegen, werden gelesen und in SAP BW übertragen.
- *INIT* – Initialisierungsvorgang zur anschließenden *DELTA*-Beladung. Dabei werden einmalig alle Daten aus der Quelle gelesen und in SAP BW übertragen. Danach wird in der Quelle ein Zeitstempel bzw. Datum gesetzt, zu dem der *INIT* erfolgte.
- *DELTA* – Es werden nur die Daten in SAP BW geladen, die seit dem Datum der *INIT*-Beladung oder seit der letzten *DELTA*-Beladung neu in der Quelle vorhanden sind oder sich seitdem ge-

ändert haben. Bei jedem *DELTA*-Ladevorgang wird auch wieder ein Zeitstempel bzw. Datum gesetzt, an dem die *DELTA*-Beladung erfolgte.

Mit der *DELTA*-Technik werden also mit jedem Ladevorgang immer nur neue oder geänderte Sätze aus der Quelle übertragen. Allerdings unterstützt nicht jede Quelle ein *INIT-/DELTA*-Verfahren. Um ein *INIT-/ DELTA*-Verfahren zu unterstützen, muss die Quelle in der Lage sein, einen Zeitstempel oder ein Datum zu setzen, an dem die letzte Extraktion aus dieser Datenquelle erfolgte. Dies ist bei vielen Datenquellen aus SAP-ERP- oder SAP-CRM-Systemen der Fall. Bei Flatfiles ist dies allerdings nicht möglich. Daher ist die einzig mögliche Einstellung für den Extraktionsmodus im DTP hier *FULL*.

Im Feld PAKETGRÖSSE legen Sie die Blockgröße fest. Damit bestimmen Sie, wie viele Datensätze bei der Extraktion maximal in einem Datenpaket zusammengefasst werden sollen. Hier im Beispiel sind es maximal *50.000* Sätze. Liegen in der Quelle also mehr als 50.000 Sätze vor, werden die Datensätze in Blöcke von je maximal 50.000 Sätze unterteilt. Daher kann das letzte Datenpaket auch nur wenige Datensätze enthalten.

Anschließend finden Sie die in der DataSource hinterlegten Parameter wieder. Diese können Sie hier im DTP überschreiben und z. B. im Feld DATEINAME eine andere Quelldatei angeben oder im Feld ZU IGNOR. KOPFZEILEN die Anzahl der zu ignorierenden Kopfzeilen verringern oder vergrößern. In den meisten Fällen empfiehlt es sich, die Einstellungen aus der DataSource hier unverändert zu übernehmen.

Wechseln Sie im DTP zur Registerkarte VERBUCHUNG.

DTP – Registerkarte »Verbuchung«

Auf der Registerkarte VERBUCHUNG legen Sie fest, ob eine Fehlerbehandlung bei der Verbuchung erfolgen soll. In den Quelldaten können sich fehlerhafte Datensätze befinden, wenn ein Datumsfeld z. B. einen Text enthält oder die Quelle doppelte Datensätze liefert. Das Verhalten des DTP in diesen Fällen legen Sie auf dieser Registerkarte fest (siehe Abbildung 4.97).

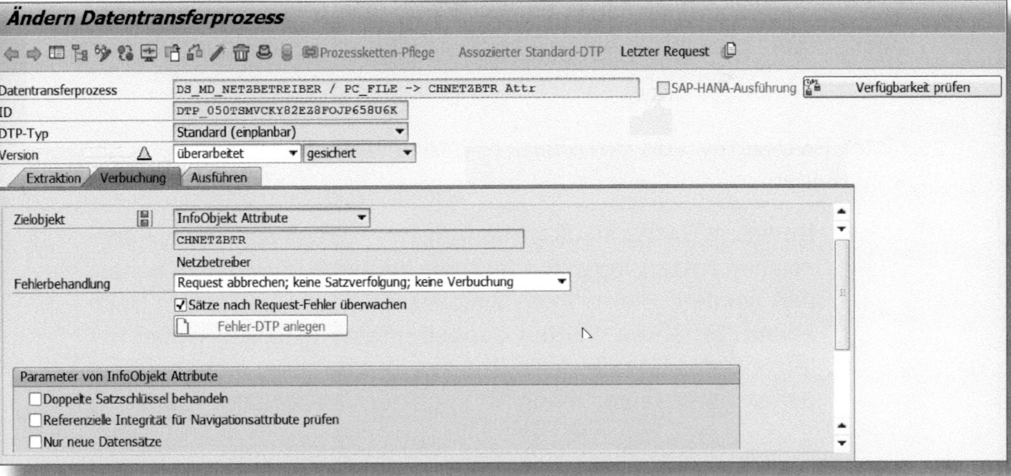

Abbildung 4.97: DTP – Registerkarte »Verbuchung«

Im Feld ZIELOBJEKT ist als Ziel des DTP *InfoObjekt Attribute* angegeben. Unter FEHLERBEHANDLUNG definieren Sie, wie sich der Verbuchungsprozess bei fehlerhaften Datensätzen aus der Datenquelle verhalten soll. Die Standardeinstellung ist *Request abbrechen; keine Satzverfolgung; keine Verbuchung*. Dieses Verhalten bewirkt, dass entweder alle Datensätze oder gar kein Datensatz im Datenziel verbucht werden. Ist nur ein einziger Datensatz fehlerhaft, wird das komplette Paket und damit der gesamte Ladevorgang nicht im Datenziel verbucht. Diese Einstellung stellt vor allem bei Bewegungsdaten die Integrität der Beladung sicher. Das Laden eines fehlerhaften Satzes kann sich auf die gesamte Berechnung aller Kennzahlen auswirken und dadurch zu falschen Endergebnissen führen.

Zusätzlich ist das Kennzeichen SÄTZE NACH REQUEST-FEHLER ÜBERWACHEN gesetzt. Treten fehlerhafte Sätze auf, können Sie diese über einen sogenannten Fehler-DTP in der *Persistent Staging Area (PSA)*, einem persistenten Zwischenspeicher innerhalb des BW-Systems, sammeln. In der PSA korrigieren Sie die fehlerhaften Datensätze manuell. Nach der Korrektur können die Datensätze über den Fehler-DTP in das Datenziel eingebucht werden. Über den Button FEHLER-DTP ANLEGEN erzeugen Sie den Fehler-DTP.

Für das einfache Fallbeispiel ist die Standardeinstellung vollkommen ausreichend, und ein Fehler-DTP soll an dieser Stelle nicht angelegt werden.

Unter PARAMETER VON INFOOBJEKT ATTRIBUTE finden Sie weitere Ankreuzfelder:

- DOPPELTE SATZSCHLÜSSEL BEHANDELN – Wenn Sie dieses Kennzeichen setzen, legen Sie fest, wie doppelte Datensätze behandelt werden. Hier wählen Sie zwischen zwei Verfahren: Beim ersten Verfahren werden doppelte Sätze ignoriert, wobei der letzte Datensatz gewinnt. Das zweite Verfahren sieht bei doppelten Datensätzen einen Abbruch der Verarbeitung vor.
- REFERENZIELLE INTEGRITÄT FÜR NAVIGATIONSATTRIBUTE PRÜFEN – Es wird beim Laden überprüft, ob die Ausprägung für ein Navigationsattribut bereits als Ausprägung in den Stammdaten des Basis-Merkmals vorhanden und damit die referenzielle Integrität bewahrt ist.
- NUR NEUE DATENSÄTZE – Damit prüft das System die geladenen Sätze gegen die in den Stammdatentabellen bereits vorhandenen Stammdaten und verbucht nur neue Sätze in das Datenziel. Geänderte Sätze werden nicht übertragen.

Damit sind für unser Fallbeispiel alle notwendigen Einstellungen im DTP vorgenommen. Speichern und aktivieren Sie den DTP.

4.10.2 DTPs für Texte anlegen

Legen Sie auf die gleiche Weise einen DTP zum Laden der Texte für den Netzbetreiber an. Wechseln Sie in die View mit dem Datenflussdiagramm. Klicken Sie auf den Konnektor für Texte und wählen Sie im Kontextmenü DTPs • CREATE DTP (siehe Abbildung 4.98).

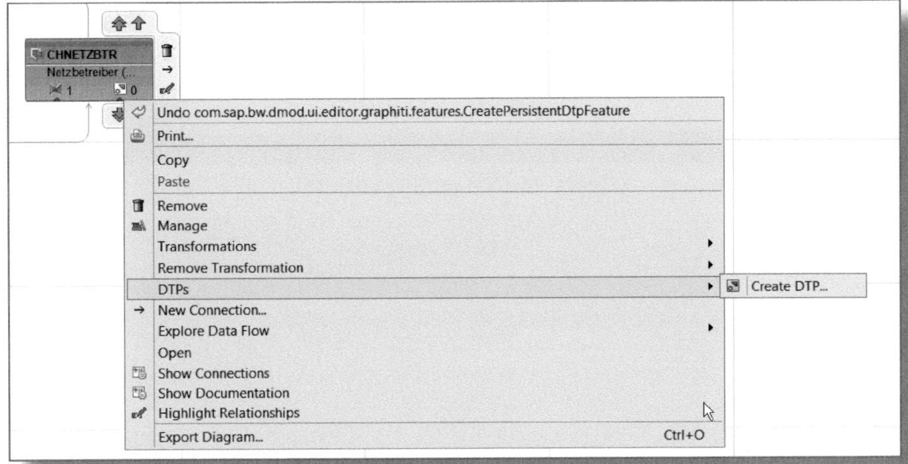

Abbildung 4.98: DTP für Texte anlegen

Im Pop-up aus Abbildung 4.99 wird Ihnen die Ladestrecke des DTP angezeigt.

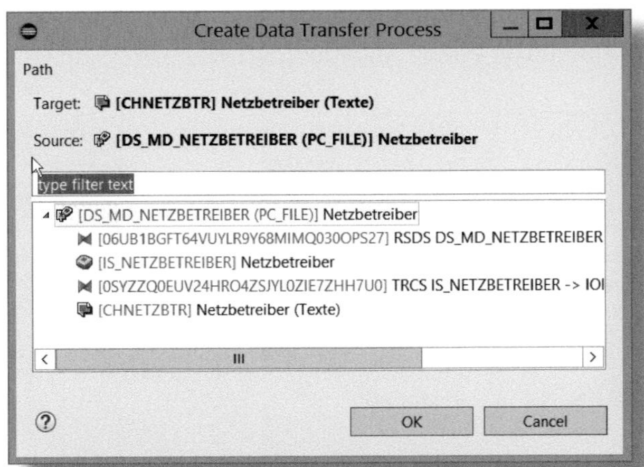

Abbildung 4.99: DTP-Ladestrecke für Texte

Bestätigen Sie die Wahl mit OK. Im darauffolgenden Pop-up vergewissern Sie sich, dass als SUBTYP DES OBJEKTES der Eintrag *Texte* ausgewählt ist (siehe Abbildung 4.100).

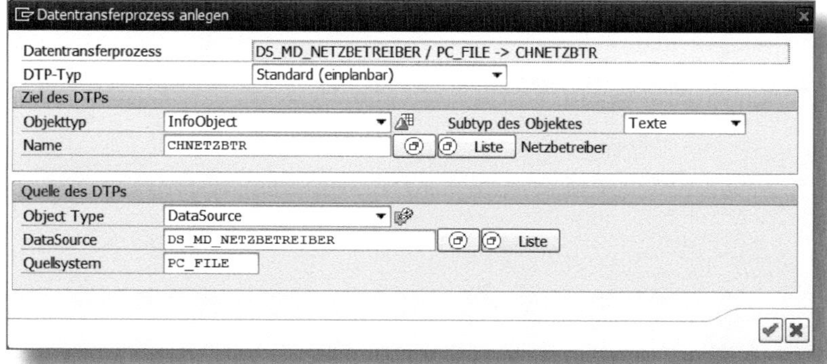

Abbildung 4.100: DTP-Übersicht für Texte

Da sich die DTPs für Attribute und Texte in der generierten Beschreibung nicht unterscheiden, empfiehlt es sich, dies manuell in der Beschreibung zu ergänzen. In der Praxis haben sich die Kurzbezeichnungen »Attr« für Attribute und »Texte« bewährt. Passen Sie daher die Beschreibung des DTP für Texte entsprechend an (siehe Abbildung 4.101).

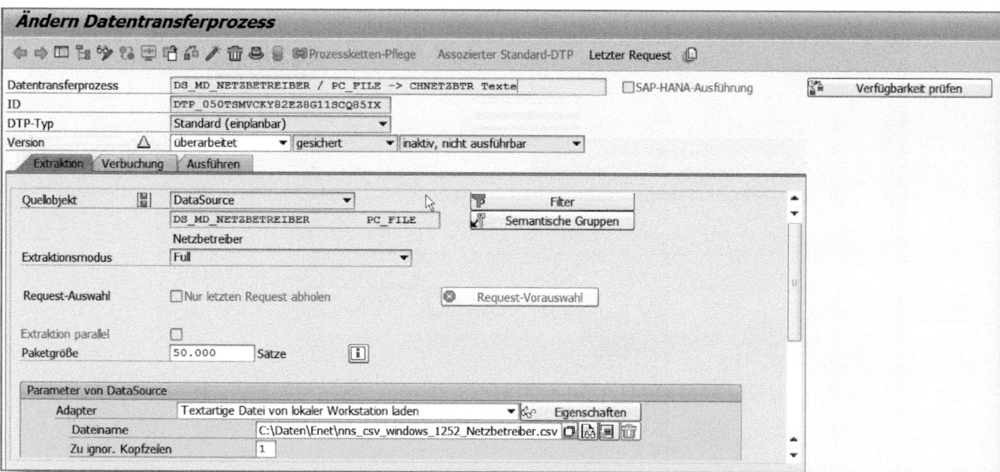

Abbildung 4.101: Beschreibung des DTP für Texte ändern

Wechseln Sie jetzt auf die Registerkarte Verbuchung und stellen Sie sicher, dass unter Zielobjekt die Auswahl *InfoObjekt Texte* selektiert ist (siehe Abbildung 4.102).

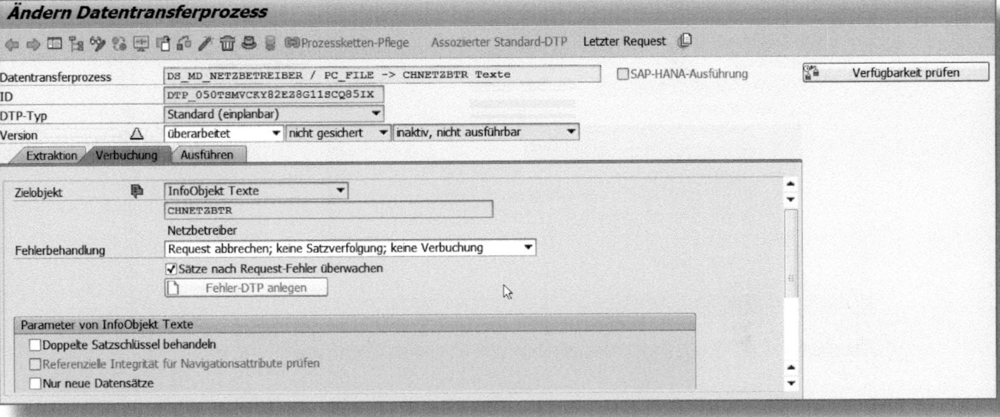

Abbildung 4.102: DTP für Texte – Registerkarte »Verbuchung«

Sichern und aktivieren Sie den DTP. Der DTP für die Texte hat technisch die ID mit dem Wert *DTP_050TSMVCKY82EZ8G11SCQ85IX*. Diese ID kann in Ihrem System abweichen, da es sich hier um eine vom System eindeutig erzeugte ID (GUID) handelt, mit der Sie den DTP im Project Explorer wiederfinden. Wechseln Sie in den Project Explorer und klappen Sie den Baum unter BW Repository (siehe Abbildung 4.103) auf.

Hier finden Sie unter der InfoArea IA_ENET_MD alle im Datenflussdiagramm angelegten Objekte nach den Objekttypen sortiert wieder, einschließlich des Datenflussdiagramms selbst.

Damit sind jetzt alle Objekte im Datenflussdiagramm des Netzbetreibers angelegt und aktiv. Der Datenfluss für die Beladung der Stammdaten zum Netzbetreiber ist damit fertig.

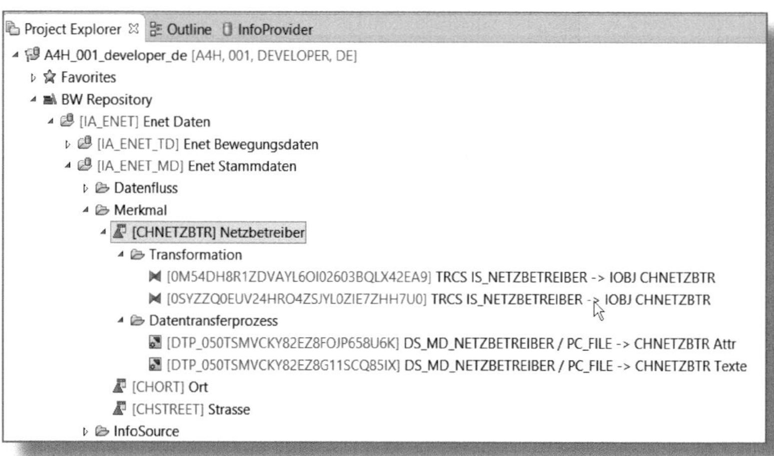

Abbildung 4.103: Objekthierarchie im Project Explorer

4.11 Übungsaufgabe zu Stammdaten

Für das Fallbeispiel wird noch ein weiteres Merkmal mit Attributen benötigt: die Netznummer. Die Konzeption eines Datenflusses sowie der persistenten Objekte für die Netznummer bildet die nächste Übungsaufgabe. Die Übungsaufgabe ist in viele kleine Einzelaufgaben unterteilt. Am Ende jeder Einzelaufgabe finden Sie einen Screenshot mit dem gewünschten Ergebnis.

Aufgabe 1: Datenfluss für Netze anlegen

Legen Sie im Project Explorer unter den InfoAreas IA_ENET • IA_ENET_MD (Stammdaten) ein neues Datenflussdiagramm mit dem technischen Namen *DF_NETZE* und der Beschreibung *Netze* an. Fügen Sie in das Datenflussdiagramm eine DataSource, eine InfoSource und ein InfoObject ein. Verwenden Sie dabei die in Abbildung 4.104 benutzten Beschreibungen. Verbinden Sie die einzelnen Objekte ebenfalls wie in Abbildung 4.104 gezeigt. Speichern und aktivieren Sie das Datenflussdiagramm.

Das Datenflussdiagramm für die Netz-Stammdaten sieht im Ergebnis gemäß Abbildung 4.104 aus.

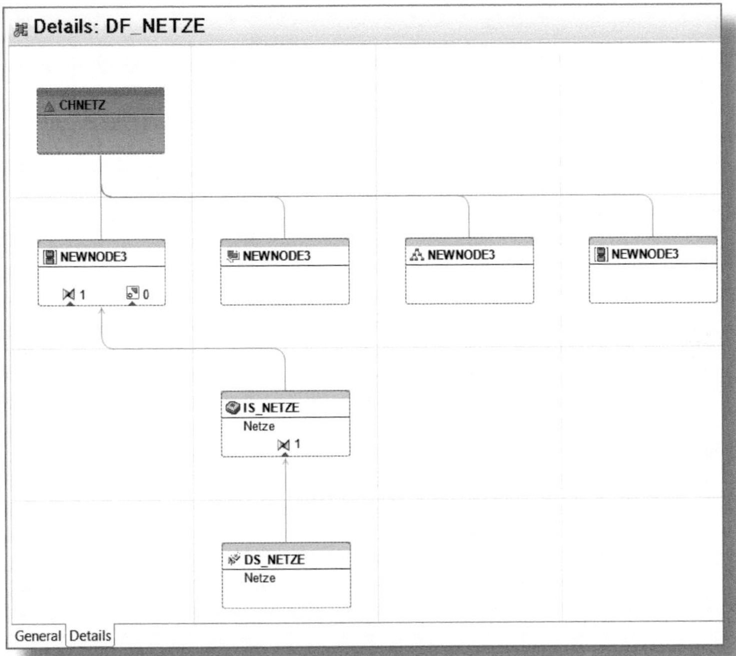

Abbildung 4.104: Datenflussdiagramm »Netze«

Aufgabe 2: InfoObject für Netze anlegen

Legen Sie das InfoObject *CHNETZ* mit der Beschreibung *Netze* an. Als Datentyp legen Sie *CHAR* mit einer Länge von *10* Zeichen fest. Führen Sie die Einstellungen auf der Registerkarte GENERAL unter DICTIONARY durch (siehe Abbildung 4.105). Das InfoObject verfügt über Stammdaten, aber nicht über Texte. Fügen Sie dem InfoObject *Netze* (*CHNETZ*) das InfoObject *Netzbetreiber* (*CHNETZBTR*) als Attribut hinzu. Die dazu notwendigen Einstellungen auf der Registerkarte ATTRIBUTES finden Sie in Abbildung 4.106. Speichern und aktivieren Sie abschließend das InfoObject.

Das InfoObject *CHNETZ* verfügt unter GENERAL über die Einstellungen, die Sie in Abbildung 4.105 sehen.

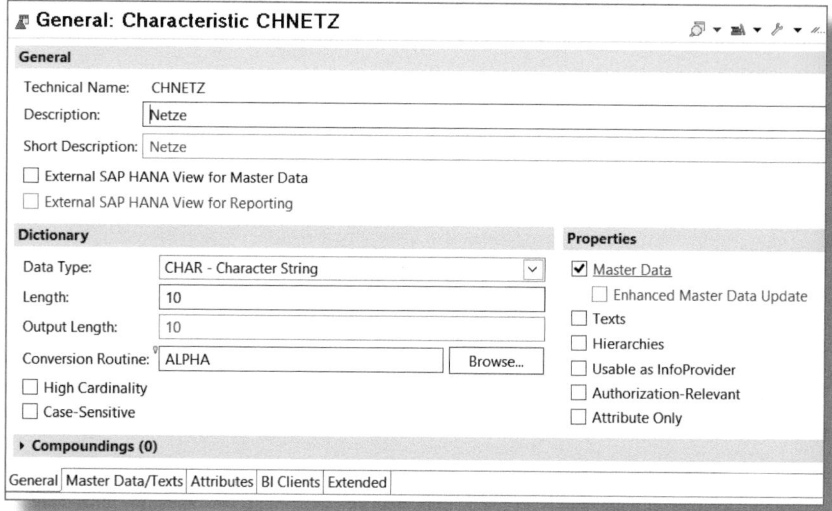

Abbildung 4.105: Allgemeine Einstellungen für Merkmal »CHNETZ«

Achten Sie darauf, den Konvertierungsexit *ALPHA* einzustellen. Dieser wird benötigt, um bei der Netznummer führende Nullen zu erzeugen.

Auf der Registerkarte ATTRIBUTES nehmen Sie die Einstellungen wie in Abbildung 4.106 vor.

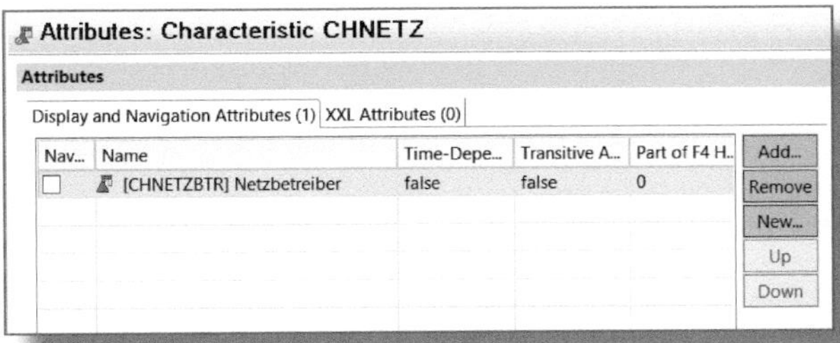

Abbildung 4.106: Attribut »Netzbetreiber« des Merkmals »Netze«

Aufgabe 3: DataSource anlegen

Legen Sie eine DataSource *DS_NETZE* an. Konfigurieren Sie die DataSource auf der Registerkarte EXTRAKTION wie in Abbildung 4.107 dargestellt. Übernehmen Sie aus der Quelldatei C:\DATA\ENET\NNS_CSV_WINDOWS_1252_NETZE.CSV nur die beiden Felder für die Netznummer und den Netzbetreiber. Denken Sie bei beiden Feldern daran, den Datentyp von *INT* auf *CHAR* mit einer Länge von *10* Zeichen umzustellen. Alle anderen Felder werden nicht benötigt. Die Feldliste der DataSource finden Sie in Abbildung 4.108. Speichern und aktivieren Sie die DataSource. Rufen Sie abschließend die Vorschau auf und prüfen Sie, ob die Daten in der Vorschau korrekt angezeigt werden. Das Ergebnis der Vorschau finden Sie in Abbildung 4.109.

Unter EXTRAKTION nehmen Sie für die DataSource die in Abbildung 4.107 gezeigten Einstellungen vor.

DataSource DS_NETZE(PC_FILE) ändern

DataSource DS_NETZE
Quellsystem PC_FILE <Kein Text in dieser Sprache verfügbar>
Version In Bearbeitung ungesichert Vergleichen mit...
Aktive Version Nicht vorhanden

Allgemeines | Extraktion | Vorschlag | Felder | Vorschau

Deltaverfahren Kein Delta, nur Full
Direktzugriff Nicht erlaubt; Datenreplikation ohne PSA erlaubt
Streaming Streaming kann nicht durch diese DataSource ausgelöst werden

Adapter Textartige Datei von lokaler Workstation laden Eigenschaften
Dateiname C:\Data\Enet\nns_csv_windows_1252_Netze.csv
Zu ignor. Kopfzeilen 1
Zeichensatz-Einstellungen Direkte Eingabe
System-Codepage 4103 UTF-16LE Unicode / ISO/IEC 10646
Zeichensatz 1404 Microsoft Windows 1250 for Central Europe
Ersatzzeichen #

Datenformat Durch Trennzeichen getrennt (z.B. CSV)
Datenseparator ; Hex
Escape-Zeichen " Hex

Konvert.sprache Direkte Eingabe
Konvertierungssprache DE
Zahlenformat Direkte Eingabe
Tausender-Trennzeichen .
Dezimalpunkttrennzeichen ,

Abbildung 4.107: Registerkarte »Extraktion« der DataSource »Netze«

In der DataSource *DS_NETZE* werden lediglich die beiden Felder für Netznummer und Netzbetreiber übertragen. Für alle anderen Felder ist das Kennzeichen zur Übernahme nicht gesetzt (siehe Abbildung 4.108).

Die Datenvorschau liefert Ihnen das Ergebnis gemäß Abbildung 4.109.

DataSource DS_NETZE
Quellsystem PC_FILE <Kein Text in dieser Sprache verfügbar>
Version In Bearbeitung ungesichert Vergleichen mit...
Aktive Version Nicht vorhanden

Allgemeines | Extraktion | Vorschlag | Felder | Vorschau

Feldeigenschaften

Po...	Feld	Beschreib.	D...	Ü..	InfoObject-...	Datentyp	Länge	Dezim...	Ext
1	NETZ_NR	Netz_Nr		☑		CHAR	10		
2	VNB_NR	VNB_Nr		☑		CHAR	10		
3	NETZ_BEZEICHNUNG	Netz_Bezeich...		☐		CHAR	70		
4	NETZ_BEMERKUNG	Netz_Bemerk...		☐		CHAR	200		
5	NETZ_NR_VORGAEN...	Netz_Nr_Vor...		☐		INT4	10		
6	NETZ_NR_NACHFOL...	Netz_Nr_Nac...		☐		INT4	10		
7	PREISVERGLEICH	Preisvergleich		☐		INT4	10		
8	STRUKTURKLASSE_...	Strukturklass...		☐		CHAR	4		
9	STRUKTURKLASSE_...	Strukturklass...		☐		CHAR	4		
10	STRUKTURKLASSE_...	Strukturklass...		☐		CHAR	4		

Abbildung 4.108: Felder der DataSource »DS_NETZE«

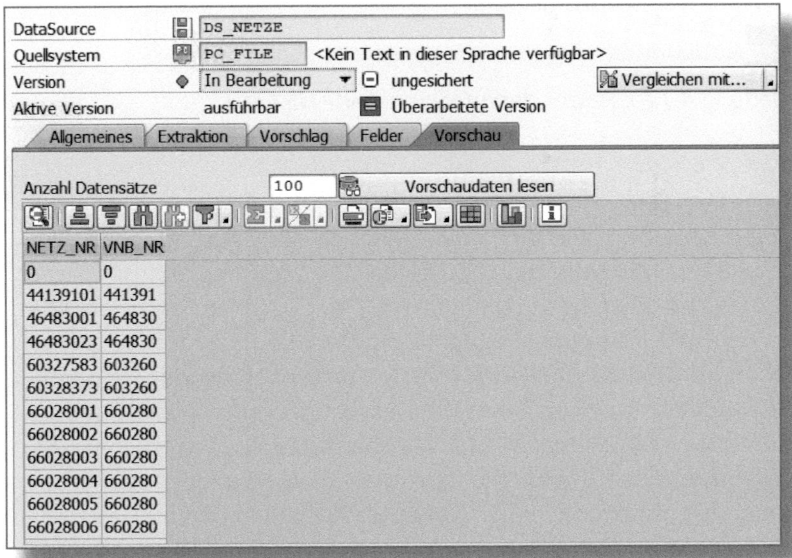

DataSource DS_NETZE
Quellsystem PC_FILE <Kein Text in dieser Sprache verfügbar>
Version In Bearbeitung ungesichert Vergleichen mit...
Aktive Version ausführbar Überarbeitete Version

Allgemeines | Extraktion | Vorschlag | Felder | Vorschau

Anzahl Datensätze 100 Vorschaudaten lesen

NETZ_NR	VNB_NR
0	0
44139101	441391
46483001	464830
46483023	464830
60327583	603260
60328373	603260
66028001	660280
66028002	660280
66028003	660280
66028004	660280
66028005	660280
66028006	660280

Abbildung 4.109: Datenvorschau »DS_NETZE«

Aufgabe 4: InfoSource anlegen

Als Nächstes legen Sie die InfoSource *IS_NETZE* mit der Beschreibung *Netze* ohne Vorlage an. Fügen Sie in die InfoSource die beiden InfoObjects *CHNETZ* und *CHNETZBTR* ein. Das InfoObject *CHNETZ* ist dabei Schlüssel und steht an erster Stelle der InfoSource. Die notwendigen Einstellungen finden Sie in Abbildung 4.110. Speichern und aktivieren Sie die InfoSource.

Die InfoSource *IS_NETZE* besteht lediglich aus den beiden Feldern für Netznummer und Netzbetreiber (siehe Abbildung 4.110).

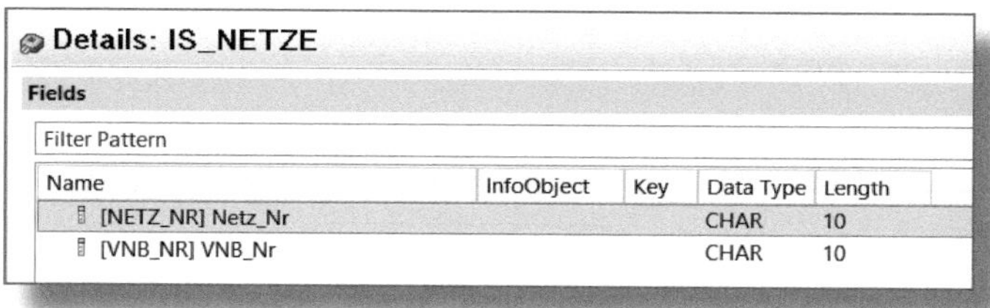

Abbildung 4.110: Felder der InfoSource »IS_NETZE«

Aufgabe 5: Transformationen anlegen

Legen Sie eine Transformation zwischen der DataSource *DS_NETZE* und der InfoSource *IS_NETZE* an. Die Zuordnungen der Transformation finden Sie in Abbildung 4.111. Speichern und aktivieren Sie die Transformation. Legen Sie eine weitere Transformation zwischen InfoSource *IS_NETZE* und den zeitunabhängigen Attributen des InfoObject *CHNETZ* an. Die Zuordnungen der Transformation finden Sie in Abbildung 4.112. Aktivieren Sie das Durchführen des Konvertierungs-Exits für das Merkmal *CHNETZ* in der zugehörigen Regel, wie in Abbildung 4.113 gezeigt. Speichern und aktivieren Sie die Transformation.

Die Transformation zwischen DataSource *DS_NETZE* und *IS_NETZE* besteht nur aus direkten Zuordnungen der Felder, siehe Abbildung 4.111.

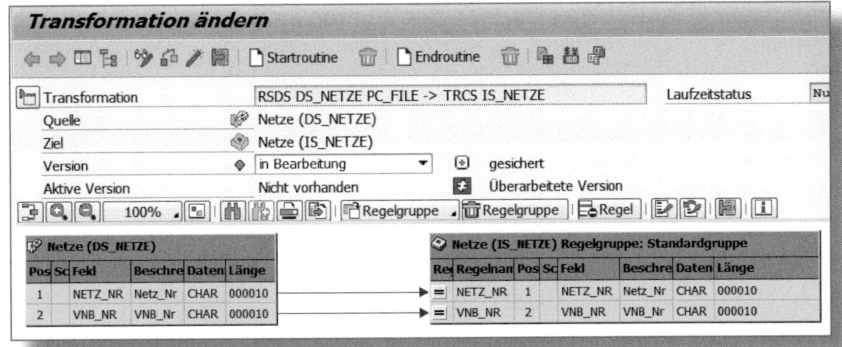

Abbildung 4.111: Transformation »DS_NETZE« zu »IS_NETZE«

Die Transformation zwischen *IS_NETZE* und dem Konnektor für die zeitunabhängigen Attribute des InfoObject *CHNETZ* besteht nur aus direkten Zuordnungen von einem Feld zu einem semantisch gleichem InfoObject (siehe Abbildung 4.112):

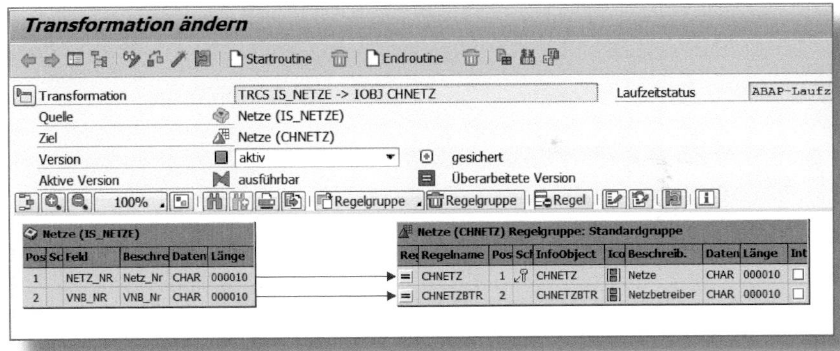

Abbildung 4.112: Transformation »CHNETZ«

Allerdings müssen Sie hier eine Besonderheit beachten: Im InfoObject ist als KONVERTIERUNGS-EXIT der Wert *ALPHA* eingestellt, der führende Nullen erzeugt. Damit dieser Exit in der Transformation auch ausgeführt wird, muss er in der Regel explizit aktiviert werden. Klicken Sie dazu doppelt auf den REGELTYP im Zielfeld *CHNETZ*. Aktivieren Sie in der Zeile KONVERTIERUNGS-EXIT den Eintrag DURCHFÜHREN (siehe Abbildung 4.113).

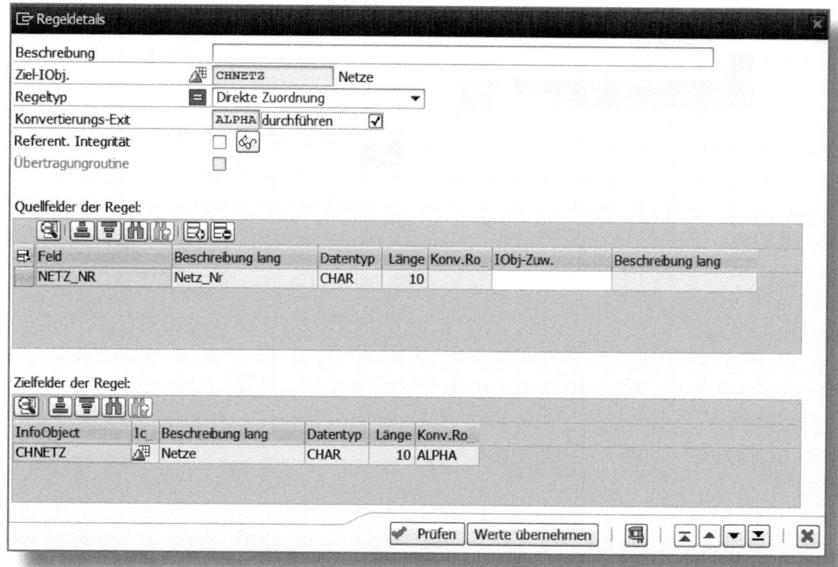

Abbildung 4.113: Konvertierungs-Exit in Regel durchführen

✎ Aufgabe 6: DTP anlegen

Legen Sie einen DTP von der DataSource *DS_NETZE* zu den zeitunabhängigen Attributen des InfoObject *CHNETZ* an (siehe Abbildung 4.114). Speichern und aktivieren Sie den DTP.

Den DTP können Sie ohne Änderungen anlegen. Wichtig ist lediglich, dass auf der Registerkarte EXTRAKTION der Verweis auf die Netz-Stammdatendatei hinterlegt ist (siehe Abbildung 4.114).

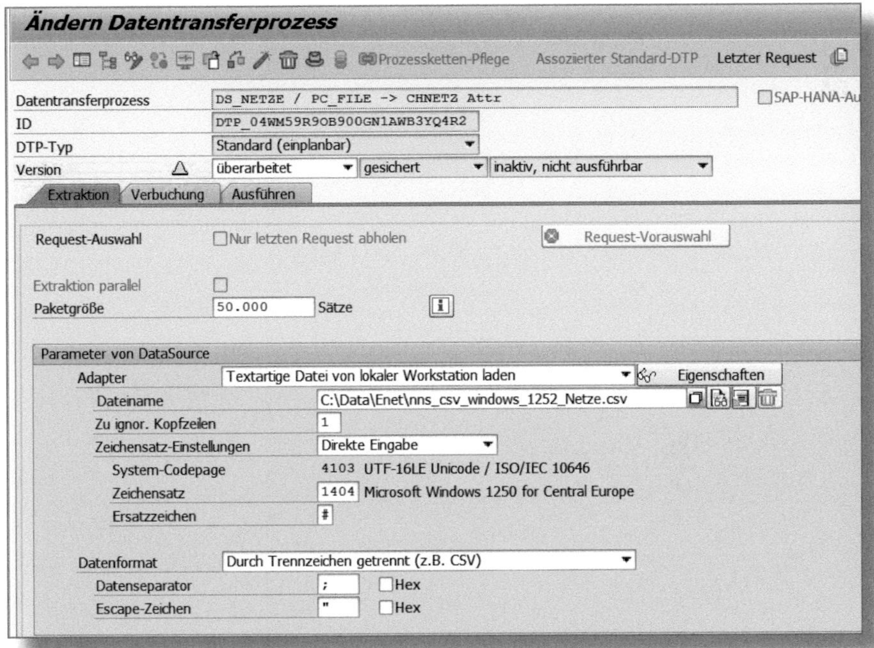

Abbildung 4.114: DTP zur Beladung des Merkmals »CHNETZ«

Jetzt haben Sie es geschafft! Die benötigten Stammdaten für das Fallbeispiel sind im System angelegt und aktiv. Im nächsten Kapitel zeige ich Ihnen, wie Sie einen Datenfluss für Bewegungsdaten in SAP BW/4HANA realisieren.

5 Datenfluss Bewegungsdaten

Im vorigen Kapitel habe ich Ihnen gezeigt, wie Sie die Stammdaten-Objekte für Netzbetreiber und Netze anlegen sowie konfigurieren. In diesem Kapitel erläutere ich Ihnen, wie Sie die persistenten Objekte zur Speicherung der Bewegungsdaten, namentlich das Netznutzungsentgelt und die Gesamtkosten, anlegen und konfigurieren. Am Ende werden Sie die wichtigsten Typen des aDSO unterscheiden sowie den CompositeProvider als Benutzerschnittstelle für Abfragen und Auswertungen nutzen können.

5.1 Datenflussdiagramm für Bewegungsdaten anlegen

Zuerst möchte ich kurz auf die Lösungsskizze des Fallbeispiels aus Abbildung 5.1 eingehen.

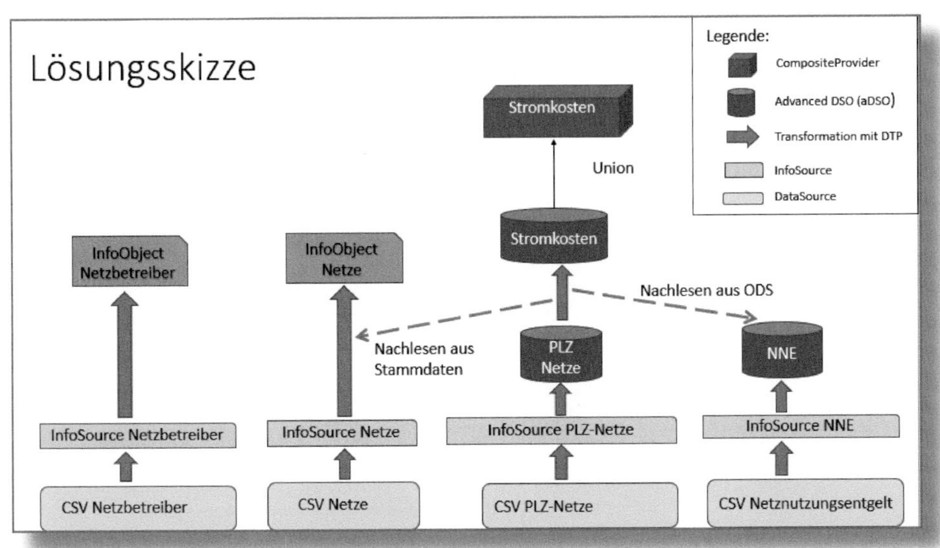

Abbildung 5.1: Wiederholung der Lösungsskizze

Die ersten beiden Datenflüsse für die Netzbetreiber- und Netzstammdaten haben Sie im vorhergehenden Kapitel Schritt für Schritt im System angelegt. Für die Bewegungsdaten legen Sie ein weiteres Datenflussdiagramm an. Das Vorgehen hierfür kennen Sie aus Abschnitt 4.5 und der Übungsaufgabe aus Abschnitt 4.11. Die nächsten Übungsaufgaben begleiten Sie schrittweise durch den Gestaltungsprozess eines Datenflussdiagramms für die Bewegungsdaten. Die wichtigsten Zwischenschritte und Zwischenergebnisse sind wie schon in der Übungsaufgabe in Abschnitt 4.11 jeweils in Abbildungen unter den einzelnen Übungsaufgaben als Orientierungshilfen festgehalten.

Starten Sie mit Übungsaufgabe 1.

Aufgabe 1: Datenflussdiagramm für Bewegungsdaten anlegen

Legen Sie unterhalb der InfoArea mit dem technischen Namen IA_ENET_TD ein neues Datenflussdiagramm an. Vergeben Sie als technischen Namen für das Datenflussdiagramm *DF_STROMKOSTEN*. Als Beschreibung geben Sie *Stromkosten* an.

Als Nächstes müssen Sie die benötigten Objekte gemäß der Lösungsskizze per Drag-and-drop in das Datenflussdiagramm ziehen.

Fahren Sie mit Übungsaufgabe 2 fort.

Aufgabe 2: Objekte in das Datenflussdiagramm ziehen

Ziehen Sie eine DataSource für PLZ NETZE und eine DataSource für NNE in das Datenflussdiagramm. Geben Sie der DataSource für PLZ NETZE den technischen Namen *DS_PLZ_NETZ*. Die DataSource für NNE bekommt den technischen Namen *DS_NNE*. Anschließend ziehen Sie eine InfoSource für PLZ NETZE und eine InfoSource für die NNE-KOSTEN in das Datenflussdiagramm. Die InfoSource für PLZ NETZE erhält den technischen Namen *IS_PLZ_NETZ*, die InfoSource für NNE den technischen Namen *IS_NNE*. Als nächsten Schritt ziehen Sie ein aDSO für die PLZ-Netz-Zuordnungen, ein aDSO für die NNE-Kosten und ein aDSO für die Stromkosten in Ihr Datenflussdiagramm. Das aDSO für PLZ Netze erhält den technischen Namen *ADPLZNETZ*, das aDSO für NNE den technischen Namen *ADNNE*, das aDSO für Stromkosten den technischen Namen *ADSTRKST*. Als letzten Schritt ziehen Sie einen CompositeProvider in das Diagramm. Vergeben Sie als technischen Namen für den CompositeProvider die Bezeichnung *CPSTRKST*. Sichern Sie das Datenflussdiagramm.

Das Ziehen von Objekten per Drag-and-drop in das Datenflussdiagramm können Sie in Abschnitt 4.5.2 nachlesen.

Das Ergebnis der Übungsaufgaben 1 und 2 bildet das Datenflussdiagramm in Abbildung 5.2.

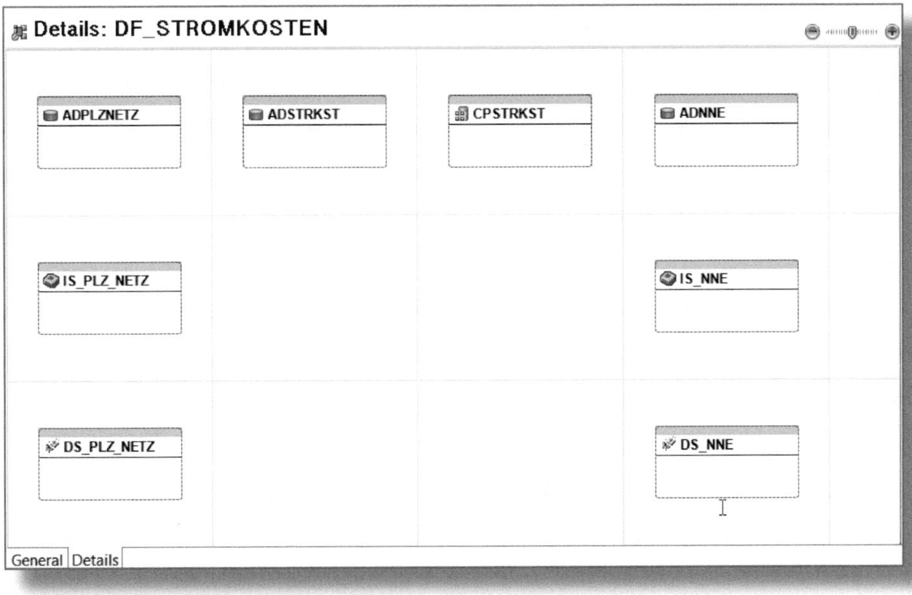

Abbildung 5.2: Datenflussdiagramm für Netznutzungsentgelt

Als Nächstes müssen Sie die Objekte in der richtigen Reihenfolge gemäß der Lösungsskizze miteinander verbinden. Führen Sie dazu die Übungsaufgabe 3 aus.

Aufgabe 3: Objekte verbinden und Auto-Layout anwenden

Legen Sie per Drag-and-drop folgende Verbindungen an:

- Verbinden Sie die DataSource DS_PLZ_NETZ mit der InfoSource IS_PLZ_NETZ.
- Verbinden Sie die InfoSource IS_PLZ_NETZ mit dem aDSO ADPLZNETZ.
- Verbinden Sie die DataSource DS_NNE mit der InfoSource IS_NNE. Verbinden Sie die InfoSource IS_NNE mit dem aDSO ADNNE.
- Verbinden Sie das aDSO ADPLZNETZ mit dem aDSO ADSTRKST. Verbinden Sie das aDSO ADSTRKST mit dem CompositeProvider CPSTRKST.

Speichern Sie das Datenflussdiagramm und drücken Sie zum Abschluss den Button AUTO-LAYOUT.

Das Verbinden der Objekte können Sie in Abschnitt 4.5.3 nachlesen.

Nach dieser Aufgabe sollte Ihr Datenflussdiagramm wie in Abbildung 5.3 aussehen.

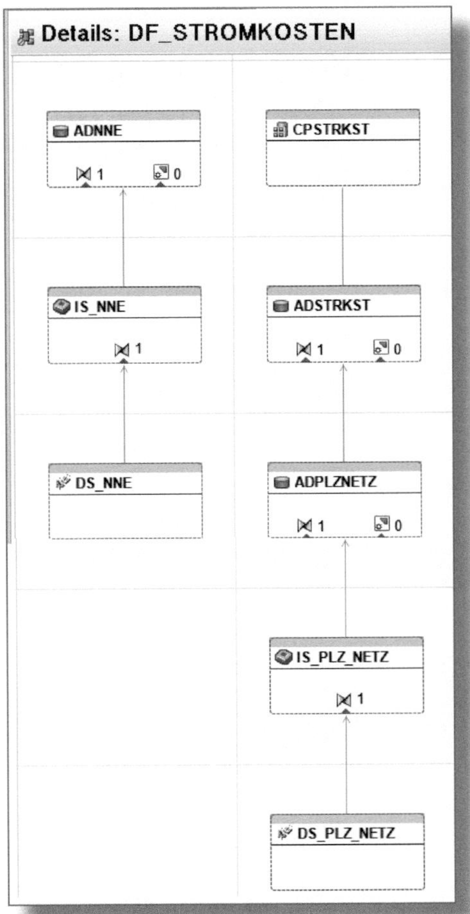

Abbildung 5.3: Datenfluss mit Verbindungen

Im nächsten Schritt müssen Sie die Objekte physisch im System erstellen. Die wesentlichen Schritte und das Vorgehen kennen Sie aus Abschnitt 4.6 für Stammdaten-DataSources.

5.2 DataSources

Für das Fallbeispiel werden zum einen das Netznutzungsentgelt (NNE) und zum anderen die Zuordnungen von Postleitzahl zu Netznummer benötigt. Beginnen möchte ich gemäß dem Datenflussdiagramm mit den DataSources.

5.2.1 DataSource für das Netznutzungsentgelt

Klicken Sie im Datenflussdiagramm auf die DataSource DS_NNE und legen Sie über das Kontextmenü mit CREATE PERSISTENT BW OBJECT eine persistente Version an (siehe Abschnitt 4.6.1). Legen Sie die DataSource für das Quellsystem *PC_FILE* ohne Vorlage an. Machen Sie im abschließenden Bestätigungs-Pop-up die Eingaben aus Abbildung 5.4.

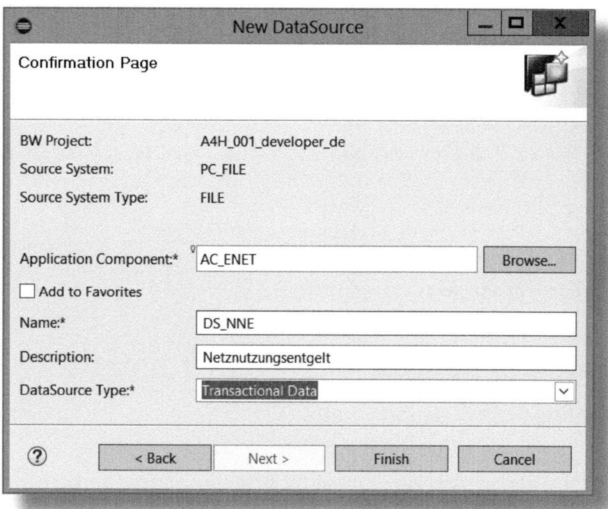

Abbildung 5.4: DataSource »DS_NNE« anlegen

Als DATASOURCE TYPE geben Sie hier *Transactional Data* für Bewegungsdaten an. Drücken Sie abschließend auf den Button FINISH und beenden Sie damit die Eingabe. Die DataSource wird im Hintergrund auf Basis der Eingaben im System angelegt. Das System öffnet die neue DataSource im Anzeigemodus und zeigt die Registerkarte ALLGEMEINES an. Wechseln Sie zuerst zur Registerkarte EXTRAKTION. Im Anzeigemodus können Sie jedoch nicht die Datei auswählen, die das Netznutzungsentgelt pro Netzbetreiber liefert. Wählen Sie den Button ÄNDERN und wechseln Sie in den Änderungsmodus der DataSource. Jetzt wählen Sie im Feld FILE NAME die gewünschte Datei aus. Drücken Sie auf den Button für die Dateiauswahl (siehe Abbildung 4.38, ❶) und wählen Sie aus dem Verzeichnis der ene't-Dateien die Datei NNS_CSV_WINDOWS_1252_NETZNUTZUNGSENTGELT.CSV (siehe Abbildung 5.5).

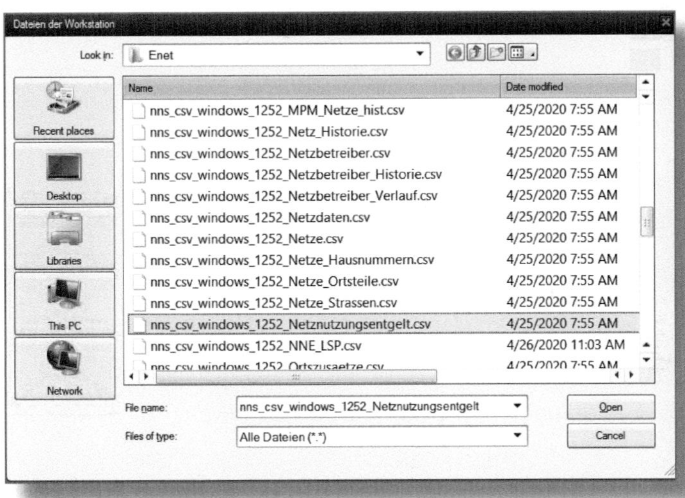

Abbildung 5.5: CSV-Datei für Netznutzungsentgelt

Nehmen Sie die restlichen Einstellungen in der DataSource auf der Registerkarte EXTRAKTION vor (siehe Abbildung 5.6).

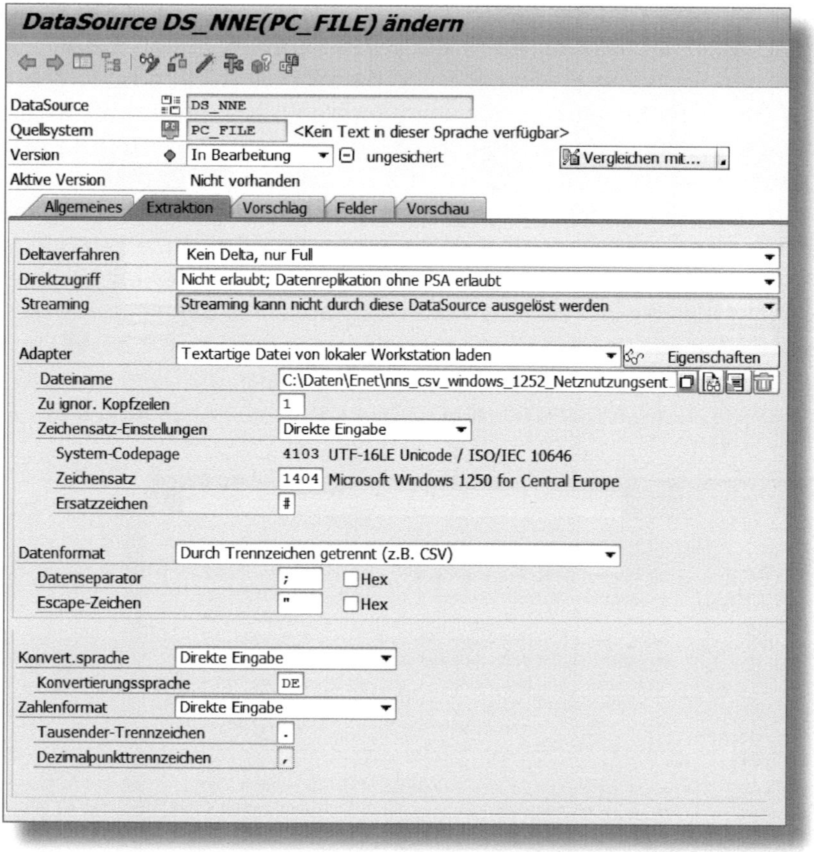

Abbildung 5.6: Einstellungen für DataSource »DS_NNE«

Klicken Sie auf die Registerkarte VORSCHLAG. Lesen Sie die ersten 100 Datensätze aus der Datei ein. Das System generiert aus den Daten der CSV-Datei einen Vorschlag für die einzelnen Felder. Die generierten Felder werden auf der Registerkarte FELDER angezeigt (siehe Abbildung 5.7). Alle Felder sollen in SAP BW/4HANA transferiert werden. Das Kennzeichen zur Übernahme der Felder (Ü..) sollte in allen Zeilen gesetzt sein. Ändern Sie den DATENTYP für das Feld *Netz_Nr* in *NUMC* mit der LÄNGE *10* Zeichen und der EXTERNEN LÄNGE (Ausgabelänge) *10* Zeichen. Stellen Sie das FORMAT ebenfalls von *intern* auf *extern* um.

Für das Feld *ID* ändern Sie den DATENTYP ebenso in *NUMC* mit der LÄNGE *10* Zeichen und Ausgabelänge *10* Zeichen. Für das FORMAT des Feldes legen Sie *extern* fest.

Ändern Sie zusätzlich für alle Felder den DATENTYP von *INT4* in *DEC* und stellen Sie LÄNGE *11*, DEZIMALSTELLEN *2*, EXTERNE LÄNGE *11* und FORMAT *extern* ein (siehe Abbildung 5.7).

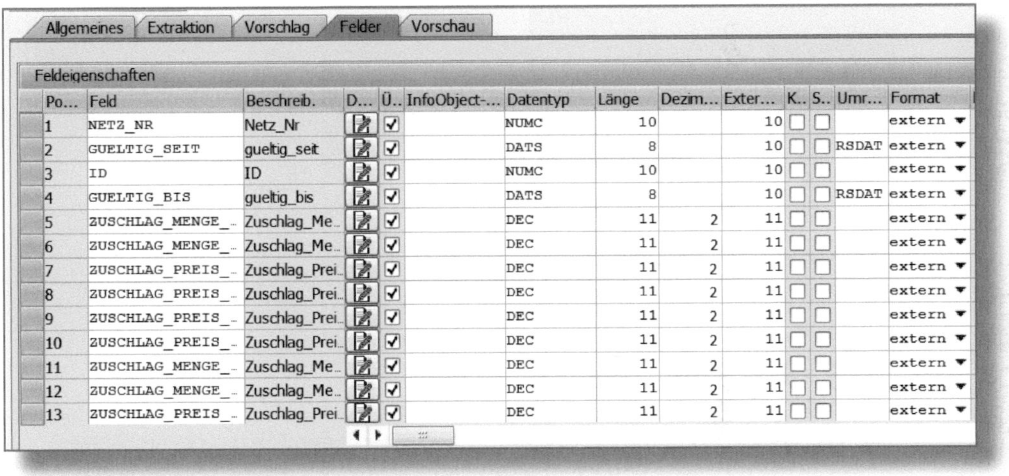

Allgemeines | Extraktion | Vorschlag | Felder | Vorschau

Feldeigenschaften

Po...	Feld	Beschreib.	D...	Ü..	InfoObject-...	Datentyp	Länge	Dezim...	Exter...	K..	S..	Umr...	Format
1	NETZ_NR	Netz_Nr		☑		NUMC	10		10	☐	☐		extern
2	GUELTIG_SEIT	gueltig_seit		☑		DATS	8		10	☐	☐	RSDAT	extern
3	ID	ID		☑		NUMC	10		10	☐	☐		extern
4	GUELTIG_BIS	gueltig_bis		☑		DATS	8		10	☐	☐	RSDAT	extern
5	ZUSCHLAG_MENGE_...	Zuschlag_Me...		☑		DEC	11	2	11	☐	☐		extern
6	ZUSCHLAG_MENGE_...	Zuschlag_Me...		☑		DEC	11	2	11	☐	☐		extern
7	ZUSCHLAG_PREIS_...	Zuschlag_Prei...		☑		DEC	11	2	11	☐	☐		extern
8	ZUSCHLAG_PREIS_...	Zuschlag_Prei...		☑		DEC	11	2	11	☐	☐		extern
9	ZUSCHLAG_PREIS_...	Zuschlag_Prei...		☑		DEC	11	2	11	☐	☐		extern
10	ZUSCHLAG_PREIS_...	Zuschlag_Prei...		☑		DEC	11	2	11	☐	☐		extern
11	ZUSCHLAG_MENGE_...	Zuschlag_Me...		☑		DEC	11	2	11	☐	☐		extern
12	ZUSCHLAG_MENGE_...	Zuschlag_Me...		☑		DEC	11	2	11	☐	☐		extern
13	ZUSCHLAG_PREIS_...	Zuschlag_Prei...		☑		DEC	11	2	11	☐	☐		extern

Abbildung 5.7: Felder der DataSource »DS_NNE«

Speichern und aktivieren Sie die DataSource. Das beim Aktivieren angezeigte Pop-up gibt viele Warnmeldungen an, dass gepackte Zahlen eine ungerade Anzahl an Stellen haben sollten. Diese Meldungen beziehen sich auf alle Spalten mit Preisangaben in Euro. Sie können die Meldungen jedoch ignorieren und das Pop-up mit OK beenden. Wechseln Sie nach der Aktivierung der DataSource auf die Registerkarte VORSCHAU und lassen Sie sich die ersten 100 Datensätze dort anzeigen.

Das Ergebnis der Vorschau zeigt Abbildung 5.8.

Falls Sie die Meldung KEINE NEUEN DATEN VORHANDEN erhalten, prüfen Sie in den Einstellungen der DataSource auf der Registerkarte ALLGEMEINES, ob Sie Punkt als Tausender- und Komma als Dezimaltrennzeichen angegeben haben.

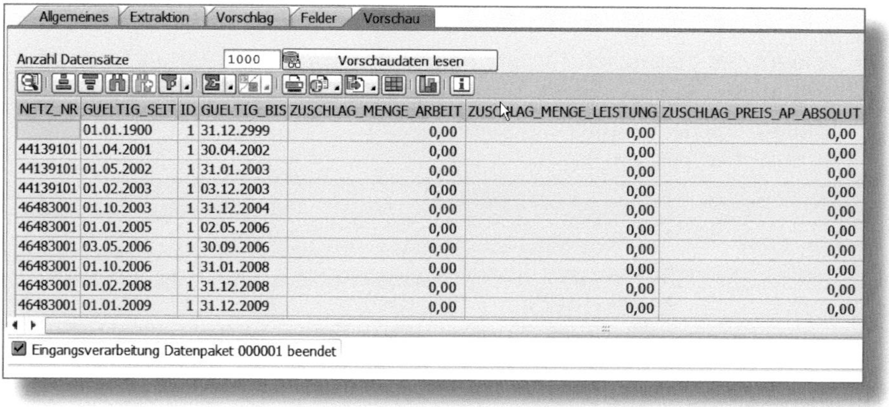

Allgemeines | Extraktion | Vorschlag | Felder | Vorschau

Anzahl Datensätze 1000 Vorschaudaten lesen

NETZ_NR	GUELTIG_SEIT	ID	GUELTIG_BIS	ZUSCHLAG_MENGE_ARBEIT	ZUSCHLAG_MENGE_LEISTUNG	ZUSCHLAG_PREIS_AP_ABSOLUT
	01.01.1900	1	31.12.2999	0,00	0,00	0,00
44139101	01.04.2001	1	30.04.2002	0,00	0,00	0,00
44139101	01.05.2002	1	31.01.2003	0,00	0,00	0,00
44139101	01.02.2003	1	03.12.2003	0,00	0,00	0,00
46483001	01.10.2003	1	31.12.2004	0,00	0,00	0,00
46483001	01.01.2005	1	02.05.2006	0,00	0,00	0,00
46483001	03.05.2006	1	30.09.2006	0,00	0,00	0,00
46483001	01.10.2006	1	31.01.2008	0,00	0,00	0,00
46483001	01.02.2008	1	31.12.2008	0,00	0,00	0,00
46483001	01.01.2009	1	31.12.2009	0,00	0,00	0,00

Eingangsverarbeitung Datenpaket 000001 beendet

Abbildung 5.8: Vorschau der NNE-Daten

5.2.2 DataSource für »PLZ Netze«

Als Nächstes erzeugen Sie über das Kontextmenü eine persistente Version für die DataSource *DS_PLZ_NETZ*, genauso wie eben für die DataSource *DS_NNE*. Als Quellsystem wählen Sie wieder *PC_FILE* aus. Im Bestätigungs-Pop-up sind die Eingaben gemäß Abbildung 5.9 vorzunehmen.

Schließen Sie Ihre Eingaben über den Button FINISH ab.

Die DataSource wird angelegt und im Anzeigemodus auf der Registerkarte ALLGEMEINES geöffnet. Schalten Sie in den Änderungsmodus der DataSource und wechseln Sie auf die Registerkarte EXTRAKTION. Wählen Sie dort im Feld FILE NAME die Datei *nns_csv_windows_1252_*

PLZ_Netzbetreiber.csv aus Ihrem Verzeichnis der ene't-CSV-Dateien (siehe Abbildung 5.10).

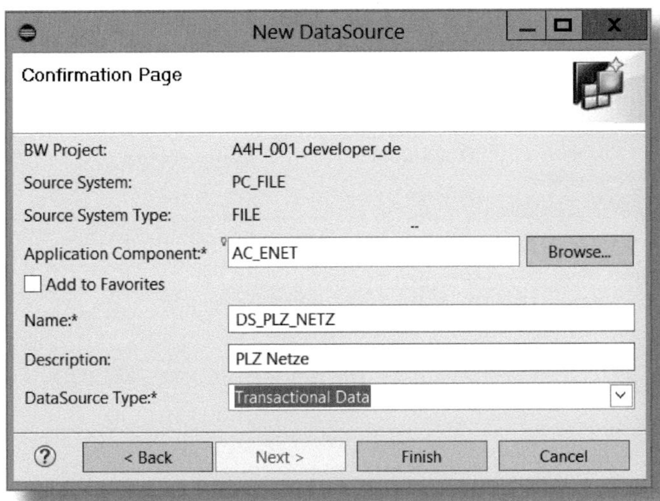

Abbildung 5.9: Einstellungen für »DS_PLZ_NETZ«

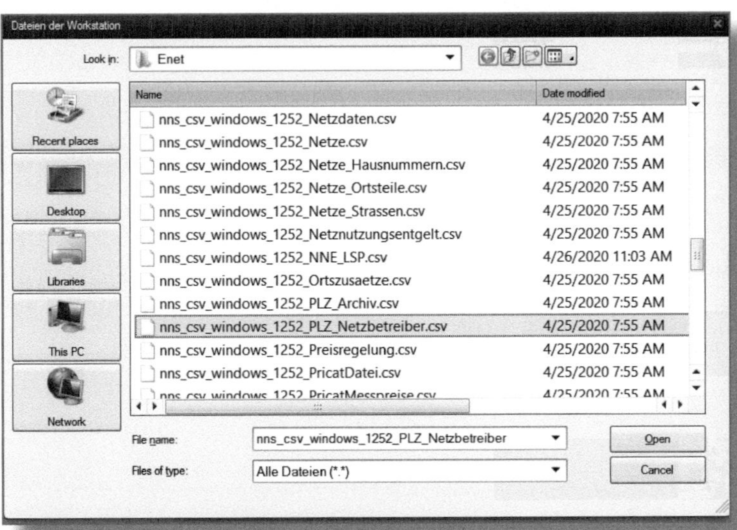

Abbildung 5.10: CSV-Datei auswählen

Auf der Registerkarte EXTRAKTION der DataSource sind ferner die Eingaben wie in Abbildung 5.11 erforderlich.

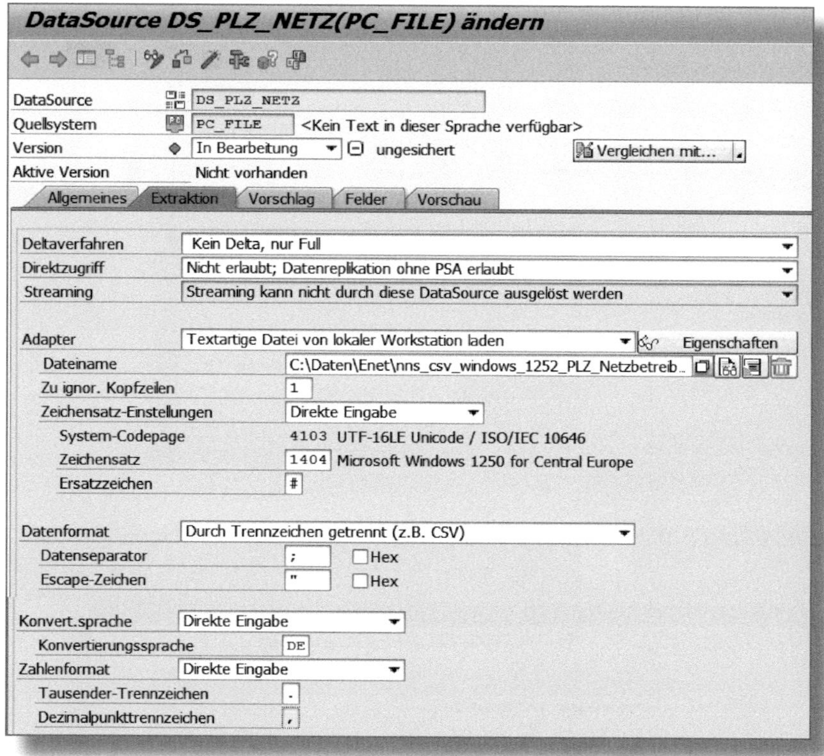

Abbildung 5.11: Weitere Einstellungen der DataSource

Wechseln Sie auf die Registerkarte VORSCHLAG und lassen Sie sich anhand der ersten 100 Datensätze der Datei einen Vorschlag für die Felder generieren. Wechseln Sie nach der Generierung der Felder auf die Registerkarte FELDER. Ändern Sie im Feld *PLZ* den DATENTYP in *CHAR*, die Ausgabelänge in *10* und stellen Sie das FORMAT auf *extern* um. Für das Feld *NETZ_NR* ändern Sie den DATENTYP in *NUMC*, die Ausgabelänge in *10* Zeichen sowie das FORMAT in *extern*. Übernehmen Sie alle Felder der DataSource (siehe Abbildung 5.12).

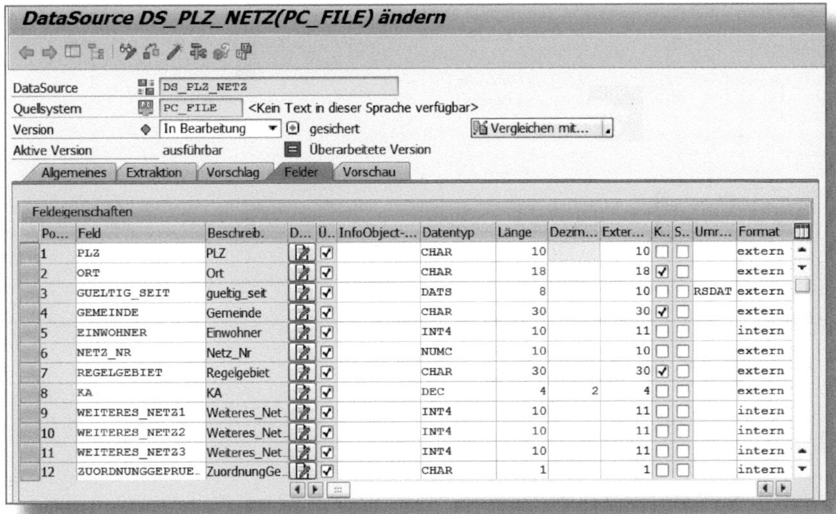

Po...	Feld	Beschreib.	D...	Ü..	InfoObject-...	Datentyp	Länge	Dezim...	Exter...	K..	S..	Umr...	Format
1	PLZ	PLZ		✓		CHAR	10		10	☐	☐		extern
2	ORT	Ort		✓		CHAR	18		18	✓	☐		extern
3	GUELTIG_SEIT	gueltig_seit		✓		DATS	8		10	☐	☐	RSDAT	extern
4	GEMEINDE	Gemeinde		✓		CHAR	30		30	✓	☐		extern
5	EINWOHNER	Einwohner		✓		INT4	10		11	☐	☐		intern
6	NETZ_NR	Netz_Nr		✓		NUMC	10		10	☐	☐		extern
7	REGELGEBIET	Regelgebiet		✓		CHAR	30		30	✓	☐		extern
8	KA	KA		✓		DEC	4	2	4	☐	☐		extern
9	WEITERES_NETZ1	Weiteres_Net...		✓		INT4	10		11	☐	☐		intern
10	WEITERES_NETZ2	Weiteres_Net...		✓		INT4	10		11	☐	☐		intern
11	WEITERES_NETZ3	Weiteres_Net...		✓		INT4	10		11	☐	☐		intern
12	ZUORDNUNGGEPRUE...	ZuordnungGe...		✓		CHAR	1		1	☐	☐		intern

Abbildung 5.12: Felder der DataSource »DS_PLZ_NETZ«

Speichern und aktivieren Sie die DataSource. Eine eventuelle Warnmeldung können Sie ignorieren. Wechseln Sie nach der Aktivierung auf die Registerkarte VORSCHAU und lassen Sie sich darin abschließend die ersten 100 Datensätze anzeigen. Das Ergebnis der Vorschau finden Sie in Abbildung 5.13.

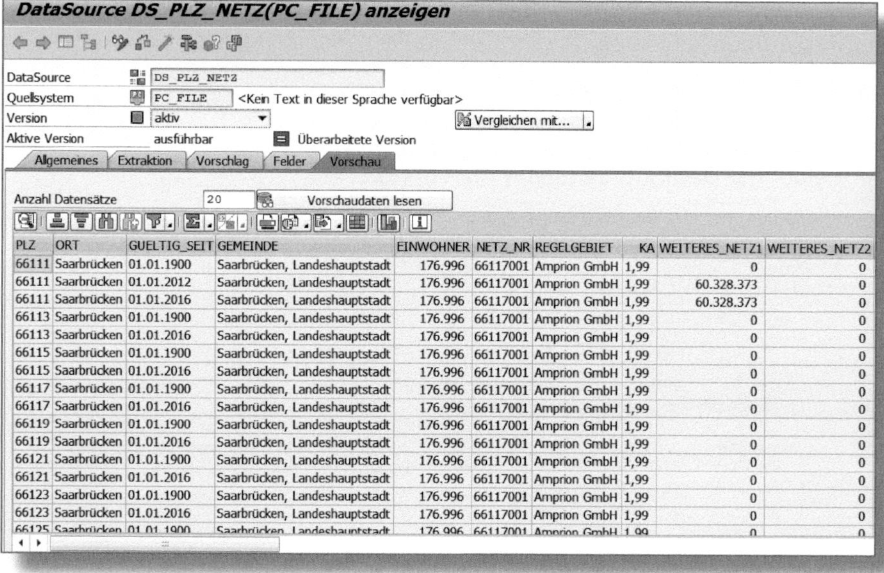

PLZ	ORT	GUELTIG_SEIT	GEMEINDE	EINWOHNER	NETZ_NR	REGELGEBIET	KA	WEITERES_NETZ1	WEITERES_NETZ2
66111	Saarbrücken	01.01.1900	Saarbrücken, Landeshauptstadt	176.996	66117001	Amprion GmbH	1,99	0	0
66111	Saarbrücken	01.01.2012	Saarbrücken, Landeshauptstadt	176.996	66117001	Amprion GmbH	1,99	60.328.373	0
66111	Saarbrücken	01.01.2016	Saarbrücken, Landeshauptstadt	176.996	66117001	Amprion GmbH	1,99	60.328.373	0
66113	Saarbrücken	01.01.1900	Saarbrücken, Landeshauptstadt	176.996	66117001	Amprion GmbH	1,99	0	0
66113	Saarbrücken	01.01.2016	Saarbrücken, Landeshauptstadt	176.996	66117001	Amprion GmbH	1,99	0	0
66115	Saarbrücken	01.01.1900	Saarbrücken, Landeshauptstadt	176.996	66117001	Amprion GmbH	1,99	0	0
66115	Saarbrücken	01.01.2016	Saarbrücken, Landeshauptstadt	176.996	66117001	Amprion GmbH	1,99	0	0
66117	Saarbrücken	01.01.1900	Saarbrücken, Landeshauptstadt	176.996	66117001	Amprion GmbH	1,99	0	0
66117	Saarbrücken	01.01.2016	Saarbrücken, Landeshauptstadt	176.996	66117001	Amprion GmbH	1,99	0	0
66119	Saarbrücken	01.01.1900	Saarbrücken, Landeshauptstadt	176.996	66117001	Amprion GmbH	1,99	0	0
66119	Saarbrücken	01.01.2016	Saarbrücken, Landeshauptstadt	176.996	66117001	Amprion GmbH	1,99	0	0
66121	Saarbrücken	01.01.1900	Saarbrücken, Landeshauptstadt	176.996	66117001	Amprion GmbH	1,99	0	0
66121	Saarbrücken	01.01.2016	Saarbrücken, Landeshauptstadt	176.996	66117001	Amprion GmbH	1,99	0	0
66123	Saarbrücken	01.01.1900	Saarbrücken, Landeshauptstadt	176.996	66117001	Amprion GmbH	1,99	0	0
66123	Saarbrücken	01.01.2016	Saarbrücken, Landeshauptstadt	176.996	66117001	Amprion GmbH	1,99	0	0
66125	Saarbrücken	01.01.1900	Saarbrücken, Landeshauptstadt	176.996	66117001	Amprion GmbH	1,99	0	0

Abbildung 5.13: Vorschau der DataSource »DS_PLZ_NETZ«

5.3 Kennzahlen anlegen

Zur Berechnung der Kosten nach der Formel werden Kennzahlen für den Grundpreis und den Arbeitspreis benötigt. Diese Kennzahlen legen Sie ähnlich wie Merkmale an. Wechseln Sie zurück in den Project Explorer und wählen Sie aus dem Kontextmenü zur InfoArea für ene't-Stammdaten (technischer Name IA_ENET_MD) den Pfad NEW • INFOOBJECT. Im Pop-up aus Abbildung 5.14 wählen Sie diesmal als INFOOBJECT TYPE jedoch *KYF – Key Figure* für Kennzahlen aus. Im Feld DATA TYPE in derselben Abbildung sehen Sie die unterstützten Datentypen für Kennzahlen.

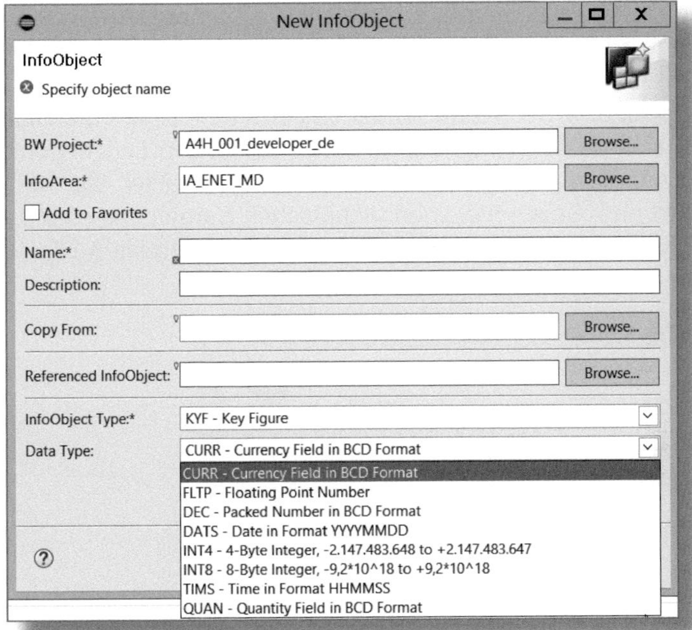

Abbildung 5.14: Datentypen für Kennzahlen

Die Datentypen *INT4*, *INT8*, *FLTP* und *DEC* sind selbsterklärend. Hinter dem Datentyp *CURR* verbergen sich Preise oder Währungsbeträge, die einer fixen oder variablen Währung zugeordnet werden können. Alle Kennzahlen des Fallbeispiels sind von diesem Datentyp. Der Verbrauch in kWh/Jahr kann als Quantität oder Mengenfeld abgebildet werden. Dafür nutzen Sie den Datentyp *QUAN*. Andere Beispiele für Quantitäten sind Anzahl/Stück eines Materials sowie Größen- oder Volumenangaben in Metern oder Litern. Da für das Fallbeispiel der Verbrauch aber konstant mit 2500 kWh festgesetzt ist, soll auf das Anlegen einer Mengenkennzahl verzichtet werden.

Etwas überraschend tauchen hier vielleicht die Datentypen *DATS* für Datumswerte und *TIMS* für Zeitwerte auf. Diese beiden Datentypen benötigen Sie z. B. für das Ausrechnen einer Tagesdifferenz für überfällige Forderungen bzw. Rechnungen oder das Ermitteln einer Durchlaufzeit, bei der sich das Ergebnis als Differenz von einem Endzeitpunkt zu einem Startzeitpunkt ergibt. Für das Fallbeispiel wählen Sie *CURR* als DATA TYPE aus. Geben Sie einen technischen Namen und eine Beschreibung für die Kennzahl *Grundpreis* ein (siehe Abbildung 5.15).

Abbildung 5.15: Vorgaben für Kennzahl »Grundpreis«

Schließen Sie die Erstellung der Kennzahl mit dem Button FINISH ab. In Eclipse wird die Kennzahl in einer neuen View mit der Registerkarte GENERAL für Allgemeines geöffnet (siehe Abbildung 5.16).

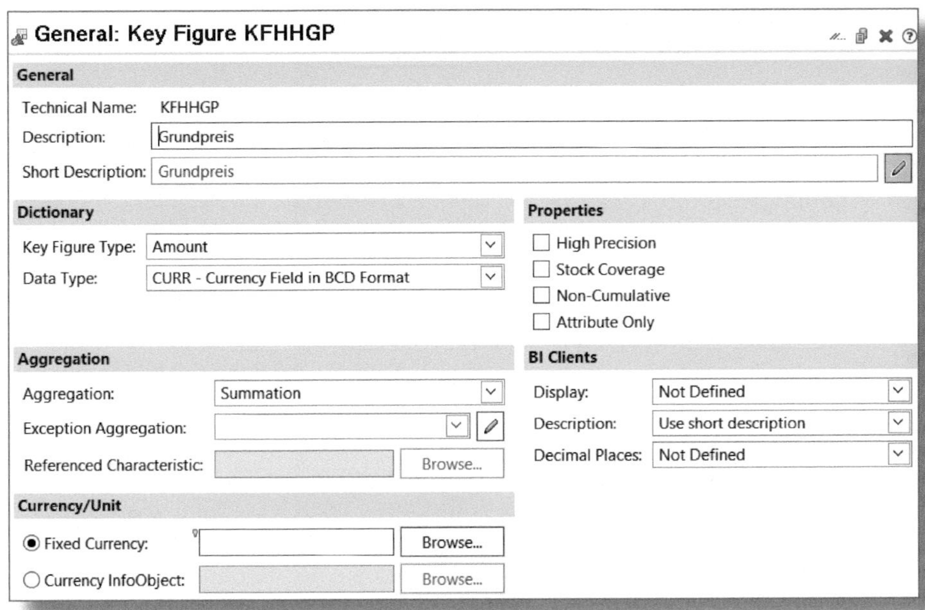

Abbildung 5.16: Kennzahlen – Registerkarte »General«

Im Feld TECHNICAL NAME finden Sie den technischen Namen der Kennzahl. In DESCRIPTION sehen Sie Ihre Beschreibung, die Sie hier ändern können, da das Feld eingabebereit ist. Abgeleitet von der Beschreibung ist im Feld SHORT DESCRIPTION die Kurzbeschreibung der Kennzahl angegeben. Unter DICTIONARY finden Sie im Feld KEY FIGURE TYPE den Kennzahltyp *Amount* für Betrag und darunter im Feld DATA TYPE den konkreten Datentyp *CURR* für Betragskennzahlen mit Währung. Unter AGGREGATION definieren Sie das Aggregationsverhalten der Kennzahlen, wenn mehrere Datensätze mit dieser Kennzahl auf einen Datensatz verdichtet werden sollen. Im Standard ist hierfür *Summation* eingestellt, was für das Fallbeispiel zutreffend ist. Im Feld EXCEPTION AGGREGATION können Sie eine Ausnahmeaggregation definieren, die in Abhängigkeit von einem REFERENCED CHARACTERISTIC als Referenzmerkmal ausgeführt werden soll.

Ausnahmeaggregation

Für einen Vertrag mit Ratenzahlung soll die Höhe der zuletzt gezahlten Rate angezeigt werden. Als Ausnahmeaggregation stellen Sie für diesen Fall *Letzter Wert* und als Referenzmerkmal das zugehörige Datumsmerkmal ein, etwa *Kalendertag*.

Unter CURRENCY/UNIT legen Sie die Währung fest, in der diese Kennzahl angezeigt und berechnet werden soll. Für das Fallbeispiel sind alle Betragskennzahlen in Euro gerechnet. Geben Sie daher *EUR* als fixe Währung im Feld FIXED CURRENCY ein.

Alternativ können Sie im Feld CURRENCY INFOOBJECT ein Währungs-InfoObject hinterlegen. Dieses Währungs-InfoObject dient als Platzhalter und ermöglicht das Speichern von Datensätzen mit beliebigen Währungen für diese Kennzahl. So können Sie den Rechnungsgesamtbetrag jeder Rechnung, egal in welcher Währung die Rechnung erstellt wurde, hier in der Kennzahl hinterlegen. Die Kennzahl speichert den Rechnungsbetrag und das in CURRENCY INFOOBJECT hinterlegte Währungs-InfoObject die Währung, in der der Rechnungsbetrag zu zahlen ist.

Speichern und aktivieren Sie die Kennzahl.

Als Nächstes legen Sie eine Kennzahl für den Arbeitspreis an. Da diese wie der Grundpreis ebenso eine Betragskennzahl ist, können Sie die Kennzahl unter Verwendung einer Vorlage erstellen. Rufen Sie dazu im Project Explorer wieder das Kontextmenü zur InfoArea für ene't-Stammdaten auf und wählen Sie aus dem Kontextmenü NEW • INFOOBJECT. Nehmen Sie im nächsten Pop-up die Eingaben wie in Abbildung 5.17 vor.

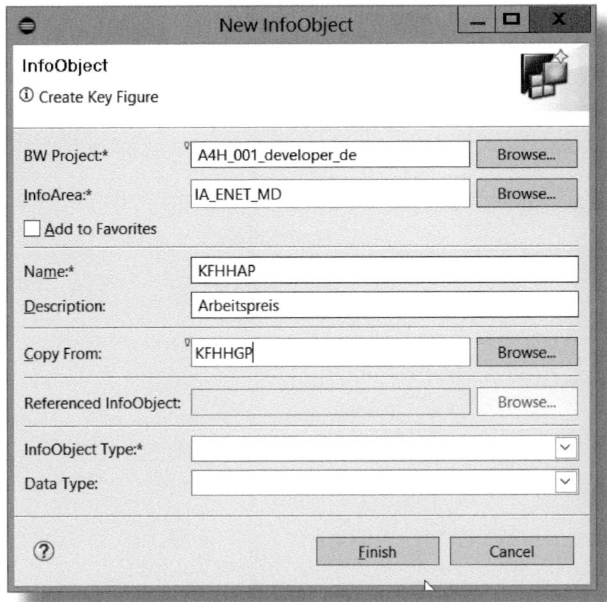

Abbildung 5.17: Kennzahl mit Vorlage anlegen

Im Feld NAME geben Sie den technischen Namen *KFHHAP* an, im Feld DESCRIPTION die Beschreibung *Arbeitspreis*. Entscheidend bei der Erstellung mit Vorlage ist, in dem Feld COPY FROM den technischen Namen einer aktiven Kennzahl als Vorlage anzugeben. Tragen Sie hier die eben angelegte Kennzahl für den Grundpreis *KFHHGP* ein (siehe Abbildung 5.17).

Die neu angelegte Kennzahl wird in einer View in Eclipse geöffnet. In Abbildung 5.18 sehen Sie, dass die Kennzahl für den Arbeitspreis exakt dieselben Einstellungen hat wie die zuvor angelegte Kennzahl für den Grundpreis. Beide Kennzahlen unterscheiden sich lediglich im technischen Namen und den beiden Beschreibungen.

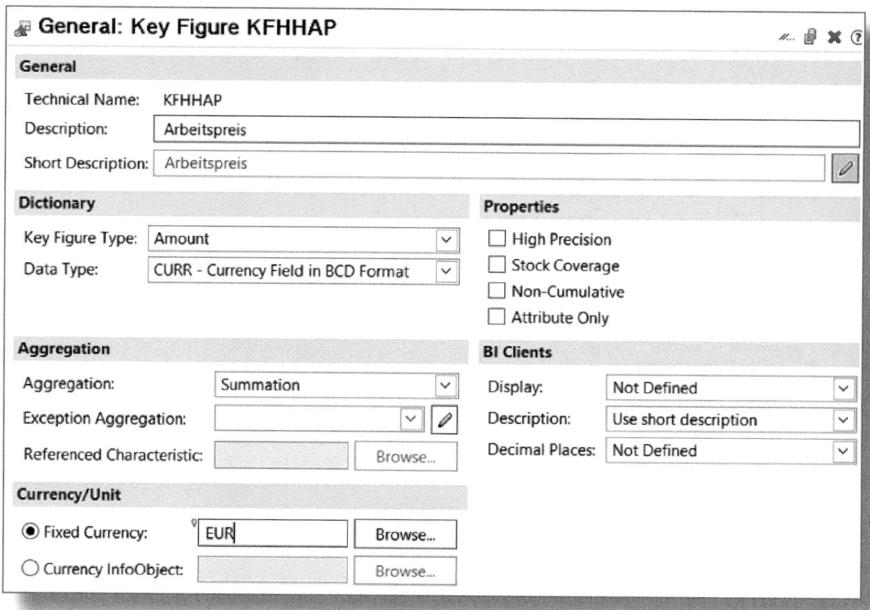

Abbildung 5.18: Einstellungen für Kennzahl »Arbeitspreis«

Um die Postleitzahl und den Ort des Liefergebiets von der Postleitzahl und dem Sitz des Netzbetreibers in der von der Marketingabteilung angeforderten Liste unterscheiden zu können, werden noch zwei weitere Merkmale benötigt. Dies ist Ihre nächste Übungsaufgabe:

Merkmale für Ort und Postleitzahl des Liefergebiets anlegen

Legen Sie für den Ort des Liefergebiets ein neues Merkmal *CHLIEF ORT* als Kopie des Merkmals *CHORT* an. Geben Sie als Langtext *Ort des Liefergebiets* und als Kurztext *Lieferort* an. Benutzen Sie »Kopieren mit Vorlage« (COPY FROM). Legen Sie ein weiteres Merkmal für die Postleitzahl des Liefergebiets *CHLIEFPLZ* als Kopie des InfoObject *0POSTAL_CD* an. Benutzen Sie auch hier »Kopieren mit Vorlage«. Geben Sie als Kurz- und Langtext *PLZ Liefergebiet* an. Speichern und aktivieren Sie beide InfoObjects.

Zum Kopieren der Objekte müssen Sie im Pop-up für den Lieferort die Angaben aus Abbildung 5.19 und für die Postleitzahl des Liefergebiets diejenigen aus Abbildung 5.20 eintragen.

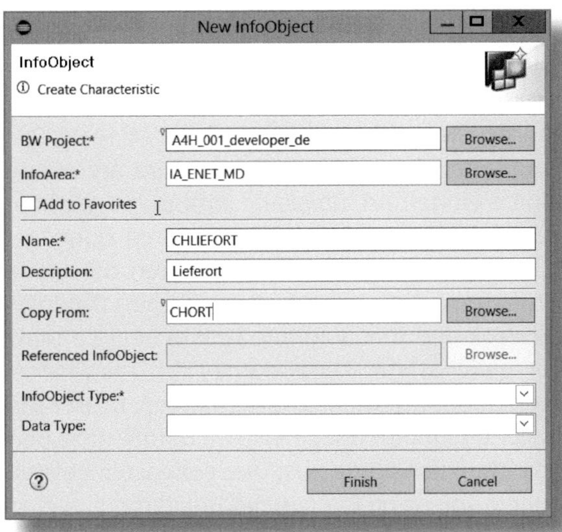

Abbildung 5.19: Angabe »Lieferort«

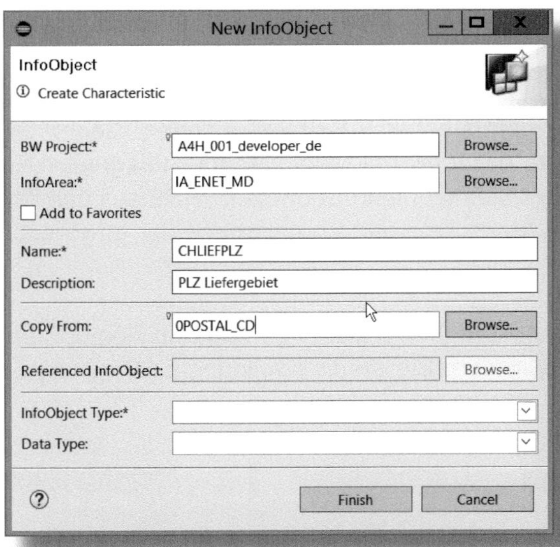

Abbildung 5.20: Angaben »Postleitzahl des Liefergebiets«

Damit sind alle benötigten Merkmale und Kennzahlen im System angelegt. Kehren Sie zurück in das Datenflussdiagramm. Im nächsten Schritt werden die beiden InfoSources erstellt.

5.4 InfoSources für Bewegungsdaten anlegen

Über die DataSources können Sie die Daten in Ihr SAP-BW/4HANA-System laden. Zwischen DataSource und dem Datenziel wird architektonisch häufig eine InfoSource eingeführt, *Shielding InfoSource* genannt. Wie in der Lösungsskizze aufgezeigt, ist die DataSource über eine Transformation mit dieser Shielding InfoSource verbunden, die wiederum über eine weitere Transformation mit dem eigentlichen Datenziel verknüpft ist. Der Hauptzweck der Shielding InfoSource besteht darin, den Anschluss mehrerer gleichartiger DataSources mit identischen Feldern aus verschiedenen Quellsystemen zu unterstützen. Dieser Modellierungsansatz ermöglicht es Ihnen prinzipiell, die DataSource oder das Quellsystem unterhalb der InfoSource auszutauschen. Ein solches Szenario liegt beispielsweise vor, wenn Sie von der Beladung aus einer Flatfile auf die Beladung aus einer SQL-Datenbank umstellen möchten.

5.4.1 InfoSource für Netznutzungsentgelt

Als Erstes erstellen Sie eine InfoSource für das Netznutzungsentgelt. Hierzu müssen Sie ein persistentes BW-Objekt anlegen. Gehen Sie dazu in Eclipse zurück zu der View mit dem Datenflussdiagramm für Bewegungsdaten. Wählen Sie hier die InfoSource IS_NNE aus und öffnen Sie mit der rechten Maustaste das Kontextmenü der InfoSource (siehe Abbildung 5.21).

Wählen Sie CREATE PERSISTENT BW OBJECT. Es folgt ein Pop-up zum Anlegen der InfoSource, in dem Sie die in Abbildung 5.22 gezeigten Eingaben machen.

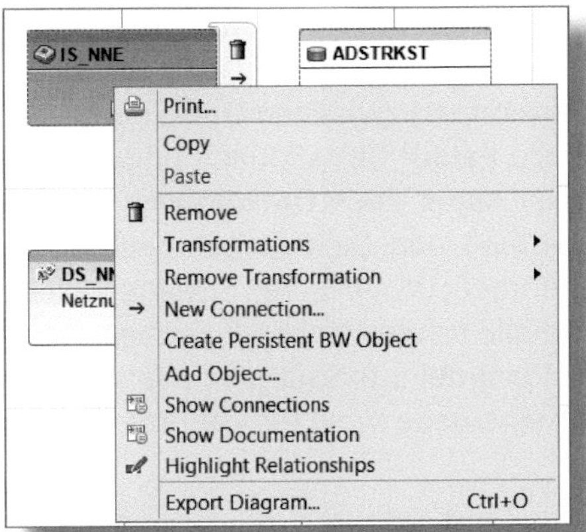

Abbildung 5.21: Kontextmenü InfoSource

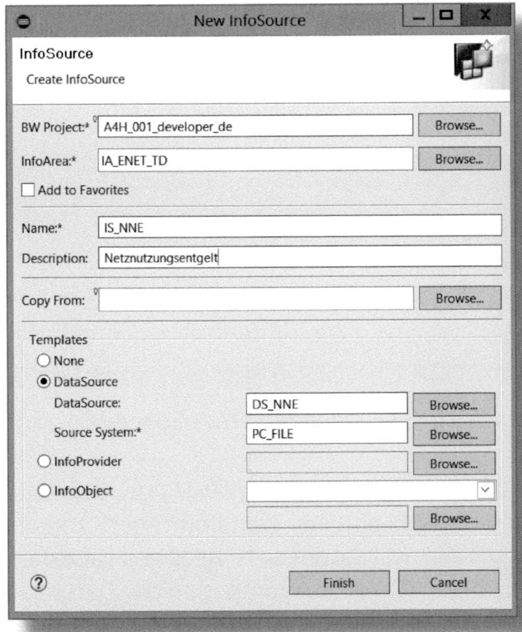

Abbildung 5.22: Angaben zur InfoSource »IS_NNE«

Im Feld NAME geben Sie den technischen Namen *IS_NNE*, im Feld DESCRIPTION die Beschreibung *Netznutzungsentgelt* ein. Da über das Datenflussdiagramm bereits eine Verbindung zwischen DataSource und InfoSource angelegt wurde, sind die Felder DATASOURCE und SOURCE SYSTEM vorbelegt. Als TEMPLATE ist daher auch DATASOURCE vorausgewählt. Das Feld DATASOURCE enthält den technischen Namen der DataSource für das Netznutzungsentgelt, *DS_NNE*. Als SOURCE SYSTEM ist *PC_FILE* angegeben. Damit sind alle erforderlichen Eingaben vorgenommen, und Sie können die Erstellung der InfoSource mit dem Button FINISH abschließen. Es öffnet sich eine neue View für InfoSources.

InfoSource »IS_NNE« – Registerkarte »General«

Die View wird mit der Registerkarte GENERAL geöffnet (siehe Abbildung 5.23).

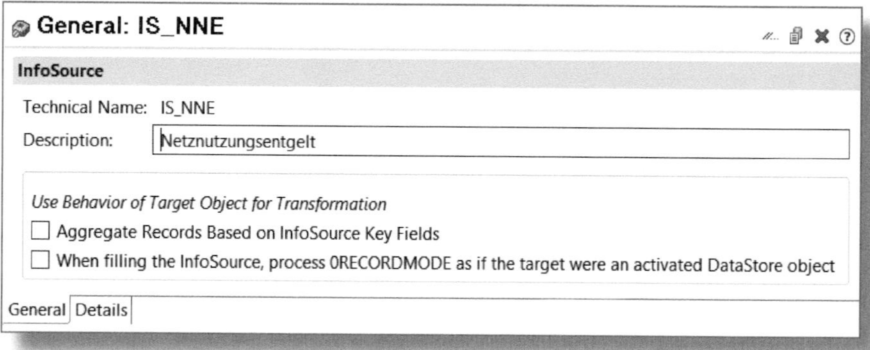

Abbildung 5.23: InfoSource »IS_NNE« – Registerkarte »General«

Unter USE BEHAVIOR OF TARGET OBJECT FOR TRANSFORMATION, also dem Verhalten der InfoSource als Datenziel einer Transformation, können Sie zwei Einstellungen auswählen: Mit AGGREGATE RECORDS BASED ON INFOSOURCE KEY FIELDS erzwingen Sie eine Aggregation der Datensätze in der InfoSource in Abhängigkeit von deren definierten Schlüsselfeldern. Auf dem Weg von der DataSource in die InfoSource werden Datensätze mit gleichen Schlüsselwerten nach der Transformation bereits verdichtet. Für das Fallbeispiel ist dieses Verhalten weder gewünscht noch relevant.

Mit WHEN FILLING THE INFOSOURCE, PROCESS 0RECORDMODE AS IF THE TARGET WERE AN ACTIVATED DATASTORE OBJECT erzwingen Sie, dass sich die InfoSource wie ein DSO verhält. Über das technische Feld RECORDMODE steuert SAP BW/4HANA, wie mit dem Datensatz im Datenziel verfahren werden soll. Der Inhalt des Feldes RECORDMODE legt fest, ob der Datensatz neu ist, geändert wurde oder gelöscht werden soll. Mehr Details zu der Verwendung des Feldes erhalten Sie im Abschnitt 5.5. Da dieses Verhalten für unser Fallbeispiel nicht notwendig ist, lassen Sie das Feld deaktiviert. Wechseln Sie zur Registerkarte DETAILS.

InfoSource »IS_NNE« – Registerkarte »Details«

Auf der Registerkarte DETAILS sehen Sie alle Felder der DataSource. Für das Fallbeispiel werden jedoch nur wenige Felder tatsächlich benötigt. Markieren Sie alle in Abbildung 5.24 gezeigten Felder der InfoSource.

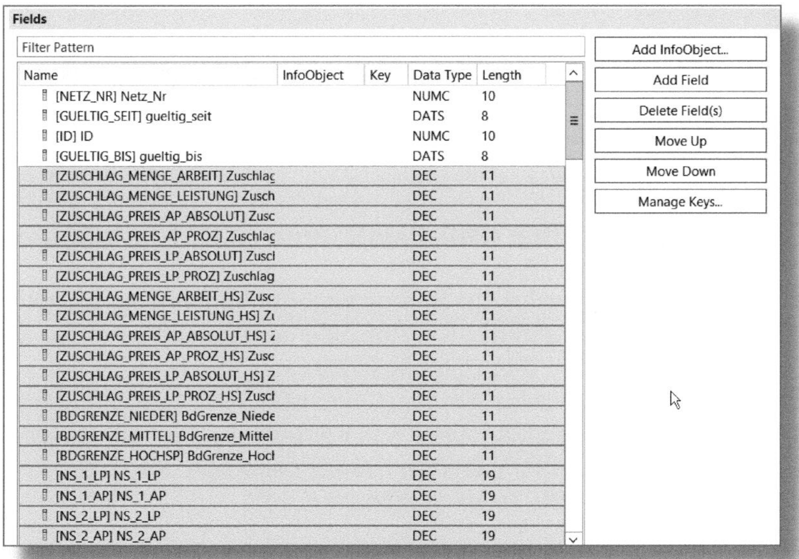

Abbildung 5.24: Zum Löschen markierte Felder

Um diese Felder aus der InfoSource zu löschen, drücken Sie den Button DELETE FIELD(S).

Verfahren Sie so mit den übrigen Feldern der InfoSource, bis diese im Ergebnis nur aus den in Abbildung 5.25 gezeigten Feldern besteht.

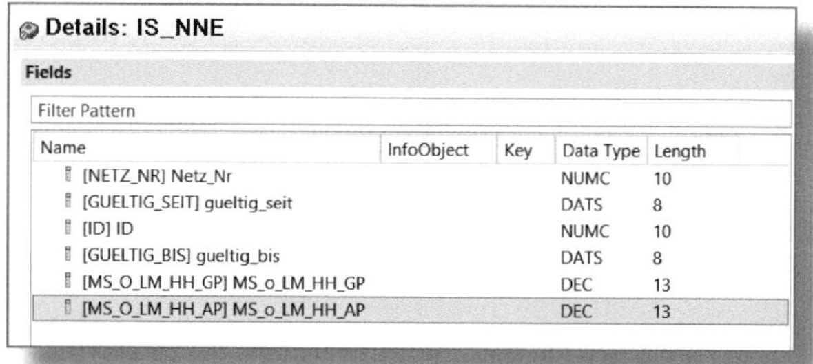

Abbildung 5.25: Felder der InfoSource »IS_NNE«

Speichern und aktivieren Sie die InfoSource.

Im nächsten Schritt benötigen Sie eine Transformation zwischen DataSource und InfoSource. Wie Sie diese erstellen, zeige ich Ihnen im nächsten Abschnitt.

5.4.2 Transformation NNE-DataSource zu NNE-InfoSource

In diesem Schritt müssen Sie eine persistente Verbindung zwischen der NNE-DataSource und der NNE-InfoSource herstellen. Kehren Sie dazu wieder zurück in das Datenflussdiagramm und öffnen Sie auf der Verbindungslinie zwischen DataSource DS_NNE und InfoSource IS_NNE mit der rechten Maustaste das Kontextmenü. Folgen Sie dem Menü TRANSFORMATIONS • CREATE TRANSFORMATION RSDS DS_NNE PC_FILE -> TRCS IS_NNE (siehe Abbildung 5.26).

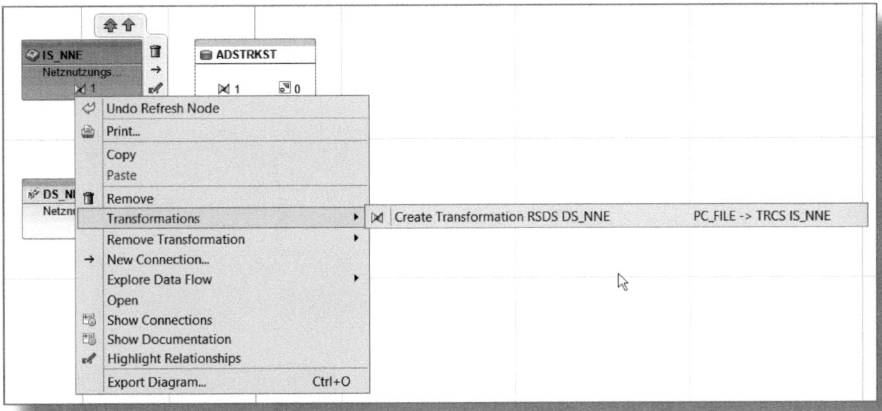

Abbildung 5.26: Kontextmenü zur Erstellung der Transformation

Das daraufhin ausgegebene Pop-up bestätigen Sie mit dem grünen Häkchen (siehe Abbildung 5.27).

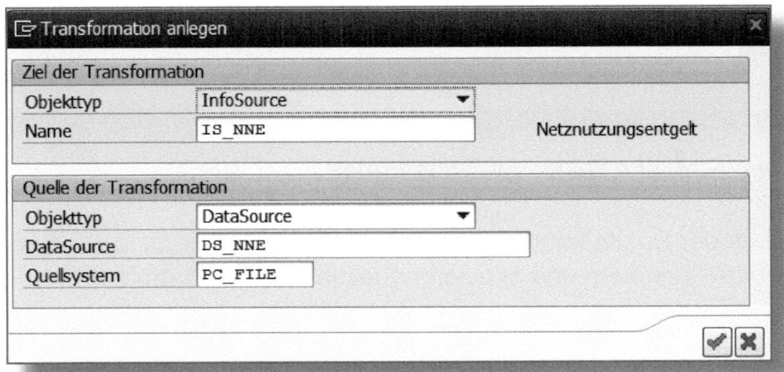

Abbildung 5.27: Transformation anlegen

Im Hintergrund erzeugt das System eine Transformation. Bei der generierten Transformation sollten alle Zielfelder mit einem Quellfeld verbunden sein (siehe Abbildung 5.28).

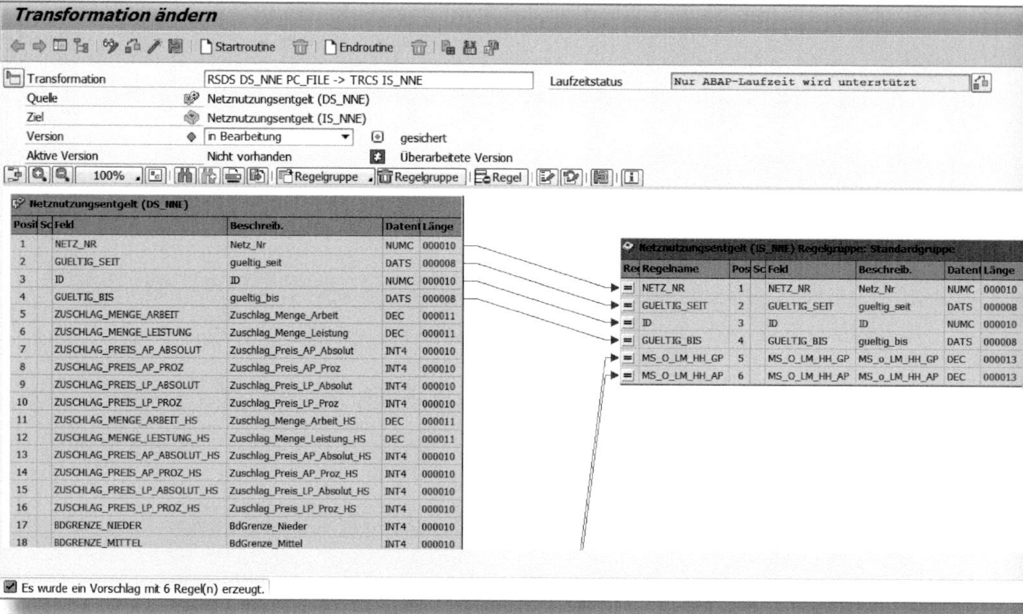

Abbildung 5.28: Alle Felder der Transformation »IS_NNE«

Alle Felder der Quelle konnten eins zu eins Feldern des Ziels zugeordnet werden. Speichern und aktivieren Sie die Transformation.

5.4.3 InfoSource »PLZ Netze«

Die InfoSource *IS_PLZ_NETZ* generieren Sie wie zuvor bei der InfoSource *IS_NNE* gezeigt. In der Erstellungsmaske machen Sie die in Abbildung 5.29 gezeigten Eingaben.

Abbildung 5.29: InfoSource »IS_PLZ_NETZ« anlegen

Als Folge wird die InfoSource mit allen Feldern der DataSource angelegt. Da nur ein Teil der Felder für die Lösung des Fallbeispiels erforderlich ist, löschen Sie über den Button DELETE FIELD(S) alle nicht benötigten Felder. Für die InfoSource sind dies nur die in Abbildung 5.30 dargestellten Felder.

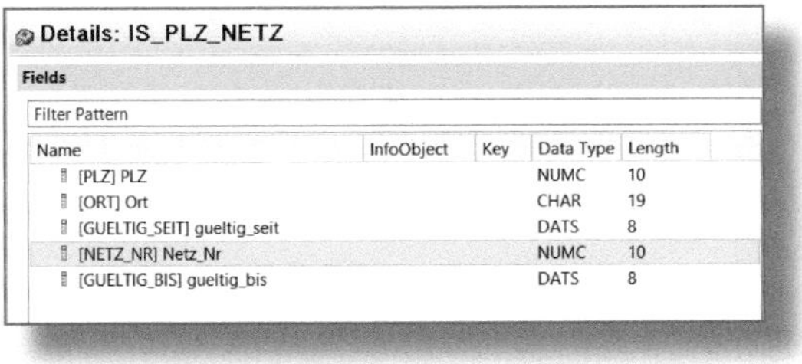

Details: IS_PLZ_NETZ

Fields

Filter Pattern

Name	InfoObject	Key	Data Type	Length
[PLZ] PLZ			NUMC	10
[ORT] Ort			CHAR	19
[GUELTIG_SEIT] gueltig_seit			DATS	8
[NETZ_NR] Netz_Nr			NUMC	10
[GUELTIG_BIS] gueltig_bis			DATS	8

Abbildung 5.30: Felder der InfoSource »IS_PLZ_NETZ«

Speichern und aktivieren Sie die InfoSource.

5.4.4 Transformation DataSource »PLZ Netze« zur InfoSource

Die Transformation zwischen der DataSource *DS_PLZ_NETZ* und der InfoSource *IS_PLZ_NETZ* legen Sie wie mehrfach gezeigt an. In der Erstellungsmaske bestätigen Sie die voreingestellten Angaben. Das System generiert die Transformation. Stellen Sie sicher, dass die in Abbildung 5.31 dargestellten Felder mit den entsprechenden namensgleichen Quellfeldern verbunden sind.

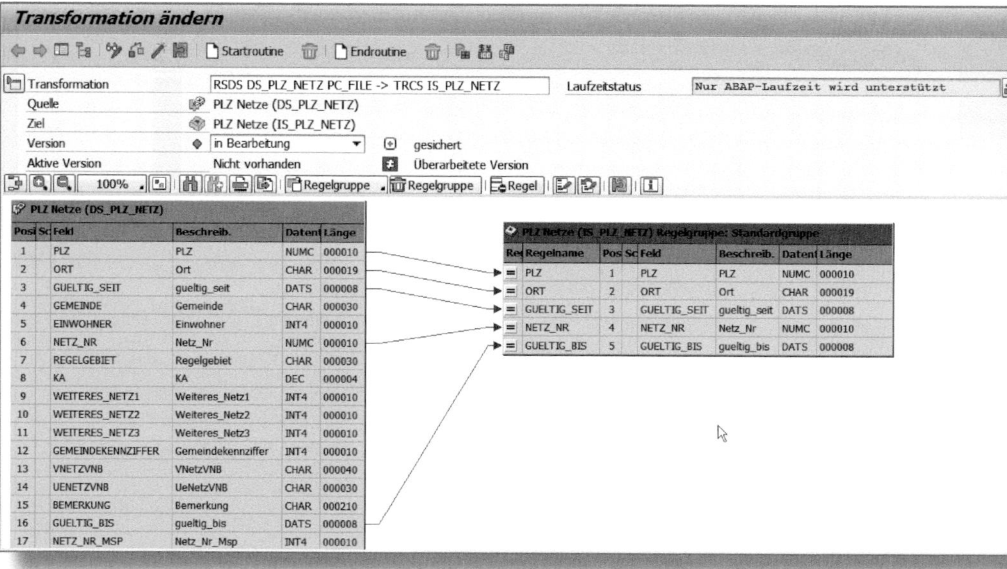

Abbildung 5.31: Felder der Transformation »IS_PLZ_NETZ«

Speichern und aktivieren Sie die Transformation.

Im nächsten Schritt müssen Sie persistente Datenziele anlegen, in denen die Daten nach den Transformationen abgespeichert werden können. Zum Abspeichern von Daten lernen Sie im nächsten Abschnitt das *advanced DataStore Object (aDSO)* als persistentes Datenziel kennen.

5.5 Überblick zum advanced DSO

Das aDSO ist der generelle InfoProvider zum persistenten Speichern der Daten in einem SAP-BW/4HANA-System. Jedes aDSO besteht aus einem Schlüssel- und einem Datenteil. Aus Gründen der Abwärtskompatibilität zu SAP-NetWeaver-basierten Business Warehouses sowie zur Unterstützung der LSA++-Architektur unter SAP HANA kann das aDSO verschiedene Ausprägungen annehmen. SAP BW/4HANA unterscheidet verschiedene Typen anhand von drei Kategorien. In der Kategorie ENTERPRISE DATA WAREHOUSE ARCHITECTURE sind folgende Ausprägungen vorgesehen:

- DATA ACQUISITION LAYER (INCLUDING CORPORATE MEMORY)
- CORPORATE MEMORY – COMPRESSION CAPABILITIES
- CORPORATE MEMORY – REPORTING CAPABILITIES
- DATA WAREHOUSE LAYER – DELTA CALCULATION
- DATA WAREHOUSE LAYER – DATA MART

In der Kategorie PLANNING gibt es folgende Ausprägungen:

- PLANNING ON INFOCUBE-LIKE
- PLANNING ON DIRECT UPDATE

In der Kategorie CLASSIC OBJECTS finden Sie die aus dem SAP-NetWeaver-basierten Business Warehouse bekannten InfoProvider-Typen:

- STANDARD DATASTORE OBJECT
- WRITE-OPTIMIZED DATASTORE OBJECT
- INFOCUBE

Abbildung 5.32 fasst die Typen nach Kategorien zusammen.

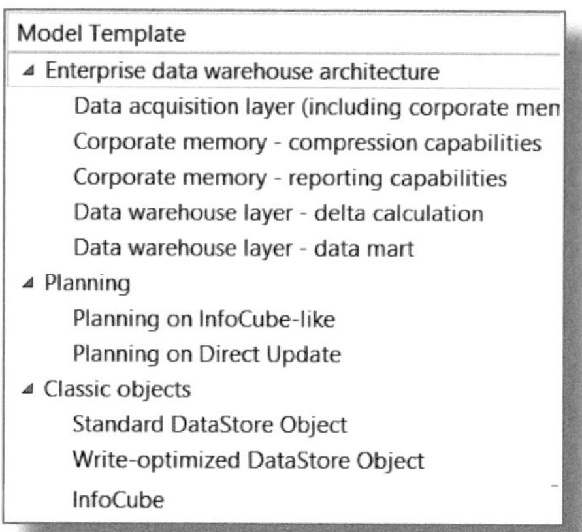

Abbildung 5.32: aDSO-Typen

Die unterschiedlichen Typen stehen Ihnen beim Festlegen der Einstellungen als Vorlagen (Templates) zur Verfügung. Sie müssen lediglich die passende Vorlage auswählen, und das System führt in dem neu erstellen aDSO gemäß der Vorlage alle relevanten Einstellungen durch.

Für das Fallbeispiel sind die beiden Ausprägungen WRITE-OPTIMIZED DATASTORE OBJECT (schreibobtimiertes DataStore-Objekt) sowie STANDARD DATASTORE OBJECT (Standard-DataStore-Objekt) relevant, auf die ich mich konzentrieren möchte.

Das *aDSO* vom Typ »Standard«, im Weiteren kurz Standard-aDSO genannt, ist der in der Praxis am häufigsten genutzte Typ. Das Standard-aDSO besteht aus insgesamt drei Tabellen: einer Tabelle für die aktiven Daten, einer für die neuen Daten und einer für das Änderungsprotokoll. Beim aDSO vom Typ »Standard« werden die Daten bei der Datenbeladung zuerst in die Tabelle für die neuen Daten geladen. Anschließend muss eine Aktivierung der Daten im aDSO erfolgen. Durch die Aktivierung werden diese Daten dann von der Tabelle für die neuen in die Tabelle für die aktiven Daten geladen. Gleichzeitig werden bei der Aktivierung die Daten in das sogenannte Änderungsprotokoll geschrieben. Letzteres lässt eine satzweise Änderungsverfolgung zu. Anhand des Änderungsprotokolls können Sie feststellen, welche Datensätze bei welcher Beladung hinzukamen, geändert oder gelöscht wurden. Die Änderungsverfolgung ist über ein spezielles Feld RECORDMODE möglich. Je nachdem, ob der Datensatz neu hinzugefügt, geändert oder gelöscht wurde, nimmt dieses unterschiedliche Werte an. Erst nach der Aktivierung stehen die Daten im aDSO für eine weitere Verarbeitung oder für das Reporting zur Verfügung.

Das aDSO vom Typ »Schreiboptimiert« kann hingegen als Ersatz für die klassische *Persistent Staging Area (PSA)*, der Eingangsschicht in den Vorgängerversionen des SAP BW/4HANA, genutzt werden. Dieses aDSO besitzt nur eine aktive Tabelle. Sein Primärschlüssel ist ein technischer Schlüssel, bestehend aus den Feldern für Datenladerequest-, Datenpaket- und Datensatznummer. Zusätzlich enthält es einen inhaltlichen bzw. semantischen Schlüssel- und einen separaten Datenteil. In einem aDSO vom Typ »Schreiboptimiert« können Sie Ihre Quelldaten Laderequest für Laderequest abspeichern und von dort in angeschlossene Datenziele fortschreiben. Das aDSO vom Typ »Schreiboptimiert« wird daher in der Praxis häufig in der Eingangsschicht verwendet, um die Quelldaten möglichst unverändert ins BW-System zu übernehmen.

5.6 aDSO für »NNE«

In diesem Abschnitt zeige ich Ihnen, wie Sie ein Standard-aDSO erstellen.

5.6.1 aDSO für »NNE« anlegen

Kehren Sie dazu zurück in das Datenflussdiagramm aus Abbildung 5.3. Markieren Sie das aDSO-Objekt ADNNE. Führen Sie, wie bei den anderen Objekten bereits gezeigt, über das Kontextmenü die Funktion Create Persistent BW Object aus oder doppelklicken Sie auf das aDSO-Objekt. Nach einem Doppelklick auf das aDSO-Objekt im Datenflussdiagramm gelangen Sie auf das Pop-up zur Erstellung eines neuen DataStore-Objekts. Hier hinterlegen Sie die Eingaben aus Abbildung 5.33.

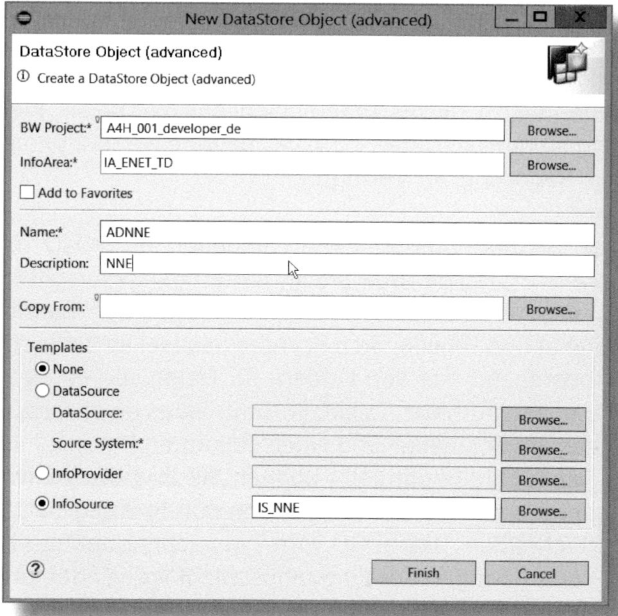

Abbildung 5.33: aDSO »NNE« anlegen

Schließen Sie die Eingabe mit dem Button FINISH ab.

Als Ergebnis wird Ihnen vom System das aDSO mit den in Abbildung 5.34 im Reiter GENERAL (Allgemein) gezeigten Einstellungen generiert.

Per nicht änderbarer Standardeinstellung wird vom System immer ein schreiboptimiertes aDSO generiert. Der Benutzer kann diese Einstellungen anschließend durch Auswahl der geeigneten Vorlage oder durch manuelles Konfigurieren überschreiben.

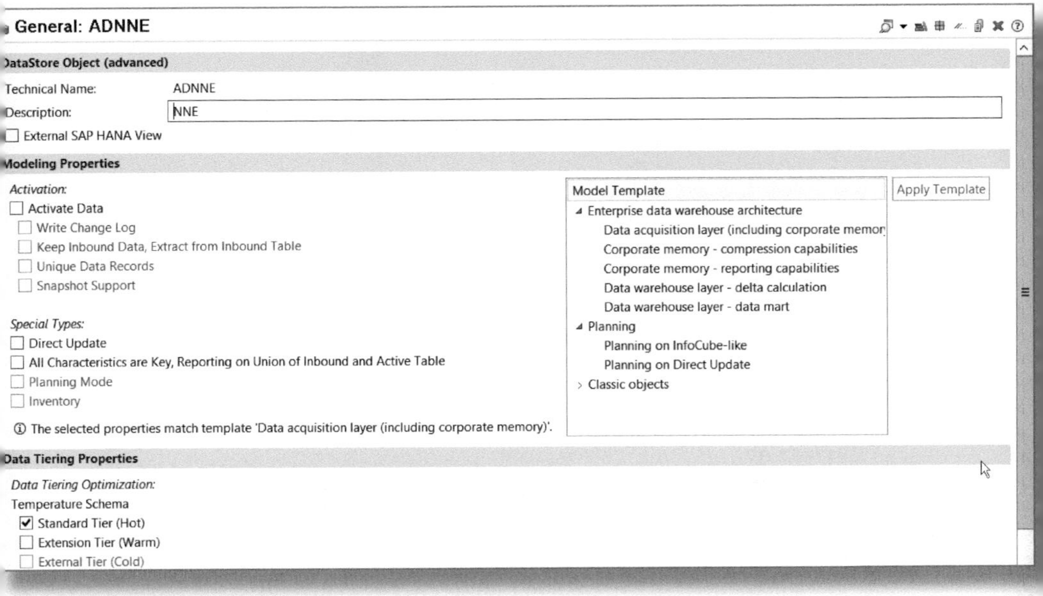

General: ADNNE
DataStore Object (advanced)
Technical Name: ADNNE
Description: NNE
External SAP HANA View
Modeling Properties
Activation:
Activate Data
Write Change Log
Keep Inbound Data, Extract from Inbound Table
Unique Data Records
Snapshot Support
Special Types:
Direct Update
All Characteristics are Key, Reporting on Union of Inbound and Active Table
Planning Mode
Inventory
The selected properties match template 'Data acquisition layer (including corporate memory)'.
Model Template
Apply Template
Enterprise data warehouse architecture
Data acquisition layer (including corporate memor
Corporate memory - compression capabilities
Corporate memory - reporting capabilities
Data warehouse layer - delta calculation
Data warehouse layer - data mart
Planning
Planning on InfoCube-like
Planning on Direct Update
Classic objects
Data Tiering Properties
Data Tiering Optimization:
Temperature Schema
Standard Tier (Hot)
Extension Tier (Warm)
External Tier (Cold)

Abbildung 5.34: Allgemeine Einstellungen für aDSO »ADNNE«

Für unser Fallbeispiel ist eine Besonderheit zu beachten: Das aDSO soll zum Nachlesen des Grund- und Arbeitspreises für die jeweilige Netznummer verwendet werden. Das Nachlesen erfolgt in der Transformation über den Regeltyp *Lesen aus DataStore (Advanced)*. Dieser Regeltyp kann aber nur zum Nachlesen aus klassischen Standard-DSOs angewandt werden. Daher muss der Typ von aktuell »schreiboptimiertes DSO« in »Standard-DSO« geändert werden. Wählen Sie dazu in Abbildung 5.34 unter MODEL TEMPLATE • CLASSIC OBJECTS • STANDARD DATASTORE OBJECT die Vorlage für ein Standard-DSO aus und bestätigen Sie Ihre Wahl per Doppelklick (siehe Abbildung 5.35).

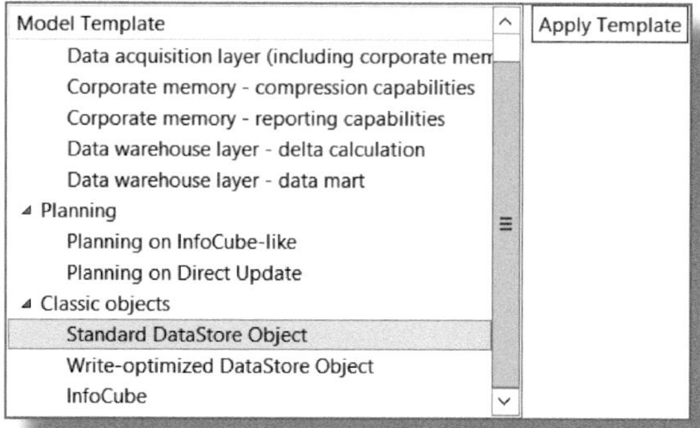

Abbildung 5.35: Auswahl der Vorlage für Standard-aDSO

Das System ändert die Einstellungen des aDSO (siehe Abbildung 5.36).

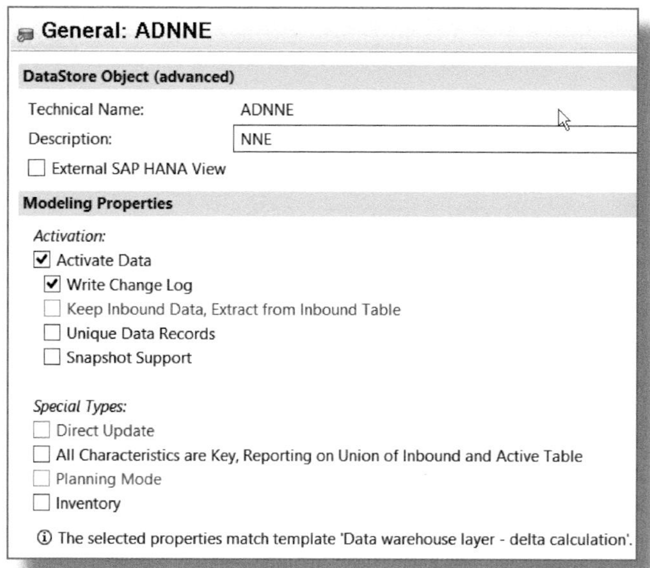

Abbildung 5.36: Einstellungen im Standard-aDSO »ADNNE«

Wie Sie sehen, ist das Kennzeichen ACTIVATE DATA, also »Daten aktivieren«, gesetzt. Dies bedeutet, dass das aDSO über eine Tabelle für die aktiven Daten und gleichzeitig über eine Tabelle für neue Daten verfügt. Zusätzlich ist das Kennzeichen WRITE CHANGE LOG (Änderungsprotokoll schreiben) gesetzt. Dies impliziert, dass beim Aktivieren des aDSO auch eine Tabelle für das Änderungsprotokoll angelegt wird. Damit werden alle Tabellen des Standard-aDSO automatisch beim Aktivieren des Datenziels im System generiert.

5.6.2 Felder des aDSO definieren

Als Nächstes betrachte ich die Felder. Wechseln Sie dazu auf die Registerkarte DETAILS. Sie finden unter der Mappe _NON_KEY die Felder der InfoSource. Alle Felder sind als Nichtschlüsselfelder festgelegt (siehe Abbildung 5.37).

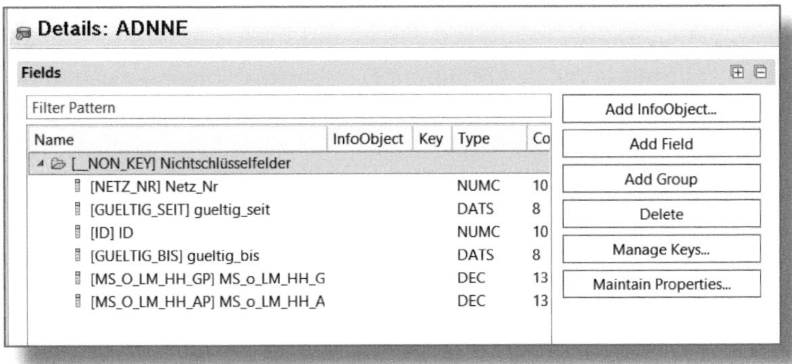

Abbildung 5.37: Felder des aDSO »ADNNE«

Zum Nachlesen müssen die Felder nun durch entsprechende InfoObjects ersetzt werden. Über den Button ADD INFOOBJECT fügen Sie dem aDSO InfoObjects hinzu. Drücken Sie den Button ADD INFOOBJECT. Sie gelangen wieder zur Maske für die Auswahl der InfoObjects. Wählen Sie hier in der Maske im Suchfeld das InfoObject *CHNETZ* aus und bestätigen Sie Ihre Auswahl mit OK (siehe Abbildung 5.38).

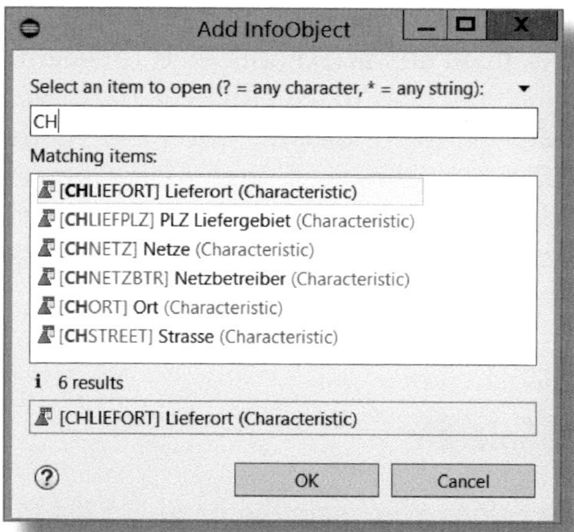

Abbildung 5.38: Auswahl des InfoObject »CHNETZ«

Fügen Sie dem aDSO auf gleiche Weise die beiden Kennzahlen *Arbeitspreis* mit dem technischen Namen *KFHHAP* und *Grundpreis* mit dem technischen Namen *KFHHGP* als weitere InfoObjects hinzu. Anschließend sollten Sie die in Abbildung 5.39 aufgeführten Felder in der Feldliste des aDSO sehen.

Details: ADNNE

Fields

Filter Pattern

Name	InfoObject	Key	Type	Column Length	Aggregation	Criteria
[_NON_KEY] Nichtschlüsselfelder						
[CHNETZ] Netze	CHNETZ		NUMC	10	NONE	
[NETZ_NR] Netz_Nr			NUMC	10		
[GUELTIG_SEIT] gueltig_seit			DATS	8		
[ID] ID			NUMC	10		
[GUELTIG_BIS] gueltig_bis			DATS	8		
[MS_O_LM_HH_GP] MS_o_LM_HH_G			DEC	13		
[MS_O_LM_HH_AP] MS_o_LM_HH_A			DEC	13		
[KFHHAP] EURArbeitspreis	KFHHAP		CURR	17	SUM	
[KFHHGP] Grundpreis	KFHHGP		CURR	17	SUM	

Abbildung 5.39: Felder und InfoObjects für aDSO »ADNNE«

Löschen Sie jetzt über den Button DELETE alle anderen Felder aus der Feldliste. Ihr aDSO besteht ausschließlich aus den in Abbildung 5.40 gezeigten InfoObjects.

Details: ADNNE

Fields

Filter Pattern

Name	InfoObject	Key	Type	Column Length	Aggregation	Criteria
[_NON_KEY] Nichtschlüsselfelder						
[CHNETZ] Netze	CHNETZ		NUMC	10	NONE	
[KFHHAP] EURArbeitspreis	KFHHAP		CURR	17	SUM	
[KFHHGP] Grundpreis	KFHHGP		CURR	17	SUM	

Abbildung 5.40: InfoObjects des aDSO »ADNNE«

Zuletzt definieren Sie die Schlüssel des aDSO. Zum Nachlesen in der Transformation wird das InfoObject NETZE als Schlüssel benötigt. Drücken Sie den Button MANAGE KEYS..., um die Schlüsselfelder des aDSO festzulegen. Sie gelangen auf das Pop-up aus Abbildung 5.41.

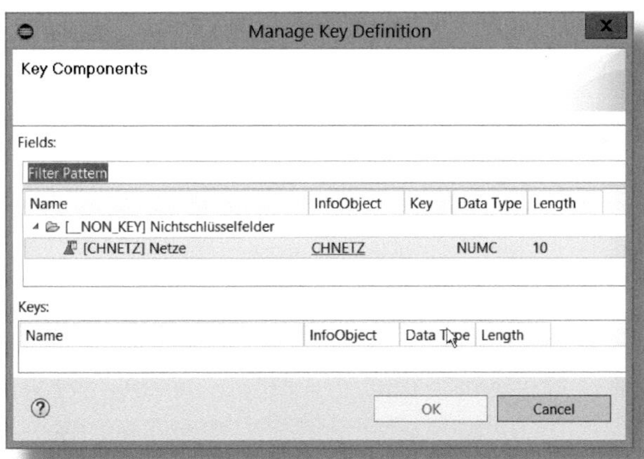

Abbildung 5.41: Auswahl der Schlüsselfelder

In der oberen Liste unter FIELDS finden Sie alle Merkmale des aDSO.

Keine Kennzahlen als Schlüssel

Kennzahlen können nie Schlüssel eines aDSO sein. Wenn Sie einen Zähler als Teil des Schlüssels benötigen, verwenden Sie hierfür ein Merkmal vom Typ *NUMC*.

Markieren Sie die Felder, die Sie als Schlüssel definieren möchten. Über den Button ADD fügen Sie Felder in die untere Liste KEYS (Schlüssel) hinzu. Ergänzen Sie so das InfoObject *Netze* als Schlüssel des aDSO in der unteren Liste (siehe Abbildung 5.42).

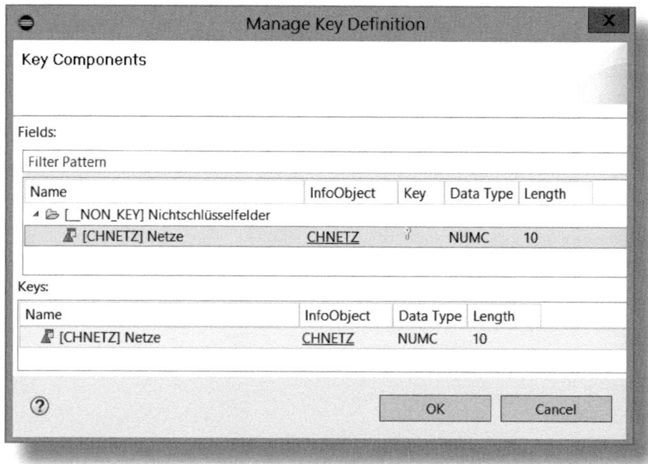

Abbildung 5.42: Schlüsselfelder des aDSO

In der unteren Liste KEYS können Sie über den Button REMOVE Schlüsselfelder entfernen. Über die Buttons UP und DOWN passen Sie die Reihenfolge der Schlüsselfelder an. Mit dem Button UP rückt das ausgewählte InfoObject um eine Position in der Reihenfolge nach oben, mit DOWN wandert es um eine Position nach unten. Da das aDSO nur aus einem Schlüsselfeld besteht, beenden Sie die Eingabe mit OK. Daraufhin werden die Schlüsselfelder im aDSO mit einem Schlüsselsymbol gekennzeichnet (siehe Abbildung 5.43).

Speichern und aktivieren Sie das aDSO.

Details: ADNNE

Fields

Filter Pattern

Name	InfoObject	Key	Type	Column Length	Aggregation	Criteria
[_NON_KEY] Nichtschlüsselfelder						
[CHNETZ] Netze	CHNETZ		NUMC	10	NONE	
[KFHHAP] EURArbeitspreis	KFHHAP		CURR	17	SUM	
[KFHHGP] Grundpreis	KFHHGP		CURR	17	SUM	

Abbildung 5.43: Aktive Schlüssel für »ADNNE«

5.7 Transformation InfoSource »NNE« zu aDSO »ADNNE«

5.7.1 Zuordnungen festlegen

Legen Sie die Transformation zwischen InfoSource *IS_NNE* und aDSO *ADNNE* analog zu den bereits angelegten Transformationen zwischen DataSource und InfoSource fest. Achten Sie darauf, dass als Quelle diesmal die InfoSource und als Ziel das aDSO *ADNNE* eingetragen ist. Da in der InfoSource drei Felder durch InfoObjects ersetzt wurden, können diese in der Transformation nicht automatisch Quellfeldern zugeordnet werden. Quellfelder werden nur Zielfeldern mit demselben technischen Namen zugeordnet (siehe Abbildung 5.44).

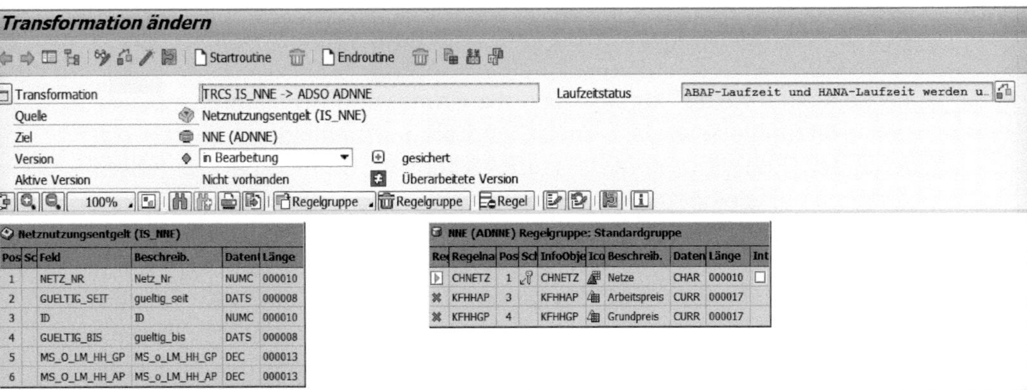

Abbildung 5.44: Transformation ohne Zuordnungen

Für die drei Felder muss manuell eine Zuordnung generiert werden. Dies ist mit Drag-and-drop möglich, wie bei der Transformation für das Merkmal *Netzbetreiber* in Abschnitt 4.5.3 gezeigt. Sie ordnen die Felder dem InfoObject per Drag-and-drop zu. Klicken Sie dazu auf das Quellfeld in der InfoSource und ziehen Sie es mit gedrückter Maustaste auf das Zielfeld im aDSO. Ordnen Sie die Quellfelder den entsprechenden Zielfeldern zu (siehe Abbildung 5.45).

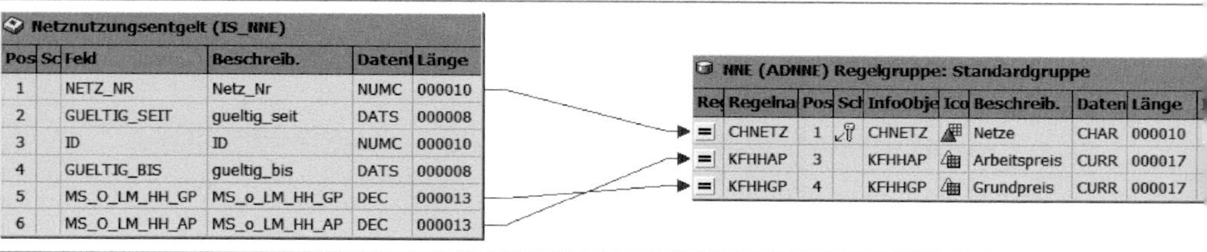

Netznutzungsentgelt (IS_NNE)

Pos	Sc	Feld	Beschreib.	Daten	Länge
1		NETZ_NR	Netz_Nr	NUMC	000010
2		GUELTIG_SEIT	gueltig_seit	DATS	000008
3		ID	ID	NUMC	000010
4		GUELTIG_BIS	gueltig_bis	DATS	000008
5		MS_O_LM_HH_GP	MS_o_LM_HH_GP	DEC	000013
6		MS_O_LM_HH_AP	MS_o_LM_HH_AP	DEC	000013

NNE (ADNNE) Regelgruppe: Standardgruppe

Re	Regelna	Pos	Sch	InfoObje	Ico	Beschreib.	Daten	Länge
	CHNETZ	1		CHNETZ		Netze	CHAR	000010
	KFHHAP	3		KFHHAP		Arbeitspreis	CURR	000017
	KFHHGP	4		KFHHGP		Grundpreis	CURR	000017

Abbildung 5.45: Zuordnungen für Transformation aDSO »ADNNE«

Mapping

Die Zuordnung der Felder von Quellfeld zu Zielfeld wird in der Praxis oft *Mapping* genannt.

5.7.2 Zeitabhängigkeiten und Startroutine

Im zeitlichen Ablauf können sich die Grund- und Arbeitspreise bei einem Netzanbieter ändern, meist sind sie auf gestiegene Kosten seitens des Energieversorgers zurückzuführen. Damit aber zu jedem Zeitpunkt eine eindeutige Zuordnung von Grund- und Arbeitspreis zum Netzbetreiber bzw. Netz möglich ist, muss zusätzliche Information bereitgestellt werden. Diesen Sachverhalt von zeitlich abhängigen Änderungen nennt man *Zeitabhängigkeit*. Um dies technisch abzubilden, liefert die Quelle zeitliche Zusatzinformationen in den beiden Feldern GUELTIG_SEIT und GUELTIG_BIS. Für jeden durch diese beiden Felder definierten Gültigkeitszeitraum existiert daher genau ein Datensatz, der den für diesen Zeitraum geltenden Grund- und Arbeitspreis für ein Netz angibt.

Das Ziel-aDSO verfügt aus Gründen der Vereinfachung jedoch über keine Zeitabhängigkeit. Daher muss in der Transformation sichergestellt sein, dass genau ein Datensatz für das jeweilige Netz übertragen wird. Dies wird dadurch erreicht, dass immer nur der zum aktuellen Tagesdatum der Beladung gültige Datensatz übertragen werden soll; alle übrigen Sätze sollen nicht übertragen werden. Diese Logik bauen Sie in eine Startroutine ein, die eine erweiterte Möglichkeit bietet, um die Quelldaten vor der Übertragung zu überarbeiten oder auf gültige Sätze zu prüfen.

Als Nächstes legen Sie deshalb zu der Transformation eine Startroutine an. Klicken Sie dazu auf den Button STARTROUTINE (siehe Abbildung 5.44). Es wird ein Pop-up angezeigt, in dem Sie die Quellfelder auswählen, die in der Startroutine verwendet werden sollen. Da Sie in den meisten Fällen alle Quellfelder in der Logik der Startroutine benötigen, stellen Sie sicher, dass in dem Pop-up alle Felder der Quelle in der rechten Tabelle aufgeführt sind (siehe Abbildung 5.46).

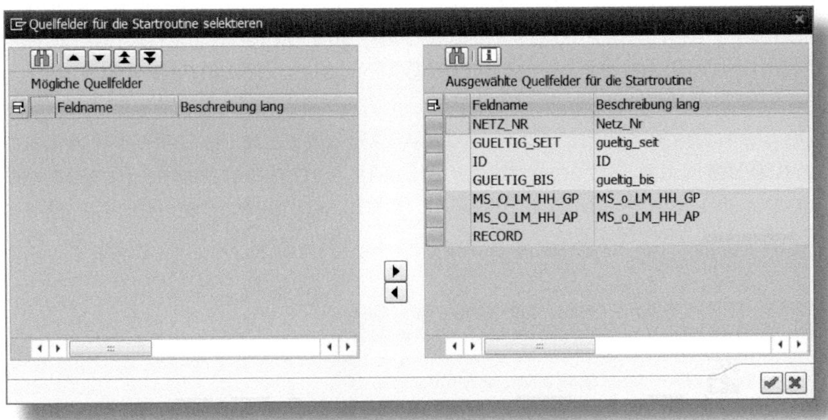

Abbildung 5.46: Selektierte Felder der Startroutine

Bestätigen Sie Ihre Auswahl, indem Sie auf das grüne Häkchen klicken.

Mit SAP BW/4HANA können Sie eine Startroutine in klassischem ABAP oder als ABAP Managed Database Procedure (AMDP) anlegen. Der Unterschied liegt darin, dass die ABAP-Startroutine im ABAP Stack des SAP BW/4HANA ausgeführt wird. Die AMDP-Startroutine wird dagegen direkt auf der SAP-HANA-Datenbank mit SQLScript-Anweisungen ausgeführt. Allerdings gibt es hier folgende Einschränkungen:

1. Die Transformation muss ABAP- und SAP-HANA-Laufzeit unterstützen: Eine Transformation unterstützt dann die SAP-HANA-Laufzeit, wenn kein ABAP-Coding in einer Startroutine, Feldroutine, End- oder Expertenroutine hinterlegt ist.

2. Bei mehrstufigen Transformationen müssen alle Transformationen sowohl ABAP- als auch SAP-HANA-Laufzeit unterstützen: Mehrstufige Transformationen liegen dann vor, wenn Quelle und Ziel über mindestens eine InfoSource im Datenfluss verbunden sind. Ein Wechsel von der ABAP- in die SAP-HANA-Laufzeit beim Übergang von einer Transformation zur nächsthöheren Transformation ist im verwendeten Release nicht möglich. Daher gibt die unterste Transformation in dem mehrstufigen Aufbau die Laufzeitumgebung der gesamten mehrstufigen Transformation vor.

Da die Beladung aus der Flatfile erfolgt und diese Beladung ausschließlich über den ABAP Stack möglich ist, gibt diese Transformation den Typ für die Startroutine vor, also ABAP in diesem Fall.

Da die Transformation sowohl die ABAP- als auch die SAP-HANA-Laufzeit unterstützt (siehe Abbildung 5.44), wird ein weiteres Pop-up eingeblendet (siehe Abbildung 5.47). (Nicht wundern: Das Pop-up ist auf Englisch.)

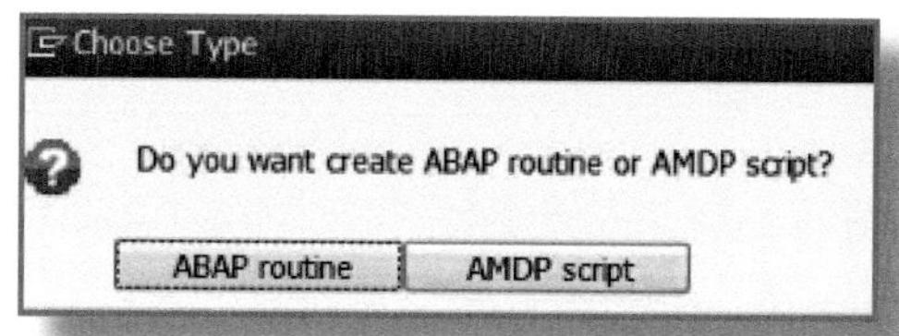

Abbildung 5.47: Pop-up zur Auswahl von ABAP oder AMDP

Hier klicken Sie aus den eben angeführten Gründen auf den Button ABAP ROUTINE. Wenn Sie versehentlich auf den Button AMDP SCRIPT klicken, wird ein AMDP-Skript angelegt. Verlassen Sie dieses im Folgescreen, ohne zu speichern, und legen Sie die Startroutine erneut an. Sie gelangen in den klassischen ABAP-Editor, in dem Sie die Logik Ihrer Startroutine hinterlegen. Scrollen Sie in diesem Editor nach unten, bis Sie zur Methode START_ROUTINE gelangen (siehe Abbildung 5.48).

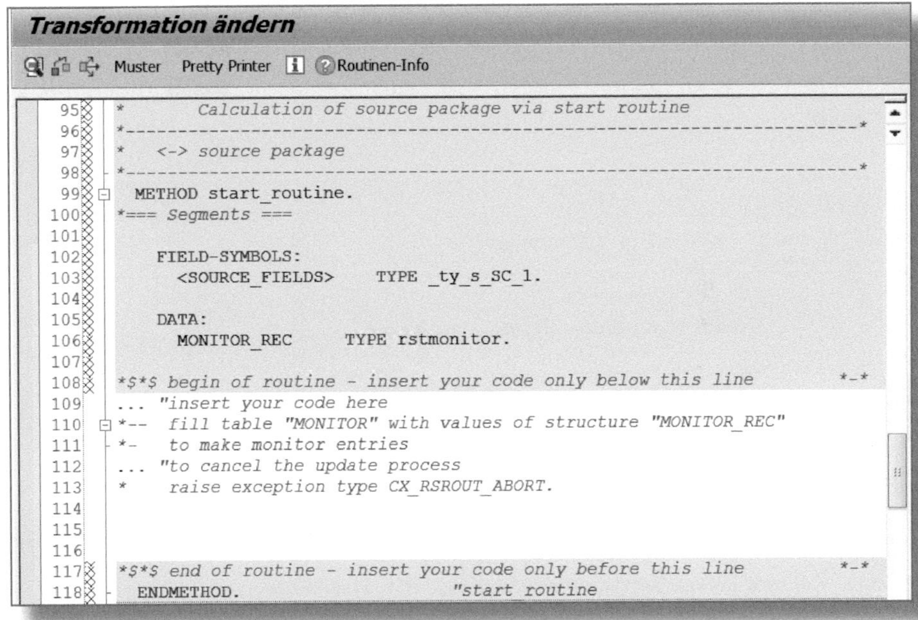

Abbildung 5.48: ABAP-Editor der Startroutine

Unterhalb der Zeile METHOD START_ROUTINE können Sie Ihren Code bzw. Ihre Logik hinterlegen. Wichtig für das Verständnis ist, dass die Quelldaten beim Ausführen der Transformation in einer internen Tabelle im ABAP-Speicher zwischengespeichert werden und die Verarbeitung der Daten auf dieser gepufferten internen Tabelle erfolgt. Dadurch ist sichergestellt, dass die Quelldaten nicht aus Versehen physisch verändert werden. Wie oben angeführt, soll nur der zum aktuellen Tagesdatum gültige Datensatz jedes Netzes fortgeschrieben werden. Das heißt, alle Datensätze, deren GÜLTIG_BIS-Datum vor dem aktuellen Tagesdatum oder deren GUELTIG_SEIT-Datum hinter dem aktuellen Tagesdatum liegen, sollen aus der Menge der zu prozessierenden Daten gelöscht werden. Diese Logik implementieren Sie mit den beiden folgenden ABAP-Befehlen:

```
delete source_package where gueltig_seit > sy-datum.
```

```
delete source_package where gueltig_bis < sy-datum.
```

Fügen Sie diese beiden Zeilen in Ihre Startroutine ein (siehe Abbildung 5.49).

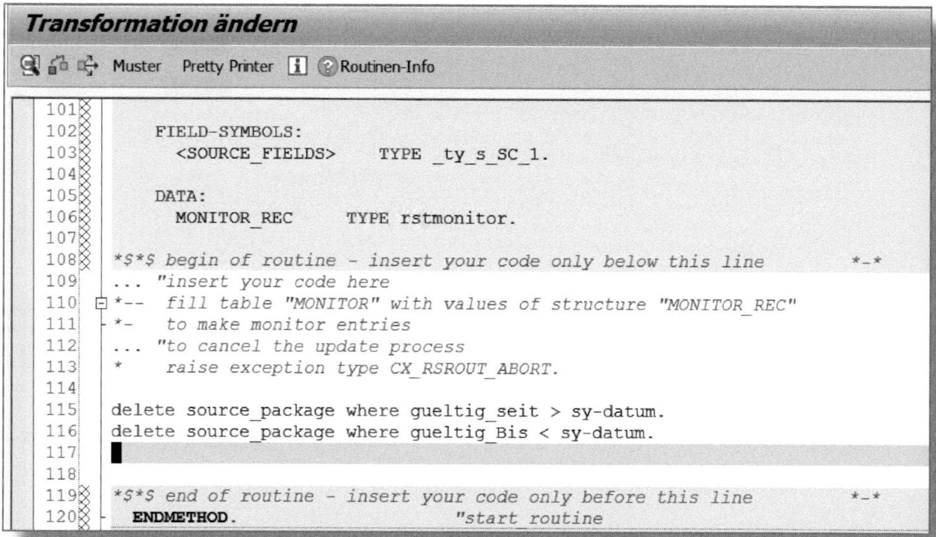

Transformation ändern

Muster Pretty Printer Routinen-Info

```

    FIELD-SYMBOLS:
      <SOURCE_FIELDS>    TYPE _ty_s_SC_1.

    DATA:
      MONITOR_REC     TYPE rstmonitor.

*$*$ begin of routine - insert your code only below this line        *-*
... "insert your code here
*--  fill table "MONITOR" with values of structure "MONITOR_REC"
*-   to make monitor entries
... "to cancel the update process
*    raise exception type CX_RSROUT_ABORT.

delete source_package where gueltig_seit > sy-datum.
delete source_package where gueltig_Bis < sy-datum.


*$*$ end of routine - insert your code only before this line         *-*
  ENDMETHOD.                    "start_routine
```

Abbildung 5.49: Code der Startroutine

Speichern Sie die Startroutine. Wenn die Routine fehlerfrei ist, gelangen Sie nach dem Speichern automatisch zurück in die Transformation mit den vorgenommenen Zuordnungen. Neben dem Button START-ROUTINE wird jetzt ein zusätzliches Stiftsymbol angezeigt (siehe roter Rahmen in Abbildung 5.50).

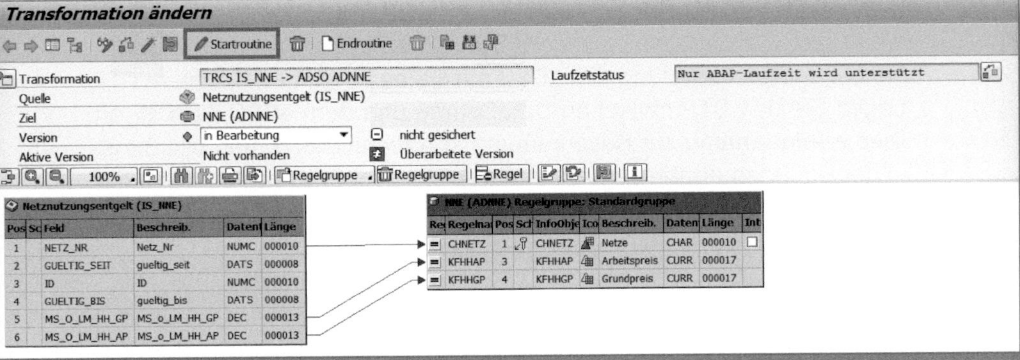

Abbildung 5.50: Startroutine mit Stiftsymbol

An dem Symbol erkennen Sie, dass eine Startroutine in der Transformation hinterlegt ist, die Sie über den Button STARTROUTINE jederzeit ändern können. Falls Sie die Startroutine nicht mehr benötigen, entfernen Sie diese über den Button zum Löschen (symbolisiert durch das Mülltonnensymbol) direkt rechts neben dem Button STARTROUTINE.

Zusätzlich sehen Sie in Abbildung 5.50, dass die Verarbeitung der Transformation von ABAP- UND HANA-LAUFZEIT WERDEN UNTERSTÜTZT in NUR ABAP-LAUFZEIT WIRD UNTERSTÜTZT geändert wurde.

Speichern und aktivieren Sie die Transformation.

Damit sind Sie jetzt in der Lage, die Netznutzungsentgelte aus der DataSource in einem persistenten DSO abzulegen und für Auswertungen und Abfragen zu nutzen. Für das physische Laden und Speichern der Daten in den Datenzielen müssen Datentransferprozesse angelegt und ausgeführt werden, was wir uns nun ansehen wollen.

5.8 DTP – DataSource »NNE« zu aDSO »ADNNE«

Für die spätere Beladung des aDSO mit Daten benötigen Sie einen DTP. Legen Sie den DTP zwischen DataSource und dem aDSO ADNNE an. Dies erfolgt analog zur Beschreibung in Abschnitt 4.10 und wie Sie es in der Übungsaufgabe 6 in Abschnitt 4.11 ausgeführt haben. Sie legen den DTP mithilfe des Kontextmenüs zum aDSO ADNNE an (siehe Abbildung 5.51).

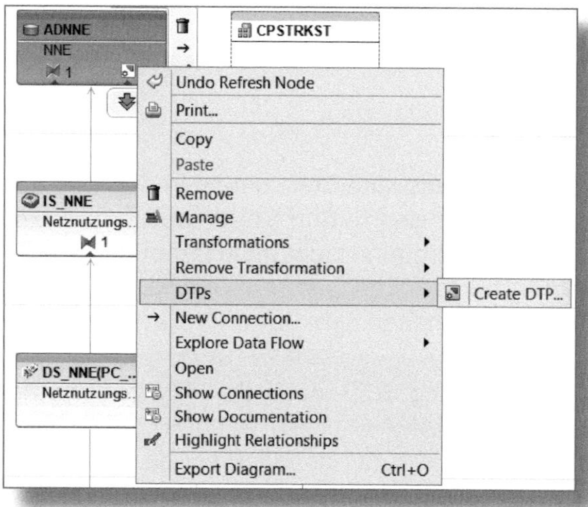

Abbildung 5.51: DTP zu »ADNNE« anlegen

Es folgen zwei Masken, in denen Sie Quelle und Ziel des DTP jeweils mit der Eingabetaste bzw. OK bestätigen. Danach gelangen Sie auf die Registerkarte EXTRAKTION des DTP. Die Einstellungen auf der Registerkarte EXTRAKTION für diesen DTP finden Sie in Abbildung 5.52.

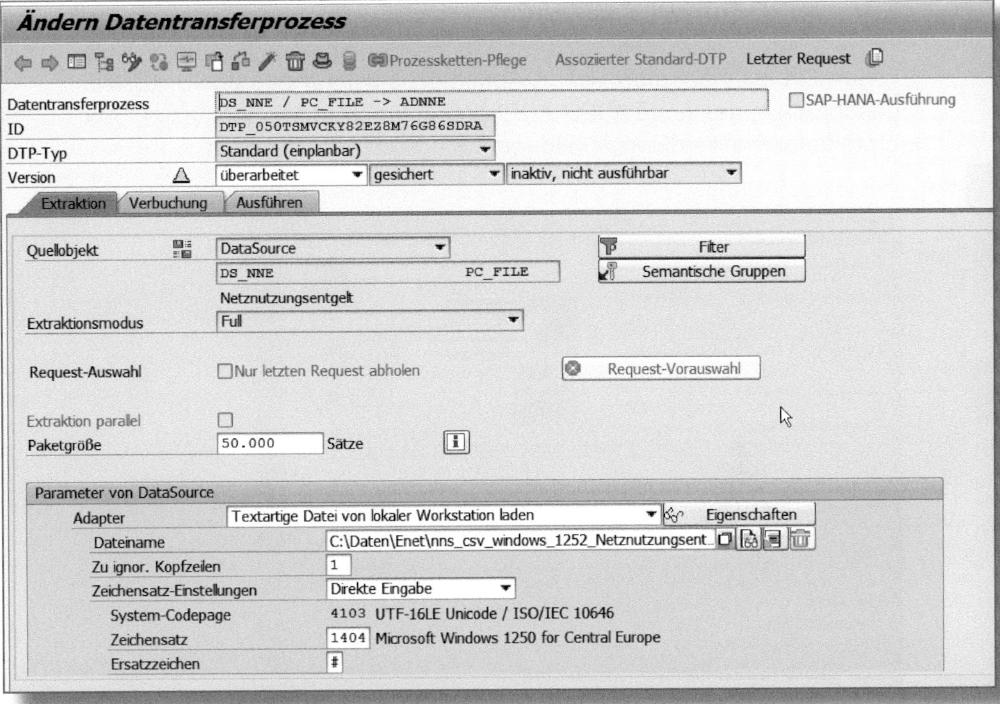

Abbildung 5.52: Details des DTP

Das System übernimmt beim Generieren des DTP die Einstellungen aus Quelle und Ziel. Vergewissern Sie sich, dass unter ADAPTER der Eintrag *Textartige Datei von lokaler Workstation laden* und unter DATEINAME der in der DataSource aus Abschnitt 5.2.1 angegebene Dateiname mit vollständigem Pfad für das Netznutzungsentgelt ausgewählt ist. Die restlichen Einstellungen können Sie unverändert übernehmen. Speichern und aktivieren Sie den DTP.

5.9 aDSO für »PLZ Netze«

Legen Sie als Nächstes, wie in Abschnitt 5.6.1 für das aDSO *ADNNE* beschrieben, das neue aDSO *ADPLZNETZ* an. Machen Sie dazu in der Erstellungsmaske die in Abbildung 5.53 gezeigten Angaben.

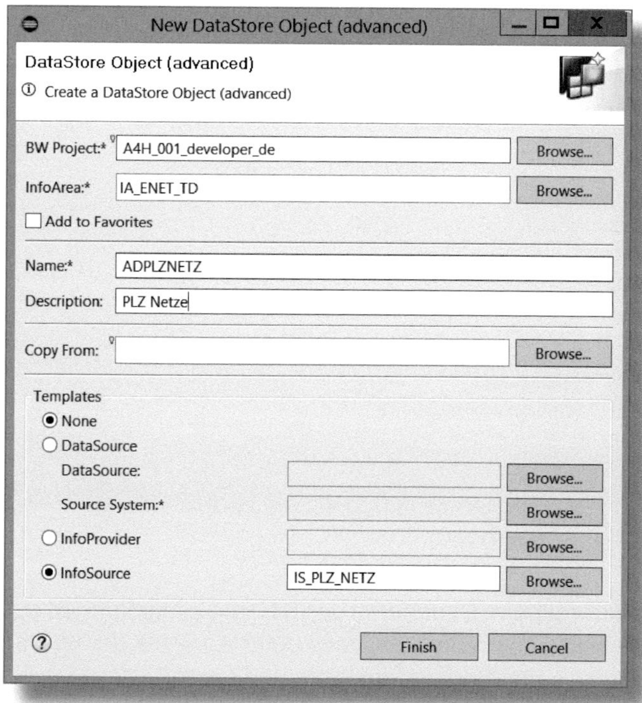

Abbildung 5.53: aDSO »ADPLZNETZ« anlegen

Schließen Sie Ihre Eingabe mit FINISH ab. Sie gelangen in die allgemeinen Einstellungen des aDSO. Belassen Sie die Einstellungen unter GENERAL (siehe Abbildung 5.54) und wechseln Sie in die DETAILS.

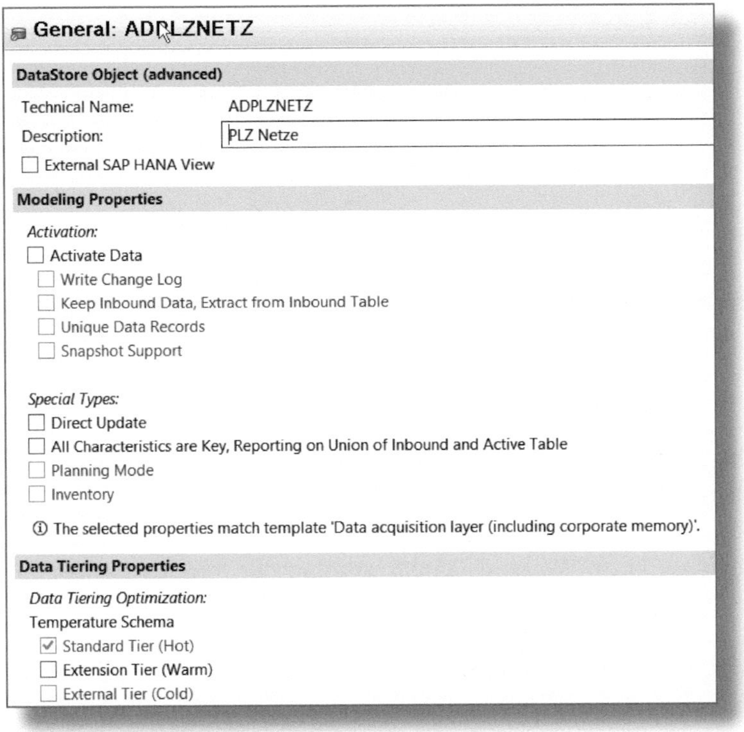

Abbildung 5.54: Registerkarte »General« für aDSO »ADPLZNETZ«

Es handelt sich um ein aDSO der Eingangsschicht, also vom Typ »Schreiboptimiert«. Allerdings kommt hier der Mixed-Modeling-Ansatz wieder zum Tragen. Für die weitere Verarbeitung muss das Feld *NETZ_NR* durch das entsprechende InfoObject ersetzt werden, um Nachleseoperationen zu ermöglichen. Ersetzen Sie also das Feld *NETZ_NR* durch das InfoObject *CHNETZ*. Benutzen Sie hierfür die Buttons ADD INFOOBJECT und DELETE. Als Ergebnis besteht die Feldliste des aDSO ADPLZNETZ aus den Feldern und InfoObjects in Abbildung 5.55.

Details: ADPLZNETZ

Fields

Filter Pattern

Name	InfoObject	Key	Type	Column Length	Aggregation	Criteria
[_NON_KEY] Nichtschlüsselfelder						
[PLZ] PLZ			NUMC	10		
[ORT] Ort			CHAR	19		
[CHNETZ] Netze	CHNETZ		NUMC	10	NONE	
[GUELTIG_SEIT] gueltig_seit			DATS	8		
[GUELTIG_BIS] gueltig_bis			DATS	8		

Abbildung 5.55: Feldliste des aDSO »ADPLZNETZ«

5.10 Transformation InfoSource »PLZ Netze« zu aDSO »PLZ Netze«

Als Nächstes legen Sie eine Transformation der InfoSource *IS_PLZ_NETZ* zum aDSO *ADPLZNETZ* an. Gehen Sie dabei wie mehrfach geübt vor. Das System generiert Ihnen den in Abbildung 5.56 dargestellten Vorschlag für die Zuordnungen.

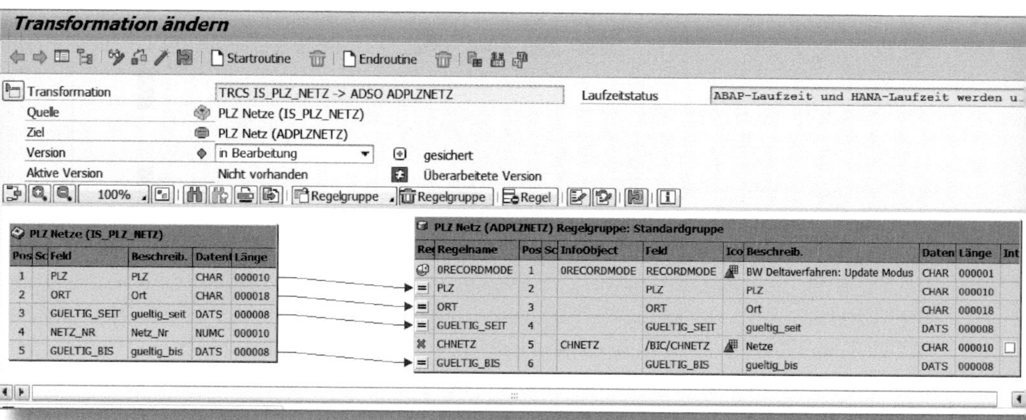

PLZ Netze (IS_PLZ_NETZ)

Pos	Sc	Feld	Beschreib.	Datent	Länge
1		PLZ	PLZ	CHAR	000010
2		ORT	Ort	CHAR	000018
3		GUELTIG_SEIT	gueltig_seit	DATS	000008
4		NETZ_NR	Netz_Nr	NUMC	000010
5		GUELTIG_BIS	gueltig_bis	DATS	000008

PLZ Netz (ADPLZNETZ) Regelgruppe: Standardgruppe

Re	Regelname	Pos	Sc	InfoObject	Feld	Ico	Beschreib.	Daten	Länge	Int
	0RECORDMODE	1		0RECORDMODE	RECORDMODE		BW Deltaverfahren: Update Modus	CHAR	000001	
=	PLZ	2			PLZ		PLZ	CHAR	000010	
=	ORT	3			ORT		Ort	CHAR	000018	
=	GUELTIG_SEIT	4			GUELTIG_SEIT		gueltig_seit	DATS	000008	
	CHNETZ	5		CHNETZ	/BIC/CHNETZ		Netze	CHAR	000010	
=	GUELTIG_BIS	6			GUELTIG_BIS		gueltig_bis	DATS	000008	

Abbildung 5.56:Generierte Transformation »ADPLZNETZ«

Felder mit identischen technischen Namen werden automatisch zugeordnet. Das Mapping zwischen dem Feld *NETZ_NR* und dem InfoObject *CHNETZ* leistet das System jedoch nicht. Verbinden Sie die beiden Felder daher manuell per Drag-and-drop (siehe Abbildung 5.57).

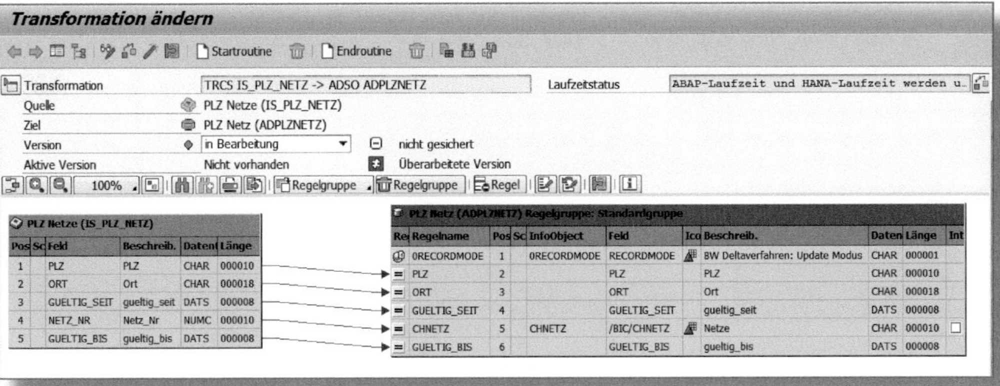

Abbildung 5.57: Transformation »ADNNE« mit manueller Zuordnung

Die Quelle liefert die Zuordnung eines Netzes zu Postleitzahl und Ort wieder zeitabhängig. Für die Lösung wird jedoch nur die aktuell gültige Zuordnung eines Netzes zu einer Postleitzahl und zu einem Ort benötigt. Auch hier muss eine Startroutine angelegt werden, die nur die zum aktuellen Tagesdatum der Beladung gültigen Datensätze filtert. Drücken Sie den Button STARTROUTINE und legen Sie eine Startroutine an. Achten Sie wieder darauf, dass in der Feldliste für die Startroutine in der rechten Tabelle alle Felder selektiert sind. Bestätigen Sie die Auswahl mit OK. Legen Sie aus demselben Grund wie eben bei der Transformation zwischen InfoSource IS_NNE und dem aDSO ADNNE eine ABAP-Routine als Startroutine an. Geben Sie dort die folgenden beiden Codezeilen ein:

```
delete source_package where gueltig_seit > sy-datum.

delete source_package where gueltig_bis < sy-datum.
```

Die Startroutine sieht identisch aus wie in Abbildung 5.49. Speichern Sie die Startroutine. Sie gelangen anschließend zurück zur Transformation (siehe Abbildung 5.58).

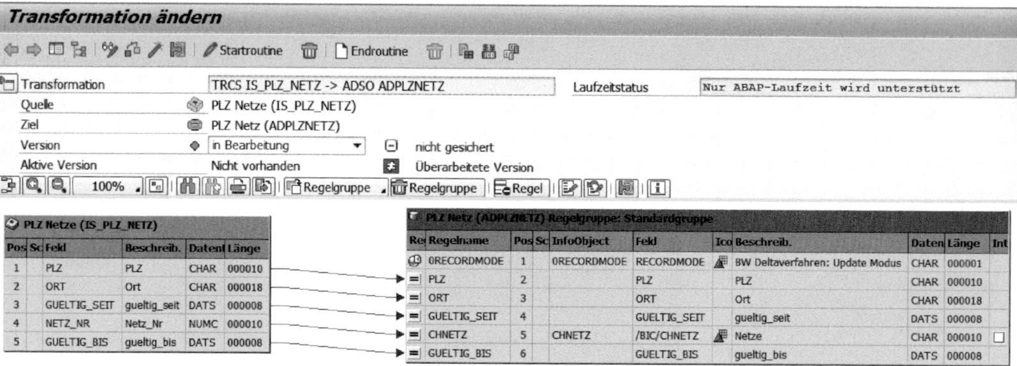

Abbildung 5.58: Transformation »ADNNE« mit Startroutine

Sie sehen, dass die Startroutine und das Feld *NETZ_NR* dem InfoObject *CHNETZ* zugeordnet sind. Speichern und aktivieren Sie die Transformation.

5.11 DTP für aDSO »ADPLZNETZ« anlegen

Für die Beladung mit Daten benötigen Sie wieder einen DTP. Legen Sie den DTP gemäß der Beschreibung in Abschnitt 5.8 unterhalb des aDSO ADPLZNETZ über das Kontextmenü an. Die Einstellungen auf der Registerkarte EXTRAKTION des DTP finden Sie in Abbildung 5.59.

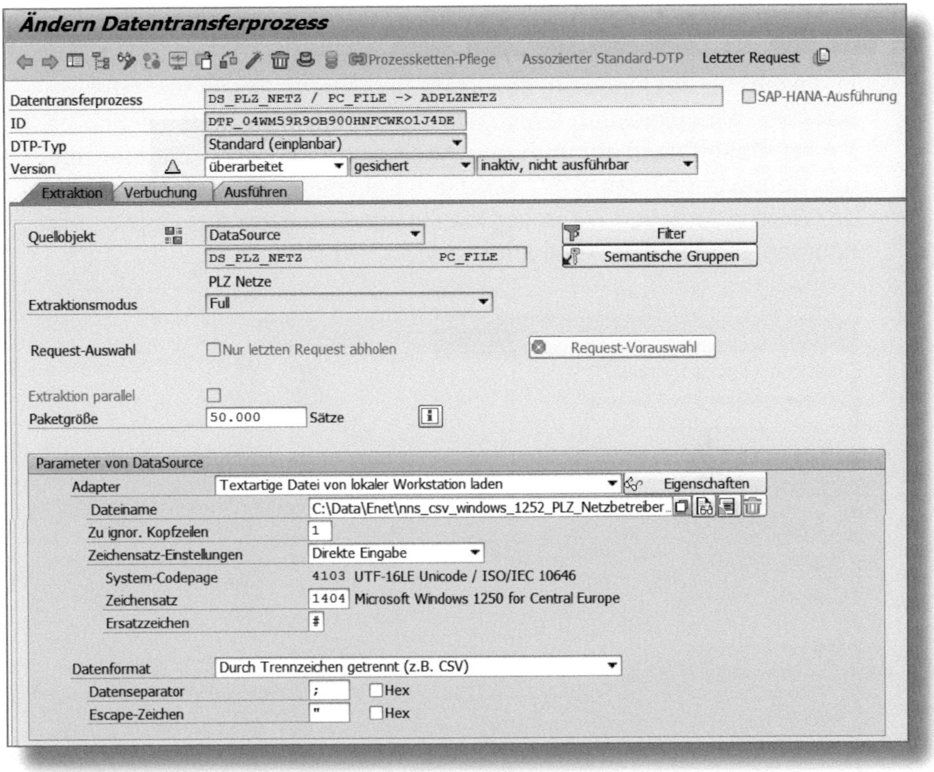

Abbildung 5.59: Einstellungen DTP »ADPLZNETZ«

Das System übernimmt beim Generieren die Einstellungen aus Quelle und Ziel. Prüfen Sie, ob als ADAPTER *Textartige Datei von lokaler Workstation laden* und als DATEINAME die Datei mit komplettem Pfad aus Abschnitt 5.2.2 im DTP hinterlegt ist. Speichern und aktivieren Sie den DTP.

5.12 Standard-aDSO für Stromkosten

In diesem Schritt legen Sie das letzte persistente Objekt im Datenmodell des Fallbeispiels an. Wechseln Sie dazu wieder in das schon bekannte Datenflussdiagramm aus Abbildung 5.3. Legen Sie hier über das Kontextmenü des aDSO ADSTRKST ein neues persistentes Objekt an. Welche Angaben Sie in der Maske zur Erstellung des Objekts vornehmen, sehen Sie in Abbildung 5.60.

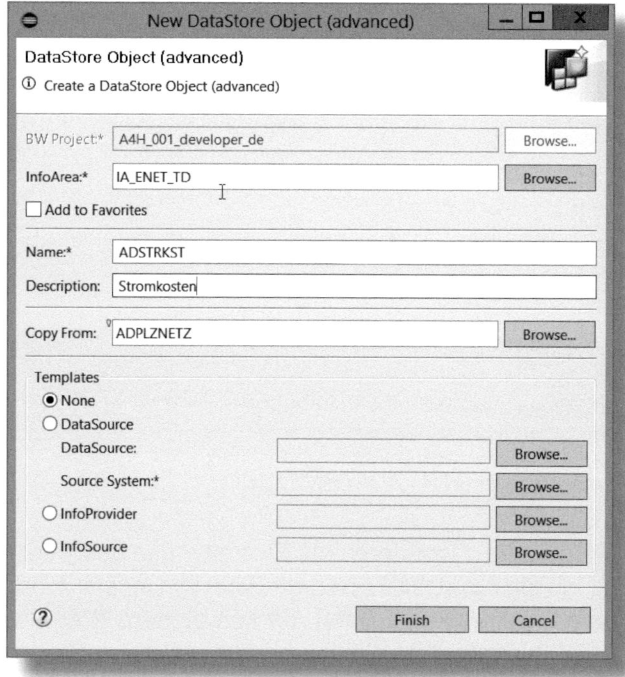

Abbildung 5.60: aDSO »ADSTRKST« anlegen

Als Vorlage für das neue aDSO *ADSTRKST* soll das aDSO *ADPLZNETZ* dienen, daher wird dieses in der Eingabemaske im Feld COPY FROM als Kopiervorlage ausgewählt. Schließen Sie die Eingabe mit dem Button FINISH ab. Das aDSO wird im Hintergrund im System generiert. Sie gelangen auf die Registerkarte GENERAL in der Konfiguration des aDSO. Hier wählen Sie unter MODEL TEMPLATE • CLASSIC OBJECTS die Vorlage

STANDARD DATASTORE OBJECT per Doppelklick aus. Auf der Registerkarte GENERAL sind danach die in Abbildung 5.61 gezeigten Einstellungen aktiv.

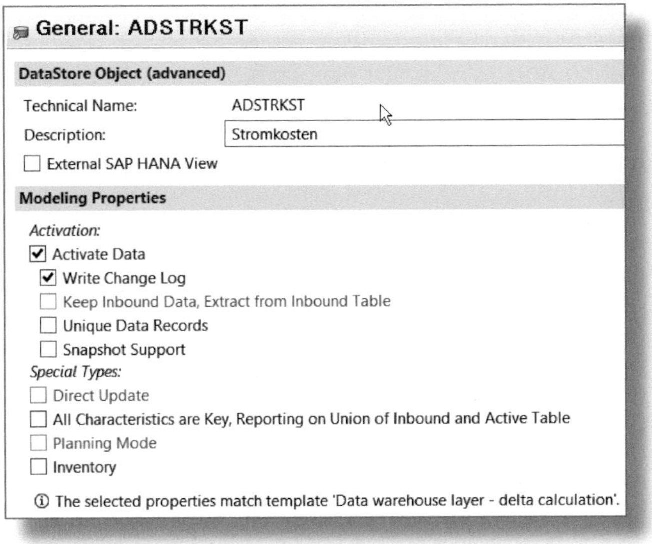

Abbildung 5.61: Allgemeine Einstellungen für aDSO »ADSTRKST«

Wechseln Sie jetzt auf die Registerkarte DETAILS. Dort finden Sie in der Feldliste alle Felder und InfoObjects des ausgewählten Vorlage-aDSO *ADPLZNETZ* wieder (siehe Abbildung 5.62).

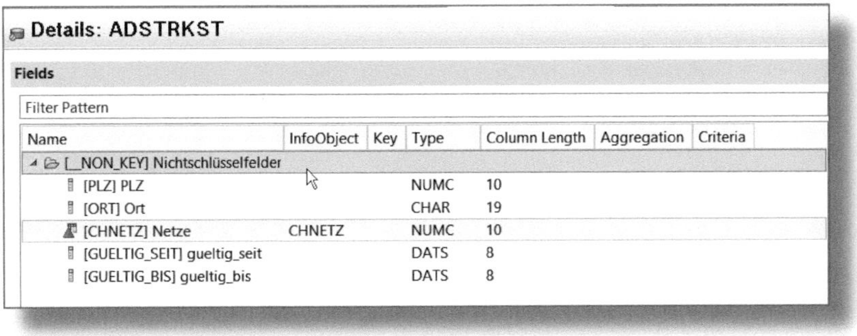

Abbildung 5.62: Feldliste aDSO »ADSTRKST«

Im nächsten Schritt müssen Sie alle Felder durch InfoObjects ersetzen, da dieses aDSO das Objekt ist, das für Berichte genutzt werden soll. Um für die Berichte eine maximale Flexibilität zu erreichen, ist die Empfehlung, bei Objekten der Applikations- oder Reportingschicht ausschließlich InfoObjects zu benutzen. Dazu müssen Sie die Felder über den Button Delete aus der Feldliste löschen. Nehmen Sie anschließend über den Button Add InfoObject die benötigten InfoObjects auf. Dies ist die nächste Übungsaufgabe:

Felder-Reorganisation im DSO

Löschen Sie die Felder mit den technischen Namen *PLZ, ORT, GUELTIG_SEIT* und *GUELTIG_BIS* aus der Feldliste. Nehmen Sie die Merkmale mit dem technischen Namen *CHLIEFPLZ, CHLIEFORT, CHNETZBTR* neu in die Feldliste auf. Als Nächstes fügen Sie der Feldliste die Kennzahlen *KFHHAP* und *KFHHGP* hinzu. Platzieren Sie die InfoObjects per Drag-and-drop in der angezeigten Reihenfolge (siehe Abbildung 5.63).

Im Ergebnis weist das aDSO ADSTRKST die in Abbildung 5.63 dargestellte Struktur auf.

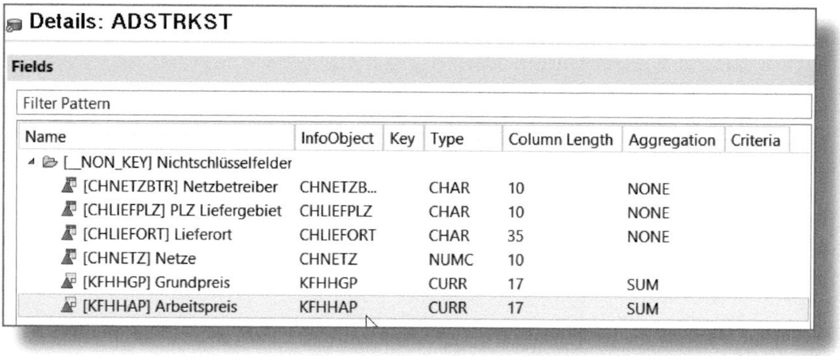

Details: ADSTRKST

Fields

Filter Pattern

Name	InfoObject	Key	Type	Column Length	Aggregation	Criteria
[_NON_KEY] Nichtschlüsselfelder						
[CHNETZBTR] Netzbetreiber	CHNETZB...		CHAR	10	NONE	
[CHLIEFPLZ] PLZ Liefergebiet	CHLIEFPLZ		CHAR	10	NONE	
[CHLIEFORT] Lieferort	CHLIEFORT		CHAR	35	NONE	
[CHNETZ] Netze	CHNETZ		NUMC	10		
[KFHHGP] Grundpreis	KFHHGP		CURR	17	SUM	
[KFHHAP] Arbeitspreis	KFHHAP		CURR	17	SUM	

Abbildung 5.63: InfoObjects des aDSO »ADSTRKST«

Für die Berechnung der Gesamtkosten wird eine weitere Kennzahl benötigt, die über den technischen Namen *KFKOSTEN* und die Beschreibung *Gesamtkosten* verfügen soll. Legen Sie diese Kennzahl als Kopie der Kennzahl *KFHHAP* an. Geben Sie in der Maske zur Erstellung der Kennzahl die Daten gemäß Abbildung 5.64 ein.

Abbildung 5.64: Neue Kennzahl der Gesamtkosten

Speichern und aktivieren Sie die Kennzahl.

Als Nächstes fügen Sie diese Kennzahl über den Button ADD INFOOBJECT dem aDSO ADSTRKST als weitere Kennzahl hinzu. Dazu wechseln Sie einfach in Eclipse in die View des aDSO. Damit hat das aDSO ADSTRKST die finale Struktur aus Abbildung 5.65.

Details: ADSTRKST

Fields

Filter Pattern

Name	InfoObject	Key	Type	Column Length	Aggregation
[_NON_KEY] Nichtschlüsselfelder					
[CHLIEFPLZ] PLZ Liefergebiet	CHLIEFPLZ		CHAR	10	NONE
[CHLIEFORT] Lieferort	CHLIEFORT		CHAR	35	NONE
[CHNETZBTR] Netzbetreiber	CHNETZB...		CHAR	10	NONE
[CHNETZ] Netze	CHNETZ		CHAR	10	
[KFHHAP] Arbeitspreis	KFHHAP		CURR	17	SUM
[KFHHGP] Grundpreis	KFHHGP		CURR	17	SUM
[KFKOSTEN] Gesamtkosten	KFKOSTEN		CURR	17	SUM

Abbildung 5.65: Finale Struktur aDSO »ADSTRKST«

Im letzten Schritt definieren Sie über den Button MANAGE KEYS die Schlüsselfelder des aDSO. Legen Sie die in der Liste KEYS ausgewählten Felder aus Abbildung 5.66 als Schlüssel für das aDSO fest.

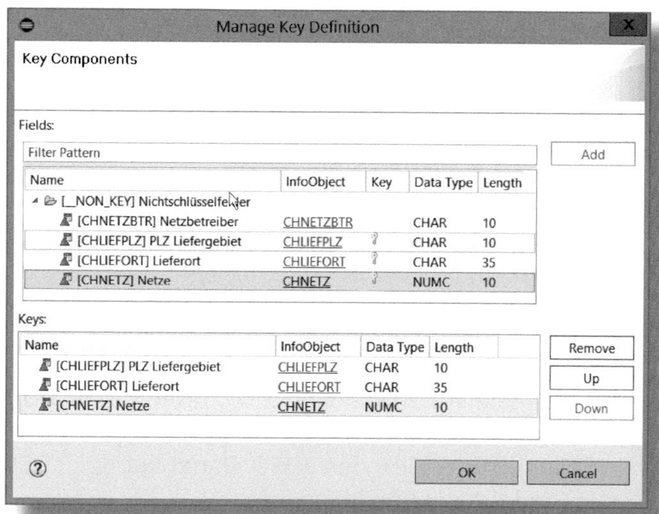

Abbildung 5.66: Schlüssel des aDSO »ADSTRKST« definieren

Bestätigen Sie die Definition der Schlüssel mit OK. Die Schlüsselfelder werden Ihnen in der Feldliste durch das Schlüsselsymbol hinter dem InfoObject-Namen als solche angezeigt (siehe Abbildung 5.67):

Details: ADSTRKST

Fields

Filter Pattern

Name	InfoObject	Key	Type	Column Length	Aggregation	Criteria
[_NON_KEY] Nichtschlüsselfelder						
[CHLIEFPLZ] PLZ Liefergebiet	CHLIEFPLZ		CHAR	10	NONE	
[CHLIEFORT] Lieferort	CHLIEFORT		CHAR	35	NONE	
[CHNETZ] Netze	CHNETZ		NUMC	10		
[CHNETZBTR] Netzbetreiber	CHNETZB...		CHAR	10	NONE	
[KFHHGP] Grundpreis	KFHHGP		CURR	17	SUM	
[KFHHAP] Arbeitspreis	KFHHAP		CURR	17	SUM	
[KFKOSTEN] Gesamtkosten	KFKOSTEN		CURR	17	SUM	

Abbildung 5.67: Schlüsselfelder des aDSO »ADSTRKST« mit Symbol

Bewegen Sie, falls nötig, die Schlüsselfelder mit Drag-and-drop an den Anfang der Feldliste. Speichern und aktivieren Sie das aDSO.

5.12.1 Transformation aDSO »NNE« zu aDSO »Stromkosten«

Legen Sie jetzt eine Transformation zwischen dem aDSO *ADPLZNETZ* und dem aDSO *ADSTRKST* an. In der Maske zur Erstellung der Transformation wählen Sie als Ziel das aDSO *ADSTRKST* und als Quelle das aDSO *ADPLZNETZ* aus. Bestätigen Sie Ihre Eingaben mit OK. Das System generiert im Hintergrund eine Transformation (siehe Abbildung 5.68).

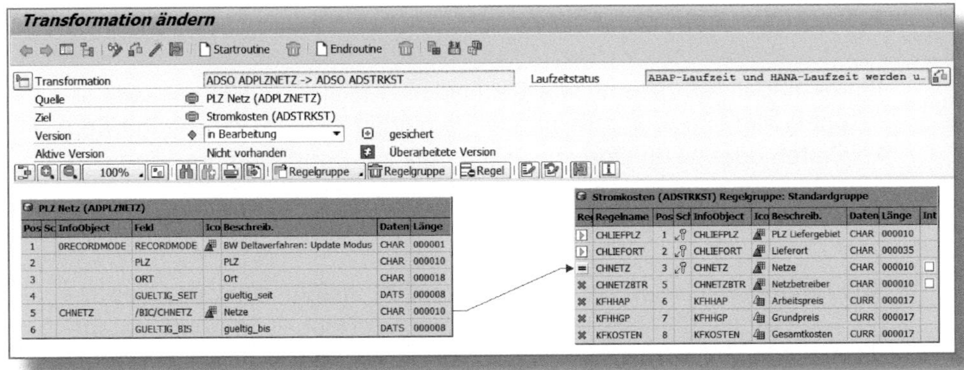

PLZ Netz (ADPLZNETZ)

Pos	Sc	InfoObject	Feld	Ico	Beschreib.	Daten	Länge
1		0RECORDMODE	RECORDMODE		BW Deltaverfahren: Update Modus	CHAR	000001
2			PLZ		PLZ	CHAR	000010
3			ORT		Ort	CHAR	000018
4			GUELTIG_SEIT		gueltig_seit	DATS	000008
5		CHNETZ	/BIC/CHNETZ		Netze	CHAR	000010
6			GUELTIG_BIS		gueltig_bis	DATS	000008

Stromkosten (ADSTRKST) Regelgruppe: Standardgruppe

Re	Regelname	Pos	Sch	InfoObject	Ico	Beschreib.	Daten	Länge	Int
	CHLIEFPLZ	1		CHLIEFPLZ		PLZ Liefergebiet	CHAR	000010	
	CHLIEFORT	2		CHLIEFORT		Lieferort	CHAR	000035	
=	CHNETZ	3		CHNETZ		Netze	CHAR	000010	
	CHNETZBTR	5		CHNETZBTR		Netzbetreiber	CHAR	000010	
	KFHHAP	6		KFHHAP		Arbeitspreis	CURR	000017	
	KFHHGP	7		KFHHGP		Grundpreis	CURR	000017	
	KFKOSTEN	8		KFKOSTEN		Gesamtkosten	CURR	000017	

Abbildung 5.68: Generierte Transformation aDSO »ADSTRKST«

Da Quelle und Ziel nur in einem InfoObject identisch sind, generiert das System nur eine Regel. Die Regeln für die anderen Felder müssen manuell nachgezogen werden. Verbinden Sie zunächst das Feld *PLZ* aus dem aDSO ADPLZNETZ per Drag-and-drop mit dem InfoObject *CHLIEFPLZ* aus dem aDSO ADSTRKST. Verbinden Sie anschließend genauso das Feld *ORT* aus dem aDSO ADPLZNETZ mit dem InfoObject *CHLIEFORT* aus dem aDSO ADSTRKST (siehe Abbildung 5.69).

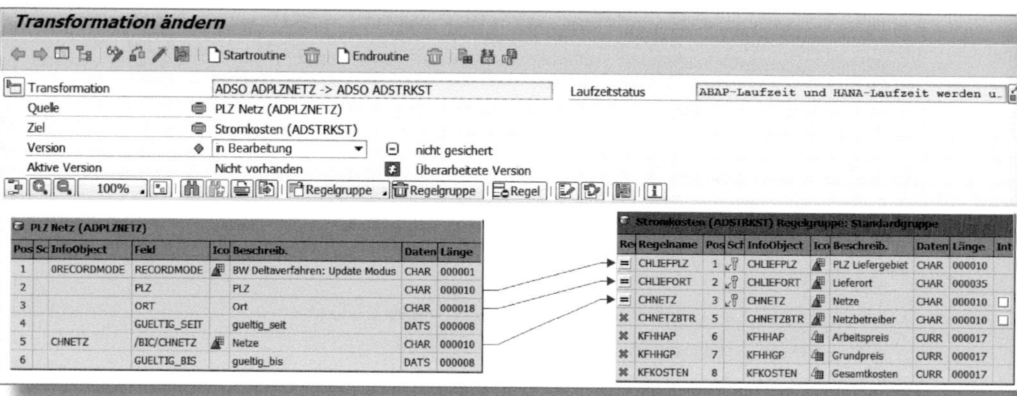

Abbildung 5.69: Basiszuordnungen des aDSO »ADSTRKST«

Das Feld für den Netzbetreiber ist in der Quelle nicht vorhanden, daher ist keine Eins-zu-eins-Zuordnung möglich. In der Übungsaufgabe in Abschnitt 4.11 wurde das InfoObject *Netze* mit Attribut *Netzbetreiber* angelegt. Diese Eigenschaft kann jetzt für einen speziellen Regeltyp *Stammdaten lesen* benutzt werden.

Bisher haben Sie gelernt, wie Sie Felder zwischen Quelle und Ziel direkt per Drag-and-drop miteinander verbinden können. Bei sehr großen Feldlisten oder wenn eine spezielle Logik zur Ermittlung des Werts im Zielfeld notwendig ist, gibt es eine weitere Möglichkeit, Quell- und Zielfelder miteinander zu verknüpfen.

Dazu markieren Sie in der Zielstruktur das Zielfeld, das mit einer Regel versorgt werden soll, und legen dann per Doppelklick in der Spalte REGELTYP oder per rechter Maustaste und Kontextmenü REGELDETAILS auf dem Zielfeld eine neue Regel für die Zuordnung eines Quellfeldes zum ausgewählten Zielfeld an. Klicken Sie daher auf das Zielfeld NETZBETREIBER in der Spalte REGELTYP doppelt. Sie gelangen auf eine neue Maske für die REGELDETAILS (siehe Abbildung 5.70).

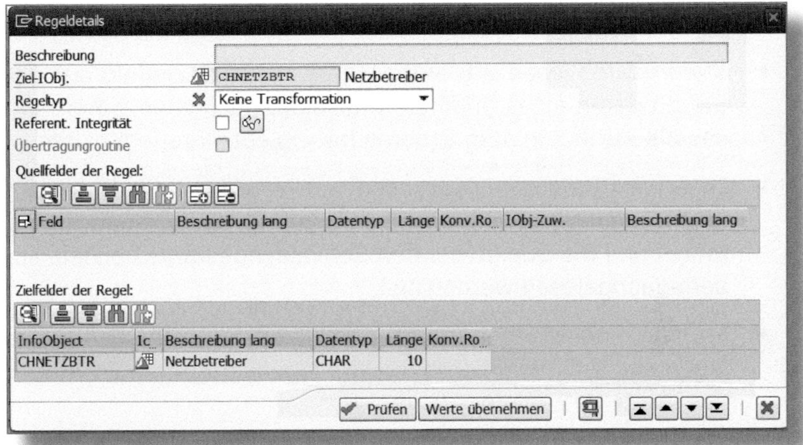

Abbildung 5.70: Regeldetails für Zielfeld »Netzbetreiber«

Im Feld BESCHREIBUNG hinterlegen Sie eine eigene Beschreibung für die Regel.

Gerade bei komplexeren Regeln zur Ermittlung des Zielwerts empfiehlt sich hier eine kurze sprechende Bezeichnung, etwa *Nachlesen Stammdaten*.

Im Feld REGELTYP legen Sie den Regeltyp für das Zielfeld fest. Als Standard ist der Regeltyp *Keine Transformation* ausgewählt. Das bedeutet, das Feld bleibt im Datenziel leer und enthält keine Daten. Klappen Sie daher die Eingabehilfe des Feldes REGELTYP auf, um die verschiedenen verfügbaren Regeltypen aufzurufen, die ich hier aber nur kurz vorstellen möchte:

- *Keine Transformation* – Der Wert im Zielfeld bleibt leer.
- *Konstante* – Hier können Sie einen konstanten Wert hinterlegen.

- *Direkte Zuordnung* – Diesen Regeltyp kennen Sie bereits. Das Quellfeld wird dem Zielfeld eins zu eins unverändert zugeordnet.
- *Formel* – Definieren Sie eine mathematische Formel zur Berechnung des Werts im Zielfeld.
- *Stammdaten lesen* – Hierüber lässt sich das Zielfeld aus den Stammdaten eines anderen InfoObject nachlesen, sofern dieses als Attribut in dem anderen InfoObject hinterlegt wurde.
- *Lesen aus DataStore (Advanced)* – Hier können Sie Daten aus einem weiteren aDSO nachlesen, sofern das Zielfeld im Datenteil und die Quellfelder den Schlüssel des aDSO bilden, aus dem nachgelesen werden soll.
- *Routine* – Hinterlegen Sie eine beliebige ABAP-Routine hinterlegen und implementieren Sie Ihre eigene Logik zur Ermittlung des Werts im Zielfeld.

Manche Regeltypen benötigen Quellfelder, damit der Wert im Zielfeld ermittelt werden kann. Dies können ein oder auch mehrere Quellfelder sein. Für die konkrete Regel hinterlegen Sie diese in der Tabelle QUELLFELDER DER REGEL. Wie das genau geht, zeige ich Ihnen am Beispiel des Nachlesens aus Stammdaten.

Wählen Sie im Feld REGELTYP aus der Eingabehilfe den Regeltyp *Stammdaten lesen* aus. Das System prüft nun im Hintergrund, bei welchen InfoObjects das Zielfeld als Attribut in den Stammdaten definiert ist. In diesem Beispiel ist das lediglich beim InfoObject *Netze* mit dem technischen Namen *CHNETZ* der Fall. Daher wird Ihnen dieses InfoObject automatisch als Quellfeld der Regel vorgeschlagen (siehe Abbildung 5.71).

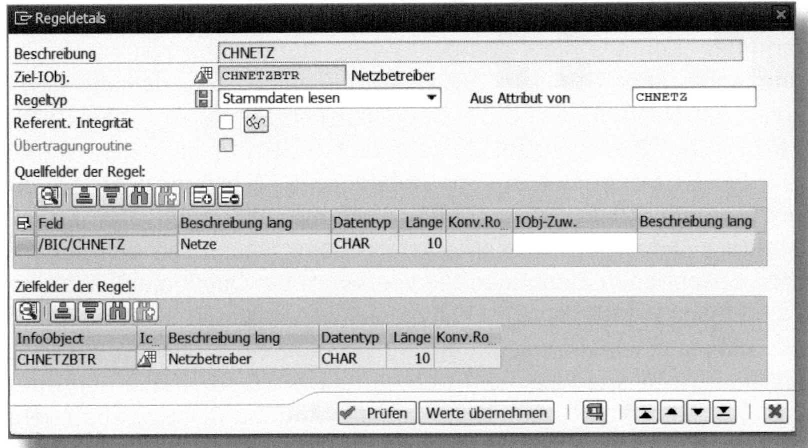

Abbildung 5.71: Regeltyp »Stammdaten lesen«

Über den Button PRÜFEN können Sie die Zuordnung technisch prüfen. Hierbei wird kontrolliert, ob dem Zielfeld mindestens ein Quellfeld zugeordnet ist und ob der Datentyp des Quellfeldes dem des Zielfeldes entspricht. Mit dem Button WERTE ÜBERNEHMEN integrieren Sie die neu erstellte Regel in Ihre Transformation (siehe Abbildung 5.72).

PLZ Netz (ADPLZNETZ)

Pos	Sc	InfoObject	Feld	Ico	Beschreib.	Daten	Länge
1		0RECORDMODE	RECORDMODE		BW Deltaverfahren: Update Modus	CHAR	000001
2			PLZ		PLZ	CHAR	000010
3			ORT		Ort	CHAR	000018
4			GUELTIG_SEIT		gueltig_seit	DATS	000008
5		CHNETZ	/BIC/CHNETZ		Netze	CHAR	000010
6			GUELTIG_BIS		gueltig_bis	DATS	000008

Stromkosten (ADSTRKST) Regelgruppe: Standardgruppe

Re	Regelname	Pos	Sch	InfoObject	Ico	Beschreib.	Daten	Länge	Integrität
	CHLIEFPLZ	1		CHLIEFPLZ		PLZ Liefergebiet	CHAR	000010	
	CHLIEFORT	2		CHLIEFORT		Lieferort	CHAR	000035	
	CHNETZ	3		CHNETZ		Netze	CHAR	000010	☐
	CHNETZ	5		CHNETZBTR		Netzbetreiber	CHAR	000010	☐
	KFHHAP	6		KFHHAP		Arbeitspreis	CURR	000017	
	KFHHGP	7		KFHHGP		Grundpreis	CURR	000017	
	KFKOSTEN	8		KFKOSTEN		Gesamtkosten	CURR	000017	

Abbildung 5.72: Transformation mit Regeltyp »Stammdaten lesen«

Der Regeltyp STAMMDATEN LESEN wird in der Übersicht durch das Stammdaten-Symbol dargestellt.

Als Nächstes müssen die Kennzahlen berechnet werden. Letztere stammen ebenfalls nicht aus der Quelle; stattdessen können Sie die Kennzahlen aber aus dem aDSO *ADNNE* nachlesen, das die Kennzahlen auf Netzebene vorhält. Doppelklicken Sie daher in der Spalte REGELTYP auf die Kennzahl *Grundpreis* mit dem technischen Namen *KFHHGP*. Es öffnet sich die aus Abbildung 5.71 bekannte Maske zur Konfiguration des Regeltyps. Wählen Sie hier als Regeltyp *Lesen aus DataStore (Advanced)* aus. Wie schon beim Nachlesen der Stammdaten beschrieben, benötigen Sie wiederum ein Quellobjekt, aus dem nachgelesen werden soll. Im Fall dieses Regeltyps muss es ein aDSO sein. Dieses Quell-aDSO legen Sie im Eingabefeld Aus ADSO fest. Geben Sie dort den technischen Namen des aDSO *ADNNE* an und drücken Sie dann die `Enter`-Taste zur Bestätigung der Eingabe (siehe Abbildung 5.73).

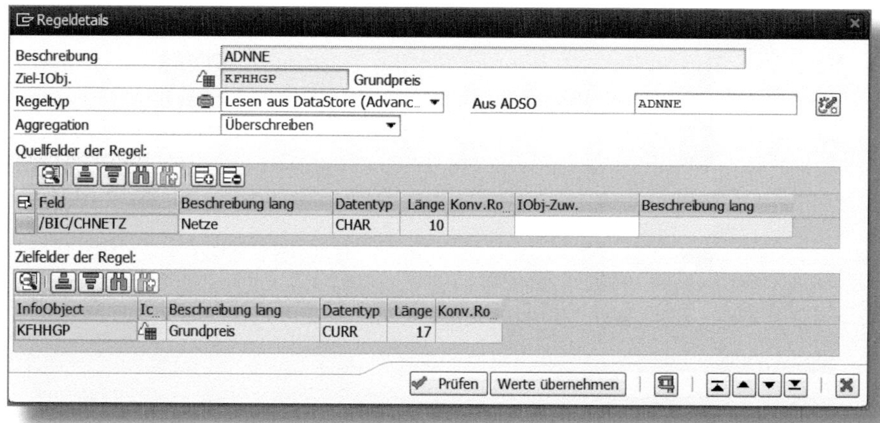

Abbildung 5.73: Regeltyp »Lesen aus DataStore (Advanced)«

Das Feld *Netze* wurde als einziges Schlüsselfeld im aDSO *ADNNE* erkannt und daher auch als einziges Quellfeld in der Tabelle der Quellfelder der Regel mit aufgenommen. PRÜFEN Sie die Regel mit dem entsprechenden Button. Übernehmen Sie die Regel mit dem Button WERTE ÜBERNEHMEN in die Transformation und beenden Sie damit diese Eingabemaske. Als Ergebnis sehen Sie den eben definierten Regeltyp in der Transformationsübersicht (siehe Abbildung 5.74).

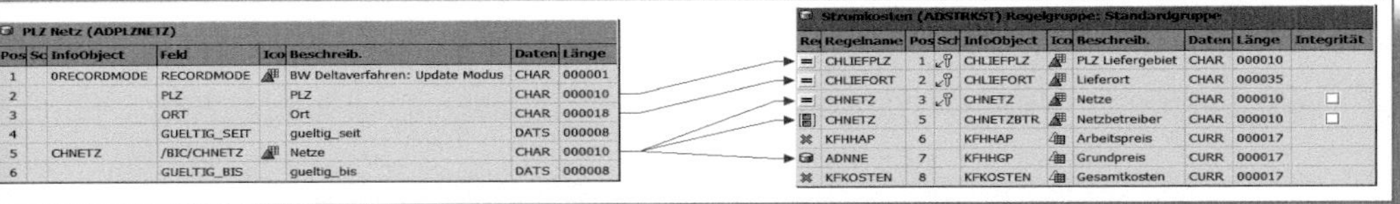

PLZ Netz (ADPLZNETZ)

Pos	Sc	InfoObject	Feld	Ico	Beschreib.	Daten	Länge
1		0RECORDMODE	RECORDMODE		BW Deltaverfahren: Update Modus	CHAR	000001
2			PLZ		PLZ	CHAR	000010
3			ORT		Ort	CHAR	000018
4			GUELTIG_SEIT		gueltig_seit	DATS	000008
5		CHNETZ	/BIC/CHNETZ		Netze	CHAR	000010
6			GUELTIG_BIS		gueltig_bis	DATS	000008

Stromkosten (ADSTRKST) Regelgruppe: Standardgruppe

Re	Regelname	Pos	Sch	InfoObject	Ico	Beschreib.	Daten	Länge	Integrität
	CHLIEFPLZ	1		CHLIEFPLZ		PLZ Liefergebiet	CHAR	000010	
	CHLIEFORT	2		CHLIEFORT		Lieferort	CHAR	000035	
	CHNETZ	3		CHNETZ		Netze	CHAR	000010	☐
	CHNETZ	5		CHNETZBTR		Netzbetreiber	CHAR	000010	☐
	KFHHAP	6		KFHHAP		Arbeitspreis	CURR	000017	
	ADNNE	7		KFHHGP		Grundpreis	CURR	000017	
	KFKOSTEN	8		KFKOSTEN		Gesamtkosten	CURR	000017	

Abbildung 5.74: Transformation mit Regeltyp »Lesen aus DataStore (Advanced)«

Das Zielfeld, das aus einem aDSO nachgelesen wird, enthält ein aDSO-Symbol für diesen Regeltyp.

Übungsaufgabe zu Regeltyp »Lesen aus DataStore (Advanced)«

Verfahren Sie mit der Kennzahl *Arbeitspreis* (technischer Name *KF-HHAP*) genauso. Legen Sie eine neue Regel und als Regeltyp *Nachlesen aus aDSO ADNNE* fest.

Nach dieser kleinen Aufgabe sieht Ihre Transformation wie in Abbildung 5.75 aus.

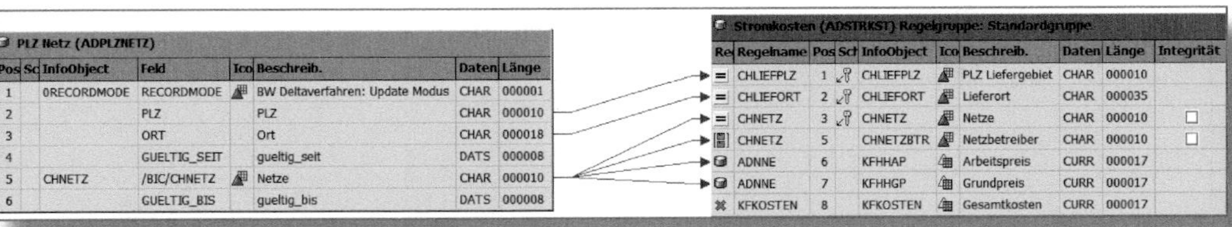

PLZ Netz (ADPLZNETZ)

Pos	Sc	InfoObject	Feld	Ico	Beschreib.	Daten	Länge
1		0RECORDMODE	RECORDMODE		BW Deltaverfahren: Update Modus	CHAR	000001
2			PLZ		PLZ	CHAR	000010
3			ORT		Ort	CHAR	000018
4			GUELTIG_SEIT		gueltig_seit	DATS	000008
5		CHNETZ	/BIC/CHNETZ		Netze	CHAR	000010
6			GUELTIG_BIS		gueltig_bis	DATS	000008

Stromkosten (ADSTRKST) Regelgruppe: Standardgruppe

Re	Regelname	Pos	Sch	InfoObject	Ico	Beschreib.	Daten	Länge	Integrität
	CHLIEFPLZ	1		CHLIEFPLZ		PLZ Liefergebiet	CHAR	000010	
	CHLIEFORT	2		CHLIEFORT		Lieferort	CHAR	000035	
	CHNETZ	3		CHNETZ		Netze	CHAR	000010	☐
	CHNETZ	5		CHNETZBTR		Netzbetreiber	CHAR	000010	☐
	ADNNE	6		KFHHAP		Arbeitspreis	CURR	000017	
	ADNNE	7		KFHHGP		Grundpreis	CURR	000017	
	KFKOSTEN	8		KFKOSTEN		Gesamtkosten	CURR	000017	

Abbildung 5.75: Transformation mit »Lesen aus DataStore (Advanced)«

Es fehlt lediglich die letzte Kennzahl für die Gesamtkosten. Die Gesamtkosten sollen sich nach der Formel Grundpreis + Verbrauch * Arbeitspreis berechnen. Die Felder *Grundpreis* und *Arbeitspreis* stehen uns in der Quelle jedoch nicht zur Verfügung, daher kann der Regeltyp *Formel* nicht zur Berechnung benutzt werden. Für die Berechnung der Gesamtkosten muss zuerst ein kleiner Nebenschritt erfolgen. Legen

Sie für die Kennzahl *Gesamtkosten* mit der technischen Bezeichnung *KFKOSTEN* eine neue Regel mit dem Regeltyp *Konstante* an und weisen Sie für den KONSTANTENWERT den Wert *0* zu (siehe Abbildung 5.76).

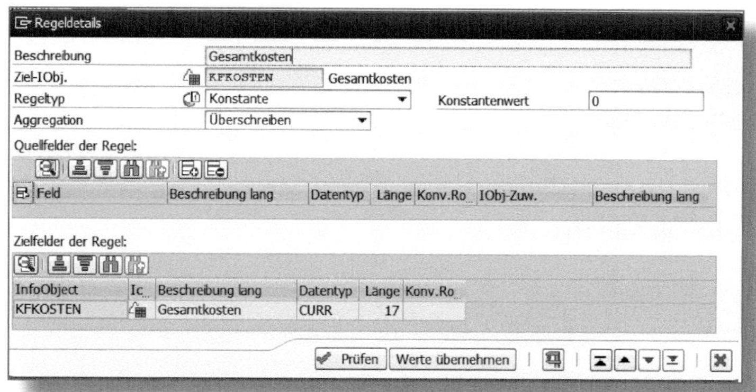

Abbildung 5.76: Regeltyp »Konstante«

Übernehmen Sie die Werte des Regeltyps wie gewohnt in die Transformation. Als Ergebnis sind alle Felder im Ziel mit einer Regel versehen. Dabei wurden unterschiedliche Regeltypen verwendet, wie Sie an den unterschiedlichen Symbolen für die Regeltypen in Abbildung 5.77 erkennen.

PLZ Netz (ADPLZNETZ)

Pos	Sc	InfoObject	Feld	Ico	Beschreib.	Daten	Länge
1		0RECORDMODE	RECORDMODE		BW Deltaverfahren: Update Modus	CHAR	000001
2			PLZ		PLZ	CHAR	000010
3			ORT		Ort	CHAR	000018
4			GUELTIG_SEIT		gueltig_seit	DATS	000008
5		CHNETZ	/BIC/CHNETZ		Netze	CHAR	000010
6			GUELTIG_BIS		gueltig_bis	DATS	000008

Stromkosten (ADSTRKST) Regelgruppe: Standardgruppe

Re	Regelname	Pos	Sch	InfoObject	Ico	Beschreib.	Daten	Länge	Integrit
	CHLIEFPLZ	1		CHLIEFPLZ		PLZ Liefergebiet	CHAR	000010	
	CHLIEFORT	2		CHLIEFORT		Lieferort	CHAR	000035	
	CHNETZ	3		CHNETZ		Netze	CHAR	000010	☐
	CHNETZ	5		CHNETZBTR		Netzbetreiber	CHAR	000010	☐
	ADNNE	6		KFHHAP		Arbeitspreis	CURR	000017	
	ADNNE	7		KFHHGP		Grundpreis	CURR	000017	
	Gesamtkosten	8		KFKOSTEN		Gesamtkosten	CURR	000017	

Abbildung 5.77: Alle Felder der Transformation »ADSTRKST«

Das Einzige, was fehlt, ist die Berechnungslogik für die Gesamtkosten. Hierfür legen Sie eine Endroutine an, in der Sie die Berechnung hinterlegen. Klicken Sie daher in der Transformation auf den Button ENDROUTINE (siehe roter Rahmen in Abbildung 5.78).

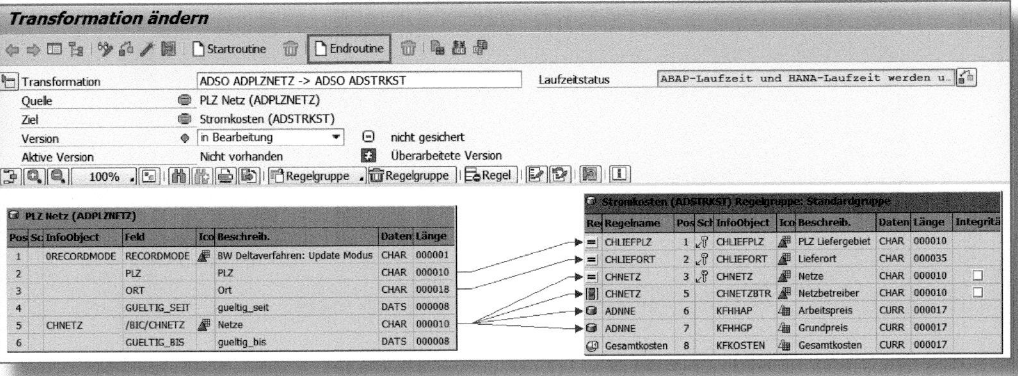

Abbildung 5.78: Endroutine in Transformation anlegen

Sie gelangen wie auch bei der zuvor angelegten Startroutine auf eine Maske, in der Sie die Felder festlegen, die in der Endroutine verwendet werden. Dies sind in den meisten Fällen alle Felder. Überprüfen Sie, dass sämtliche Felder in der rechten Liste selektierter Zielfelder der Endroutine vorhanden sind. Bestätigen Sie diese Maske mit OK. Wählen Sie ABAP-ROUTINE in dem Zwischen-Pop-up aus. Anschließend gelangen Sie in den bereits bekannten ABAP-Code-Editor. Blättern oder scrollen Sie in den Codezeilen bis zur Zeile METHOD END_ROUTINE hinunter. Geben Sie im Eingabebereich folgende Codezeilen ein:

```
Loop at result_package

assigning <result_fields>.

<result_Fields>-/bic/kfkosten =

<result_fields>-/bic/kfhhgp +

2500 * <result_fields>-/bic/kfhhap / 100.

endloop.
```

Abbildung 5.79 zeigt die Endroutine.

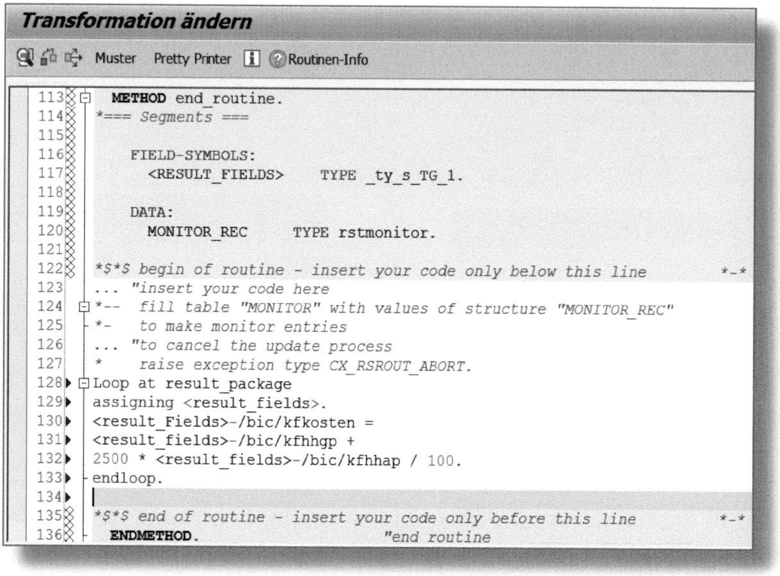

Transformation ändern

Muster Pretty Printer Routinen-Info

```
  METHOD end_routine.
*=== Segments ===

    FIELD-SYMBOLS:
      <RESULT_FIELDS>    TYPE _ty_s_TG_1.

    DATA:
      MONITOR_REC     TYPE rstmonitor.

*$*$ begin of routine - insert your code only below this line        *-*
... "insert your code here
*--  fill table "MONITOR" with values of structure "MONITOR_REC"
*-   to make monitor entries
... "to cancel the update process
*    raise exception type CX_RSROUT_ABORT.
Loop at result_package
assigning <result_fields>.
<result_Fields>-/bic/kfkosten =
<result_fields>-/bic/kfhhgp +
2500 * <result_fields>-/bic/kfhhap / 100.
endloop.

*$*$ end of routine - insert your code only before this line         *-*
  ENDMETHOD.                    "end_routine
```

Abbildung 5.79: Code der Endroutine

Mit der Loop-Anweisung durchlaufen Sie datensatzweise alle Datensätze. Die Loop-Anweisung enthält die Formel für die Berechnung der Gesamtkosten auf Basis des Grundpreises und des Arbeitspreises. Datensatz für Datensatz werden so die Gesamtkosten berechnet.

Prüfen und speichern Sie den Code und verlassen Sie anschließend den Code-Editor. Sie gelangen automatisch zurück in die Transformation. Sie erkennen, dass in der Transformation eine Endroutine hinterlegt wurde, da der Button ENDROUTINE zusätzlich einen Bleistift als Symbol aufweist (siehe Abbildung 5.80).

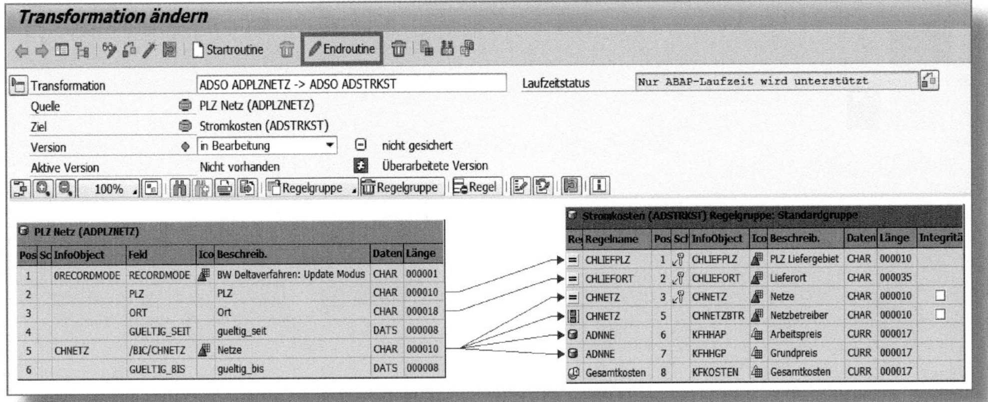

Abbildung 5.80: Transformation »ADSTRKST« final

Speichern und aktivieren Sie die Transformation.

5.13 DTP für aDSO »ADSTRKST« anlegen

Auch für dieses aDSO benötigen Sie einen DTP, um es mit Daten zu beladen. Legen Sie den DTP über das Kontextmenü zum aDSO *ADSTRKST* an, wie ich dies bereits für die aDSOs *ADNNE* und *ADPLZNETZ* gezeigt habe. Die Einstellungen des DTP auf der Registerkarte EXTRAKTION finden Sie in Abbildung 5.81.

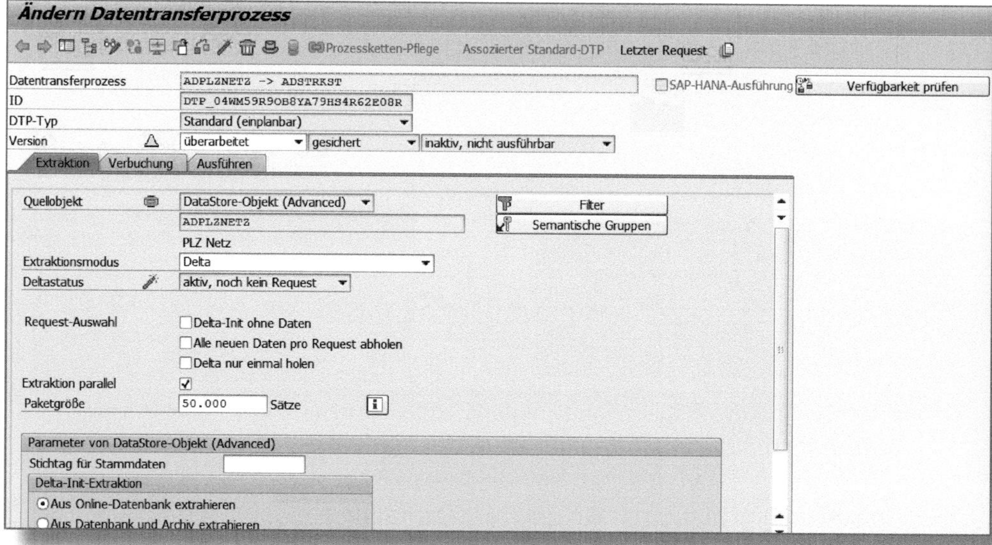

Abbildung 5.81: DTP zum Beladen des aDSO »ADSTRKST«

Im Unterschied zu den zuvor angelegten DTPs finden Sie hier keinen Adapter vor, da die Daten intern im System von einem zum nächsten Datenziel fortgeschrieben werden. Für den EXTRAKTIONSMODUS wurde der Wert *Delta* hinterlegt. Dies beinhaltet einen Delta-Request bei Request. Dabei prüft das System beim Ausführen des DTP, welche Requests der Quelle bereits in das Datenziel geladen wurden. Alle Requests in der Quelle, die noch nicht in das Datenziel geladen wurden, bilden das Delta. Alle anderen Einstellungen im DTP können Sie unverändert übernehmen. Speichern und aktivieren Sie den DTP.

Damit ist der Datenfluss zur Beladung mit Daten vollständig. Sie haben alle nötigen Elemente angelegt, um die Daten aus einer CSV-Datei in SAP BW/4HANA zu laden und in persistenten Zielen, den aDSOs, zu speichern. Das physische Beladen der Datenziele zeige ich Ihnen in Kapitel 6.

Als letztes Element im Datenfluss benötigen Sie ein Objekt, mit dem Sie Berichte erstellen und die Daten auswerten. Diese Aufgabe erledigt der *CompositeProvider*, den ich Ihnen als Nächstes vorstellen möchte.

5.14 CompositeProvider für Stromkosten

Der CompositeProvider ist das Allroundgenie für Ihre Berichte. Mit ihm verbinden Sie verschiedene Datenziele über SQL-JOIN- oder SQL-UNION-Anweisung miteinander, und Sie nutzen ihn zur Auswertung in Berichten. Das Besondere ist, dass Sie die SQL-UNION- oder SQL-JOIN-Anweisung wie bei anderen ETL- oder Warehouse-Tools nicht manuell selbst eingeben müssen, sondern diese intern vom System generiert wird. Sie geben lediglich die Felder und die Beziehung der Felder untereinander in einer grafischen Oberfläche an. Das System generiert hieraus dann die SQL-UNION- oder SQL-JOIN-Anweisung und führt diese aus. Bei der SQL-UNION müssen die beteiligten Datenziele die gleiche Struktur aufweisen. Beim SQL-JOIN dagegen können Sie Datenziele miteinander verknüpfen, die relationale Primär- oder Sekundärschlüsselbeziehungen zueinander haben. Für unser Fallbeispiel beschränke ich mich auf die SQL-UNION-Ausprägung.

Den CompositeProvider legen Sie wie alle anderen Objekte im Datenflussdiagramm aus Abbildung 5.3 über das Kontextmenü an. Als Erstes gelangen Sie bei der Erstellung des CompositeProviders in eine Maske, in der Sie den technischen Namen und eine Beschreibung hinterlegen. Abbildung 5.82 zeigt die hier vorzunehmenden Eingaben.

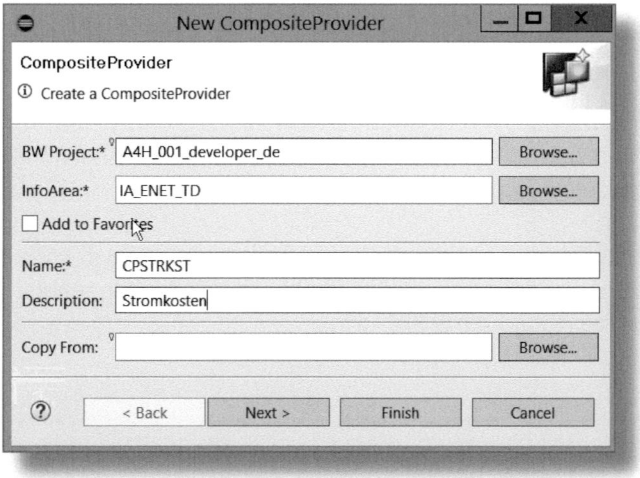

Abbildung 5.82: Anlegen des CompositeProviders

Klicken Sie anschließend auf den Button NEXT >. Es wird eine Eingabemaske angezeigt, in der Sie die Ausprägung des CompositeProviders als SQL-UNION oder SQL-JOIN auswählen. Aus den im Datenflussdiagramm hinterlegten Beziehungen zwischen den Objekten generiert das System einen Vorschlag. Da in unserem Beispiel lediglich das aDSO *ADSTRKST* mit dem CompositeProvider verbunden ist, schlägt das System eine SQL-UNION vor (siehe Abbildung 5.83).

Abbildung 5.83: CompositeProvider mit UNION

Für unser Fallbeispiel ist das so korrekt. Beenden Sie die Eingabe mit dem Button FINISH. Das System generiert im Hintergrund einen Vorschlag für den CompositeProvider auf Basis der ausgewählten Objekte.

Sie gelangen als Nächstes auf die Registerkarte GENERAL in der View für den CompositeProvider. Hier können Sie übergreifende Eigenschaften aktivieren (siehe Abbildung 5.84).

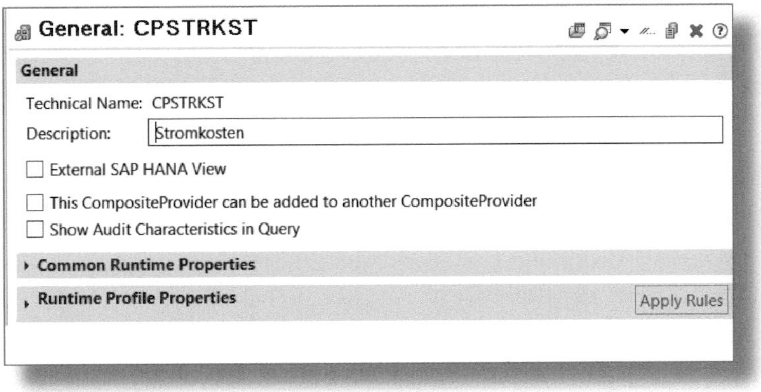

Abbildung 5.84: Registerkarte »General« im CompositeProvider

Hervorzuheben sind die beiden Einstellungen EXTERNAL SAP HANA VIEW (»externe SAP-HANA-Sicht«) und THIS COMPOSITEPROVIDER CAN BE ADDED TO ANOTHER COMPOSITEPROVIDER (»Dieser CompositeProvider kann zu anderen CompositeProviders hinzugefügt werden«).

Mit der Einstellung EXTERNAL SAP HANA VIEW werden die Ergebnisse der UNION physisch auf der SAP-HANA-Datenbank abgelegt und erlauben somit ein schnelleres Ausführen der Berichte, da die Ergebnisse nur aus der SAP-HANA-Datenbank gelesen werden müssen. Dies ist vor allem für größere Datenmengen sehr nützlich, da auch die SAP-HANA-Datenbank unter Umständen etwas länger braucht, um den UNION- oder JOIN-SQL-Befehl zur Laufzeit des Berichts auszuführen und die Ergebnisse anzuzeigen. Für unser Fallbeispiel soll diese Einstellung genutzt werden. Setzen Sie daher das Kennzeichen EXTERNAL SAP HANA VIEW (siehe Abbildung 5.84).

Über die Einstellung THIS COMPOSITEPROVIDER CAN BE ADDED TO ANOTHER COMPOSITEPROVIDER können Sie mehrfach geschachtelte CompositeProviders bauen. Je nach Komplexität kann dies allerdings schnell unübersichtlich werden. Für geschachtelte CompositeProviders ist daher die Empfehlung, die Tiefe der Verschachtelung eher klein zu halten und das Ergebnis stattdessen über sogenannte SAP-HANA-Calculation-Views zu berechnen.

> **Vorteil des CompositeProvider**
>
> Auch SAP-HANA-Calculation-Views können Sie als Datenquelle für einen CompositeProvider nutzen.

Wechseln Sie zur Registerkarte SCENARIO (siehe Abbildung 5.85).

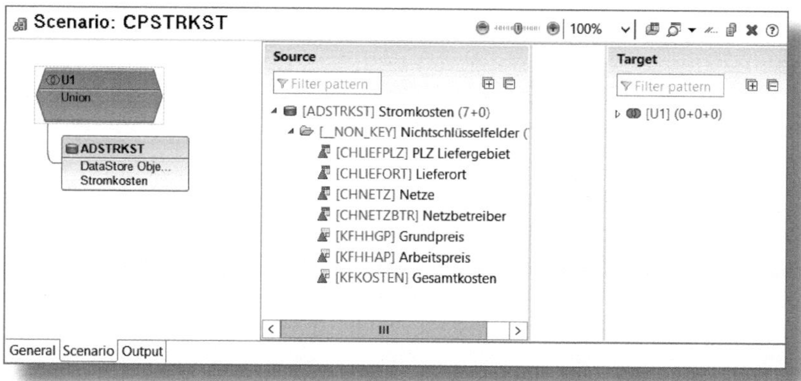

Abbildung 5.85: Registerkarte »Scenario« im CompositeProvider

Auf dieser Registerkarte definieren Sie die Ausgabefelder, die Sie für die Berichte benötigen, und wie diese mit der Datenquelle in Beziehung stehen. Sie finden die zur Verfügung stehenden Quellfelder in dem Fenster SOURCE. Initial ist das Fenster TARGET leer, es enthält keine Felder, was Sie an den Ziffern 0+0+0 hinter dem Symbol für das Datenziel erkennen. Dies bedeutet, dass keine Ausgabefelder, keine Formeln und keine zusätzlichen Felder vorhanden sind. Auf der linken Seite unter SOURCE dagegen sehen Sie die Ziffern 7+0, d. h., es stehen Ihnen 7 Quellfelder und 0 Formeln zur Verfügung. Unter SOURCE finden Sie unter der Datenquelle den Ordner NICHTSCHLÜSSELFELDER. Um Felder für die Ausgabe zu definieren, ziehen Sie die benötigten Felder per Drag-and-drop von SOURCE nach TARGET. Da wir alle Felder benötigen, ist es am einfachsten, den gesamten Ordner NICHTSCHLÜSSELFELDER per Drag-and-drop von SOURCE nach TARGET zu ziehen. Dadurch generiert das System die in Abbildung 5.86 dargestellten Beziehungen zwischen Quell- und Zielfeldern.

Scenario: CPSTRKST
100%
U1
Union
ADSTRKST
DataStore Obje...
Stromkosten
Source
Filter pattern
[ADSTRKST] Stromkosten (0+7)
[_NON_KEY] Nichtschlüsselfelder (0+7)
[CHLIEFPLZ] PLZ Liefergebiet
[CHLIEFORT] Lieferort
[CHNETZ] Netze
[CHNETZBTR] Netzbetreiber
[KFHHGP] Grundpreis
[KFHHAP] Arbeitspreis
[KFKOSTEN] Gesamtkosten
Target
Filter pattern
[U1] (0+0+7)
[_NON_KEY] Nichtschlüsselfelder (0+0+7
[CHLIEFPLZ] PLZ Liefergebiet (0+1)
[CHLIEFORT] Lieferort (0+1)
[CHNETZ] Netze (0+1)
[CHNETZBTR] Netzbetreiber (0+1)
[KFHHGP] Grundpreis (0+1)
[KFHHAP] Arbeitspreis (0+1)
[KFKOSTEN] Gesamtkosten (0+1)
General
Scenario
Output

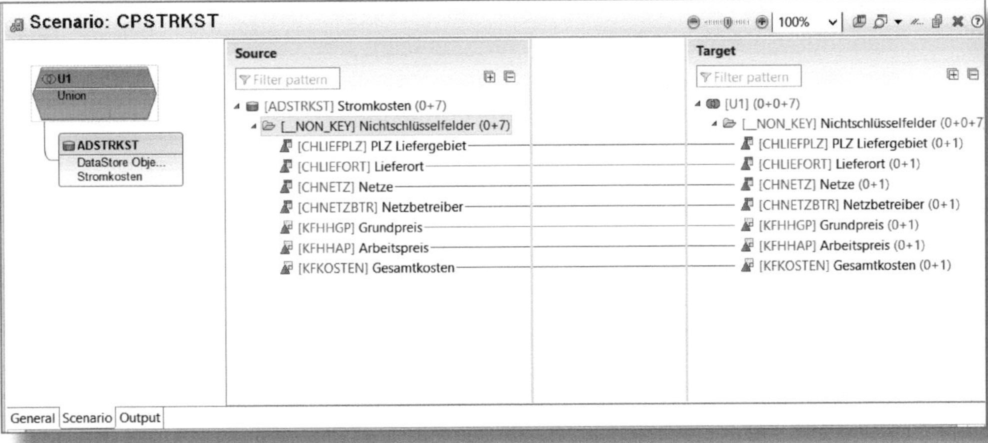

Abbildung 5.86: Beziehung der Quell- und Zielfelder

Wie Sie sehen, sind Quell- und Zielfelder direkt zugeordnet. Klicken Sie jetzt auf die Registerkarte OUTPUT, wo Ihnen die Ausgabefelder im Detail angezeigt werden (siehe Abbildung 5.87).

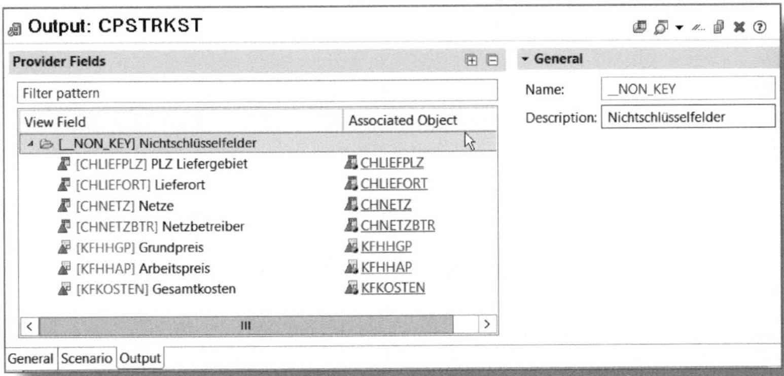

Output: CPSTRKST
Provider Fields
Filter pattern
View Field
Associated Object
[_NON_KEY] Nichtschlüsselfelder
[CHLIEFPLZ] PLZ Liefergebiet
CHLIEFPLZ
[CHLIEFORT] Lieferort
CHLIEFORT
[CHNETZ] Netze
CHNETZ
[CHNETZBTR] Netzbetreiber
CHNETZBTR
[KFHHGP] Grundpreis
KFHHGP
[KFHHAP] Arbeitspreis
KFHHAP
[KFKOSTEN] Gesamtkosten
KFKOSTEN
General
Name:
_NON_KEY
Description:
Nichtschlüsselfelder
General
Scenario
Output

Abbildung 5.87: Registerkarte »Output« des CompositeProvider

Damit können Sie in Ihren Auswertungen alle Felder des aDSO ausgeben und in den Daten navigieren. Für das Fallbeispiel soll die Möglichkeit bestehen, zusätzlich nach Postleitzahl und Ort des Netzbetreibers auszuwerten. Um dies zu erreichen, wurden in den Schritten zuvor im Abschnitt 4.8.6 die Attribute *Postleitzahl* und *Ort* als Navigationsattribute zum Merkmal *Netzbetreiber* angelegt. Diese Eigenschaft wird jetzt benötigt. Selektieren Sie in der Ausgabeliste des CompositeProvider das Merkmal NETZBETREIBER und rufen Sie mit der rechten Maustaste das Kontextmenü zum Merkmal im CompositeProvider auf (siehe Abbildung 5.88).

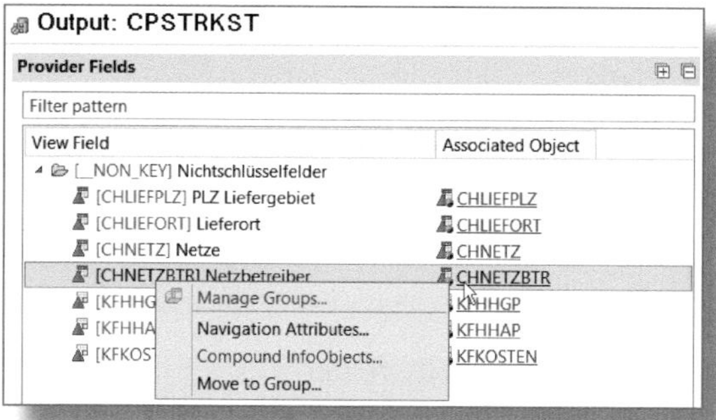

Abbildung 5.88: Kontextmenü zum Merkmal im CompositeProvider

Wenn Sie hier auf den Menüpunkt NAVIGATION ATTRIBUTES klicken, öffnet sich ein neues Fenster mit den aktiven Navigationsattributen zum Merkmal. In dieser Liste wählen Sie die beiden Navigationsattribute *Postleitzahl* und *Ort* aus, indem Sie für beide Attribute das zugehörige Kennzeichen setzen (siehe Abbildung 5.89).

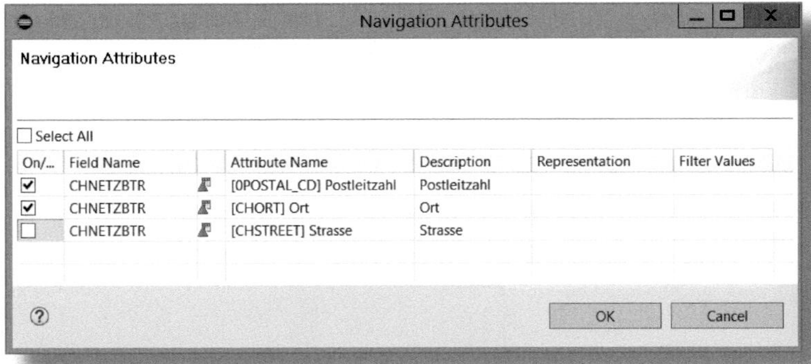

Abbildung 5.89: Liste der Navigationsattribute

Abschließend beenden Sie Ihre Wahl mit dem Button OK. Sie kehren in die Ausgabeliste des CompositeProvider zurück. Neben dem Merkmal NETZBETREIBER wird nun das Symbol zum Aufklappen angezeigt (siehe Abbildung 5.90).

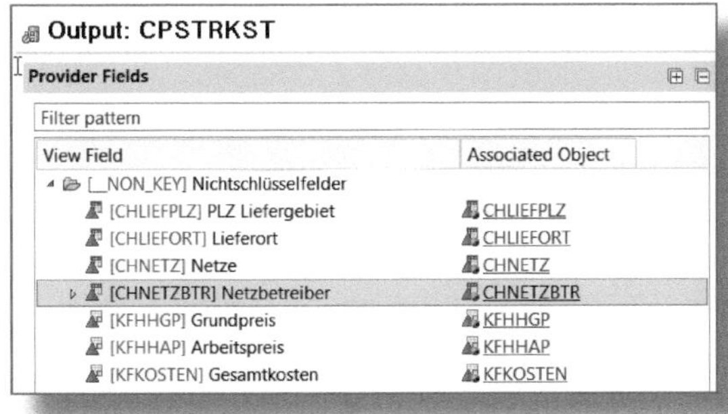

Abbildung 5.90: Merkmal »Netzbetreiber« mit zugeklappten Navigationsattributen

Mit Klick auf das Symbol finden Sie unter dem Merkmal die beiden eben selektierten Navigationsattribute POSTLEITZAHL und ORT zu diesem Merkmal (siehe Abbildung 5.91).

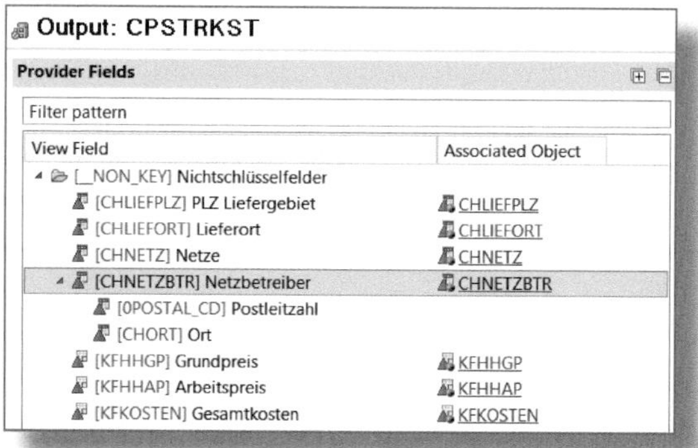

Abbildung 5.91: CompositeProvider mit eingeblendeten Navigationsattributen

Damit sind alle Einstellungen im CompositeProvider vorgenommen, und Sie können das Objekt jetzt mit dem Button AKTIVIEREN im System aktiv schalten.

Damit ist das Kapitel zur Datenmodellierung abgeschlossen. Im nächsten Kapitel zeige ich Ihnen, wie Sie die Daten aus den Quelldaten ins System laden und die Daten über den CompositeProvider auswerten und analysieren.

6 Extraktion, Laden und Transformation (ELT)

In diesem Kapitel gehe ich auf das manuelle Laden der Stamm- und Bewegungsdaten per Datentransferprozess sowie auf die Überprüfung der Beladung ein. Eine Übungsaufgabe zum Thema Beladung der Daten rundet das Kapitel ab.

6.1 Laden der Netzbetreiber-Stammdaten

Der Netzbetreiber wurde mit Stammdatenattributen und Texten angelegt. In Abschnitt 4.10.1 wurde zur Beladung der Stammdatenattribute ein DTP angelegt. Die Registerkarten EXTRAKTION und VERBUCHUNG wurden bereits erklärt. Für die Beladung ist die Registerkarte AUSFÜHREN des DTP relevant.

6.1.1 Beladung der Netzbetreiber-Attribute

Kehren Sie wieder zurück in das Datenflussdiagramm für die Stammdaten (vgl. Abbildung 4.27). Öffnen Sie per Doppelklick den DTP für die zeitunabhängigen Attribute des Merkmals NETZBETREIBER mit der Beschreibung DS_MD_NETZBETREIBER / PC_FILE -> CHNETZBTR ATTR. Wechseln Sie direkt auf die Registerkarte AUSFÜHREN (siehe Abbildung 6.1).

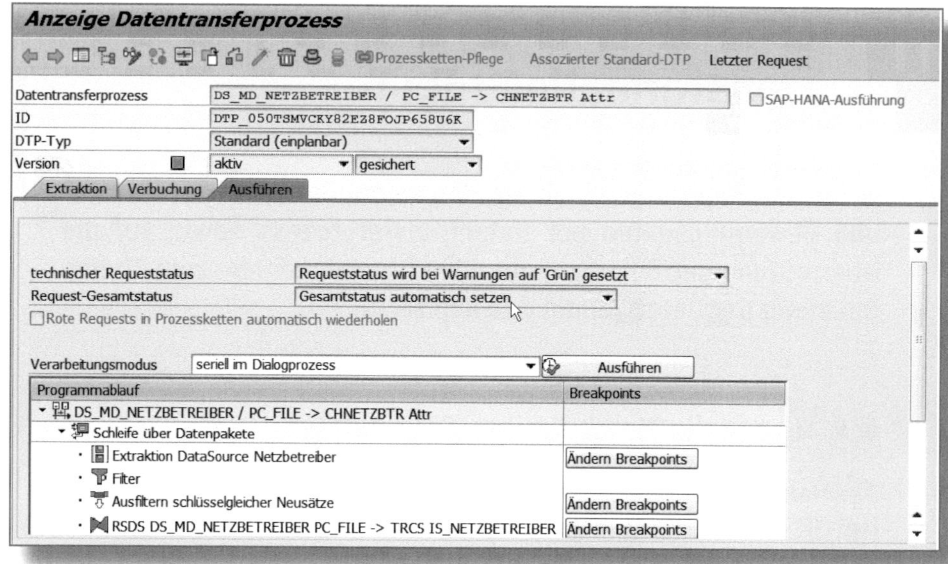

Abbildung 6.1: DTP – Registerkarte »Ausführen«

6.1.2 DTP – Registerkarte »Ausführen«

Sie finden hier die Beschreibung und technische ID des DTP wieder. Unter AUSFÜHREN finden Sie das Feld TECHNISCHER REQUESTSTATUS, das mit *Requeststatus wird bei Warnungen auf ›Grün‹ gesetzt* vorbelegt ist. Dies hat folgenden Hintergrund: Die Ausführung einer Beladung erfolgt technisch in Requests. Jeder Request durchläuft die Schritte Extraktion – Verarbeitung – Verbuchung ins Datenziel. Die Ausführung eines Requests kann in der Transaktion *Request-Monitor* überwacht werden. Jeder Schritt kann dabei zu jedweder Zeit genau einen der drei Zustände, symbolisiert mit Ampelfarben, annehmen:

- Gelb – Schritt wird aktuell ausgeführt oder es wurden Warnungen zurückgemeldet.
- Grün – Schritt war erfolgreich und ist fehlerfrei beendet.
- Rot – Schritt weist Fehler auf und wurde abgebrochen.

Nur wenn alle drei Schritte erfolgreich durchlaufen wurden, wird der Gesamtstatus des Requests auf »erfolgreich« gesetzt und eine weitere Verarbeitung, wie etwa Aktivierung der Daten, kann starten. Manche Extraktionsprozesse melden Warnungen zurück, wenn ein Datensatz Felder mit ungültigen Werten aufweist, die Verbuchung deswegen aber nicht fehlerhaft ist. Damit würde der Request allerdings auf dem Status Gelb stehen bleiben, und die Folgeschritte könnten nie angestoßen werden. Die oben genannte Einstellung verhindert genau dies und setzt Requests mit Warnungen auf den Status Grün zur weiteren Verarbeitung in die angeschlossenen Datenziele.

Im Feld REQUEST-GESAMTSTATUS ist als Vorauswahl *Gesamtstatus automatisch setzen* eingestellt. Dies besagt, dass das Setzen des Status vom System überwacht wird und das System den Status entsprechend den an den Request-Monitor zurückgemeldeten Nachrichten automatisiert setzt. Dies ist vor allem für die automatisierte Bearbeitung in Prozessketten wichtig.

Im Feld VERARBEITUNGSMODUS ist eingestellt, wie die Verarbeitung erfolgen soll. Als Default ist der Wert *seriell im Dialogprozess* gewählt. Die Beladung wird im BW-System als Dialogprozess gestartet und die Datenpakete werden seriell hintereinander ausgeführt. Bei SAP-Quellsystemen ist hier auch die Option *parallel im Dialogprozess* möglich. Dabei werden mehrere Datenpakete als Dialogprozesse parallel nebeneinander ausgeführt. Um das System nicht mit zu vielen parallelen Prozessen lahmzulegen, sind im Standard maximal drei parallele Prozesse vorgesehen. Diese Einstellung kann jedoch abhängig von den maximal im System zur Verfügung stehenden Dialogprozessen geändert werden. Beachten Sie hierbei, dass oftmals mehrere Beladungsprozesse aus verschiedenen DataSources zeitgleich in Ihrem BW-System erfolgen können.

Alternativ können Sie den Verarbeitungsmodus zum Testen der Beladung auf *seriell für Debugging* umstellen. Damit können Sie die einzelnen Schritte der Beladung an gekennzeichneten Stellen innerhalb der Verarbeitung debuggen.

Starten Sie über den Button AUSFÜHREN die Beladung der Attribute aus der Quelldatei in die Stammdatenattribute des Netzbetreibers. Eine eventuelle Nachfrage für den Zugriff auf die Datei erlauben Sie.

6.1.3 Request-Monitor für Stammdatenattribute

Die Extraktion und Beladung werden nun gestartet. Aufgrund der geringen Satzanzahl in der Quelldatei ist die Beladung fast sofort beendet. Ein entsprechender Status-Pop-up weist Sie auf die erfolgreiche Beladung hin (siehe Abbildung 6.2).

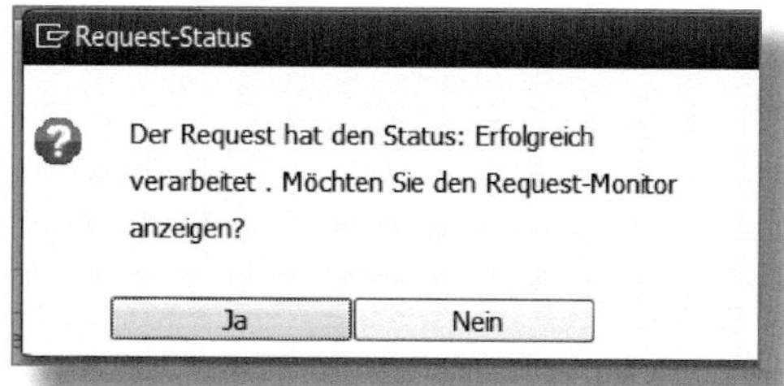

Abbildung 6.2: Status-Pop-up für Request

Mit dem Button NEIN landen Sie wieder in der DTP-Anzeige auf der Registerkarte AUSFÜHREN. Zeigen Sie den Request-Monitor an, indem Sie den Button JA betätigen. Der Request-Monitor wird Ihnen angezeigt: Um die Datenpaketdetails aus Abbildung 6.3 zu sehen, klappen Sie die Nachrichten unter DATENPAKET 1 (29 DATENSÄTZE) auf, indem Sie auf den Button ▸ zum Aufklappen drücken.

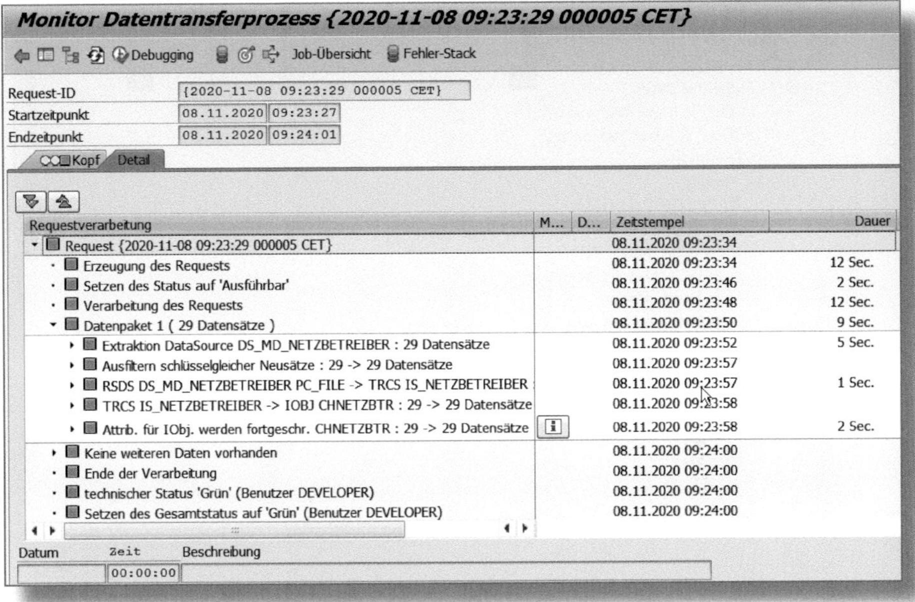

Abbildung 6.3: Request-Monitor für Attribute

Damit sind die Attribute des Netzbetreibers geladen.

6.1.4 Beladung der Netzbetreibertexte

Als Nächstes laden Sie die Texte des Netzbetreibers. Sie können den DTP zum Laden der Texte alternativ auch über den Project Explorer öffnen. Den technischen Namen des DTP für Texte finden Sie im Abschnitt 4.10.2. Wechseln Sie in den Project Explorer und doppelklicken Sie in dem in Abbildung 6.4 dargestellten Pfad auf den DTP mit der Beschreibung DS_MD_NETZBETREIBER/PC_FILE -> CHNETZBTR TEXTE (unterhalb von der markierten Zeile).

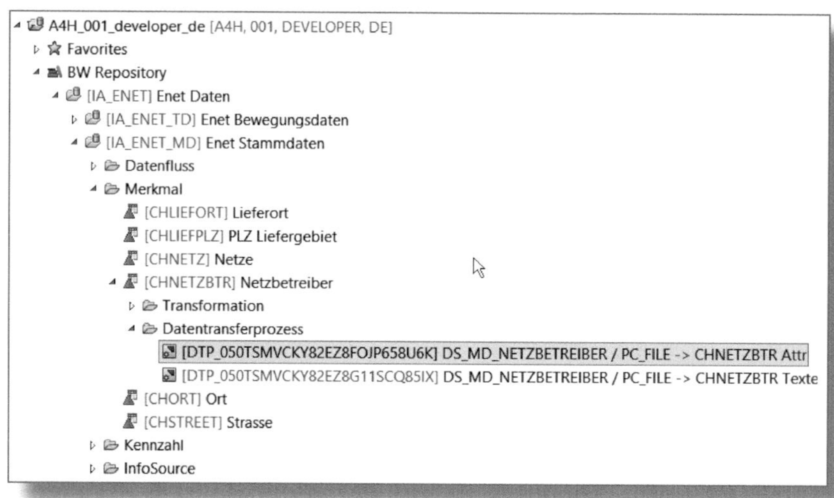

Abbildung 6.4: Übersicht DTPs im Project Explorer

Der DTP für die Texte öffnet sich in einer neuen View in Eclipse.

Wechseln Sie zur Registerkarte AUSFÜHREN. Drücken Sie den Button AUSFÜHREN und starten Sie die Beladung der Texte. Eine eventuelle Frage, den Zugriff auf die Datei zu erlauben, bestätigen Sie. Der DTP wird ausgeführt und Sie erhalten die Meldung aus Abbildung 6.5.

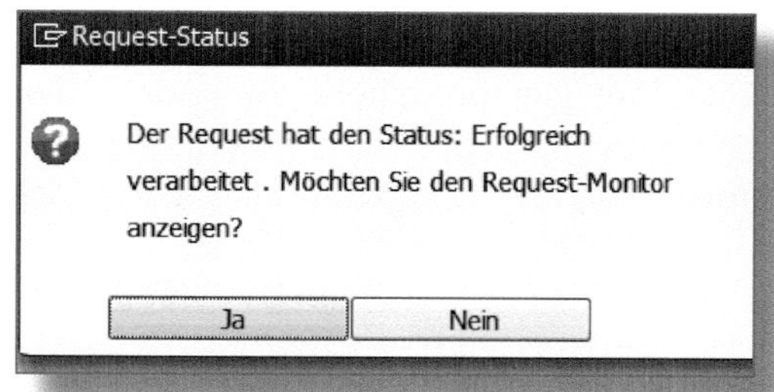

Abbildung 6.5: Erfolgreicher DTP für Texte

Beantworten Sie die Frage, ob Sie den Request-Monitor anzeigen wollen, mit JA. Der Request-Monitor für die geladenen Texte öffnet sich und zeigt Ihnen die Details an (siehe Abbildung 6.6).

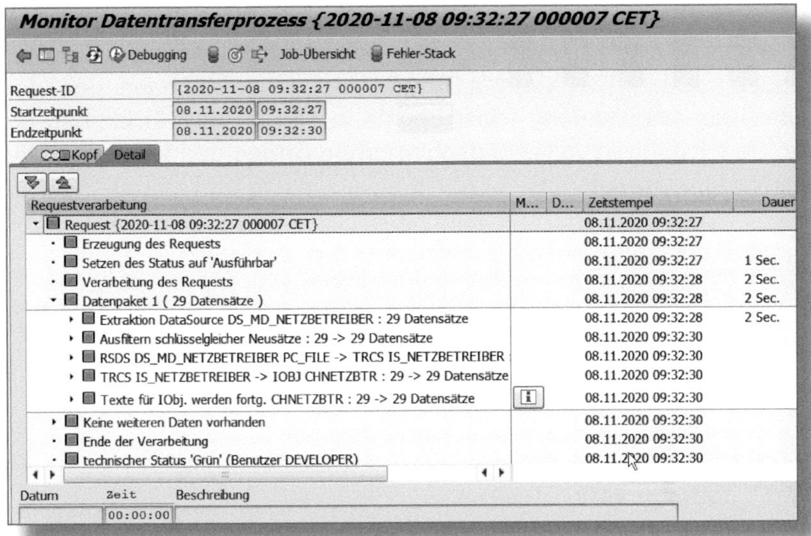

Abbildung 6.6: Details der Beladung für die Texte

Analog zu den Attributen werden für 29 Netzbetreiber die Texte geladen.

6.2 Überprüfung der Stammdaten

Sie können sich jederzeit die aktiven Stammdaten eines Merkmals anzeigen lassen. Gehen Sie dazu im Datenflussdiagramm auf das Merkmal CHNETZBTR und doppelklicken Sie darauf. Sie gelangen in die Merkmalsbearbeitung des InfoObject. Im Menü unter dem Button mit dem Werkzeugschlüssel als Icon (Tooltip MISCELLANEOUS; »Verschiedenes«) finden Sie als Untermenü die Stammdatenpflege unter MASTER DATA MAINTENANCE (siehe roter Rahmen in Abbildung 6.7).

Abbildung 6.7: Aufruf der Stammdatenpflege

Die Stammdaten werden in einer neuen View aufgerufen. Diese View ist etwas versteckt unterhalb des Bearbeitungsfensters als neues Fenster mit dem Titel MASTER DATA MAINTENANCE zu finden. Über den Button zur Maximierung (oben rechts in Abbildung 6.8) können Sie die View jedoch in voller Bildschirmgröße öffnen und leichter in den Stammdaten navigieren.

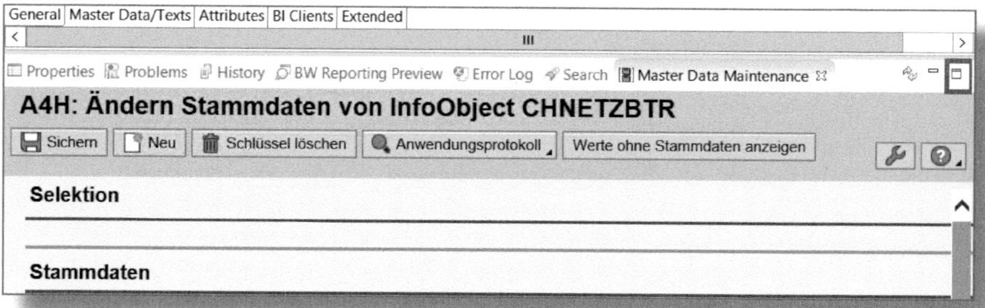

Abbildung 6.8: View »Master Data Maintenance«

Im Vollbild sehen Sie die geladenen Stammdaten tabellarisch dargestellt. Abbildung 6.9 gibt einen Überblick.

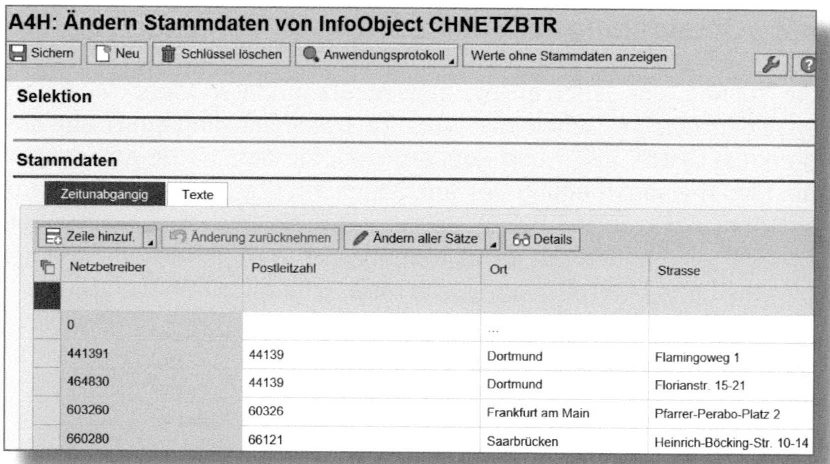

Abbildung 6.9: Auszug der Netzbetreiber-Stammdaten

Die Tabelle mit den vorhandenen Stammdaten zum Netzbetreiber finden Sie im Bereich STAMMDATEN. Die Schlüsselspalten sind blau markiert. Die Attribute befinden sich in Nichtschlüsselspalten, die als solche weiß hinterlegt sind. Zusätzlich sehen Sie eine Zeile mit der Bezeichnung SELEKTION. Um diese zu öffnen, müssen Sie in der View ganz nach rechts scrollen, bis Sie ein Fenstersymbol sehen (siehe Abbildung 6.10).

Abbildung 6.10: Öffnen des Selektionsfensters

Wenn Sie auf den Button zum Aufklappen klicken, öffnet sich das Selektionsfenster (siehe Abbildung 6.11).

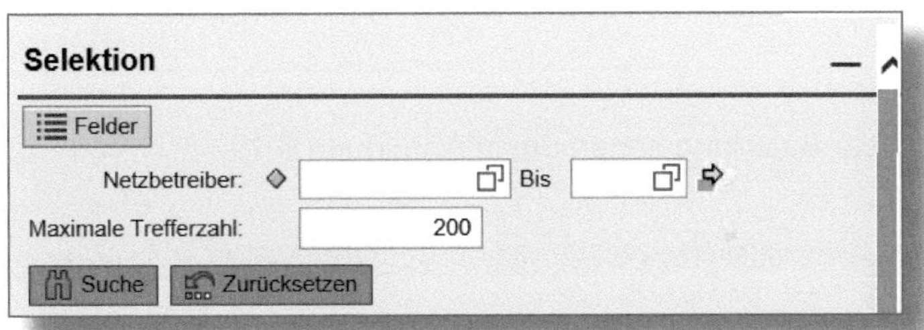

Abbildung 6.11: Selektionsmenü der Stammdatenpflege

Im Standard zeigt die Selektionszeile nur die Schlüsselfelder an. Über das Drop-down-Menü von FELDER können Sie die verfügbaren Felder sehen und als weitere zusätzliche Selektionszeilen einblenden. Im Feld NETZBETREIBER können Sie die Nummer eines Netzbetreibers eingeben und über den Button SUCHE werden alle gefundenen Netzbetreiber zu dieser Nummer in der Stammdatentabelle unterhalb des Selektionsbereichs aufgelistet. Über den Button ZURÜCKSETZEN setzen Sie Ihre Suche zurück, alle Eingaben werden gelöscht und die Felder geleert. Das Eingabefeld MAXIMALE TREFFERZAHL begrenzt die Anzahl der angezeigten Ergebniszeilen. Erwarten Sie mehr als *200* Ergebniszeilen, so passen Sie hier die Trefferzahl entsprechend an.

6.3 Übungsaufgabe zur Stammdatenbeladung für Netze

Die folgende Übungsaufgabe besteht für Sie darin, die Stammdaten für das Merkmal *Netze* aus der CSV-Datei in SAP BW/4HANA zu laden. Anschließend überprüfen Sie, ob die Beladung erfolgreich war und ob für jede Netznummer ein Netzbetreiber in den Stammdaten aktiv vorhanden ist.

> **Aufgabe 1: Netze beladen**
>
> Beladen Sie die Stammdaten zum Merkmal NETZE mit dem technischen Namen CHNETZE über den angelegten DTP. Überprüfen Sie den Ladevorgang im Request-Monitor. Das Ergebnis der Beladung sehen Sie in Abbildung 6.12. Lassen Sie sich abschließend über die Stammdatenpflege die geladenen Stammdaten zum Merkmal NETZE anzeigen. Die NETZE-Stammdaten mit NETZBETREIBER zeigt Abbildung 6.13. Vergewissern Sie sich, dass das Attribut NETZBETREIBER zur Netznummer über führende Nullen verfügt.

Das Ergebnis der Beladung sehen Sie in Abbildung 6.12.

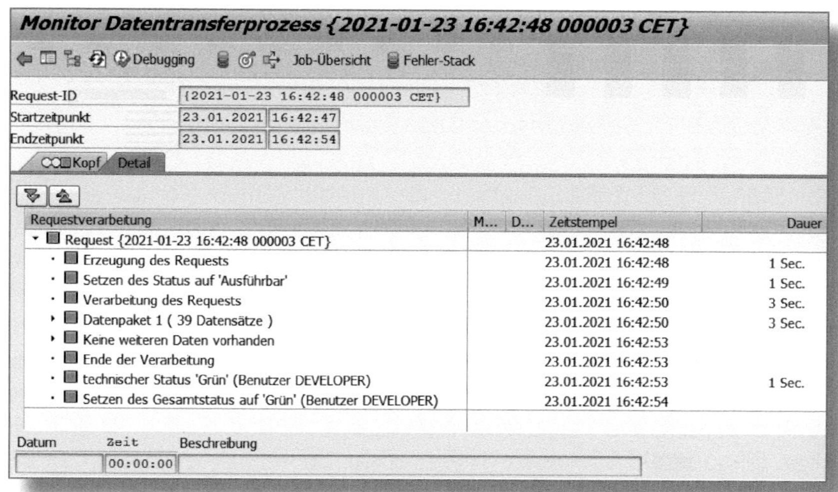

Abbildung 6.12: Attribute für »CHNETZ« laden

Als Ergebnis sehen Sie in der Stammdatenpflege zum Merkmal NETZE die Datensätze mit führenden Nullen zur Netznummer wie in Abbildung 6.13.

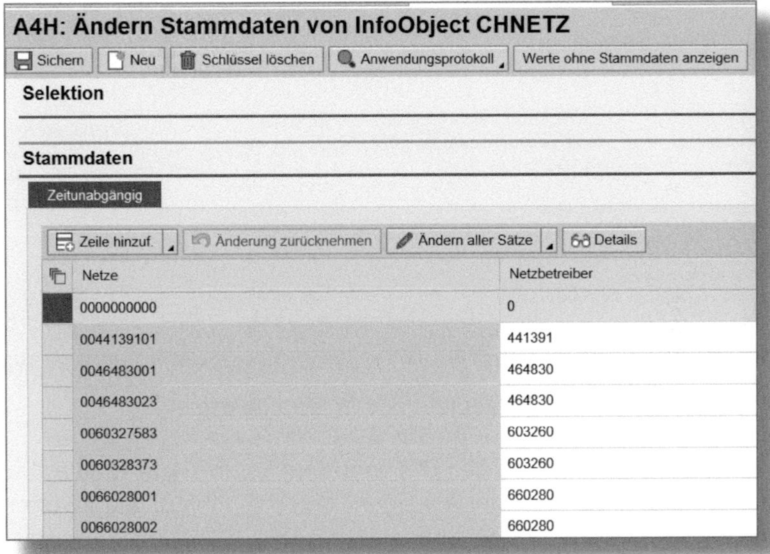

Abbildung 6.13: Stammdaten für Netze anzeigen

6.4 Laden der Bewegungsdaten

6.4.1 Laden der Daten ins aDSO »ADNNE«

Um das aDSO NNE zu beladen, wechseln Sie in das Datenflussdiagramm aus Abbildung 5.3 zurück. Selektieren Sie darin über das Kontextmenü zum aDSO ADNNE den zuvor angelegten DTP. Sie gelangen auf die Registerkarte EXTRAKTION des DTP mit dem Ziel *ADNNE*. Wechseln Sie hier gleich zur Registerkarte AUSFÜHREN (siehe Abbildung 6.14).

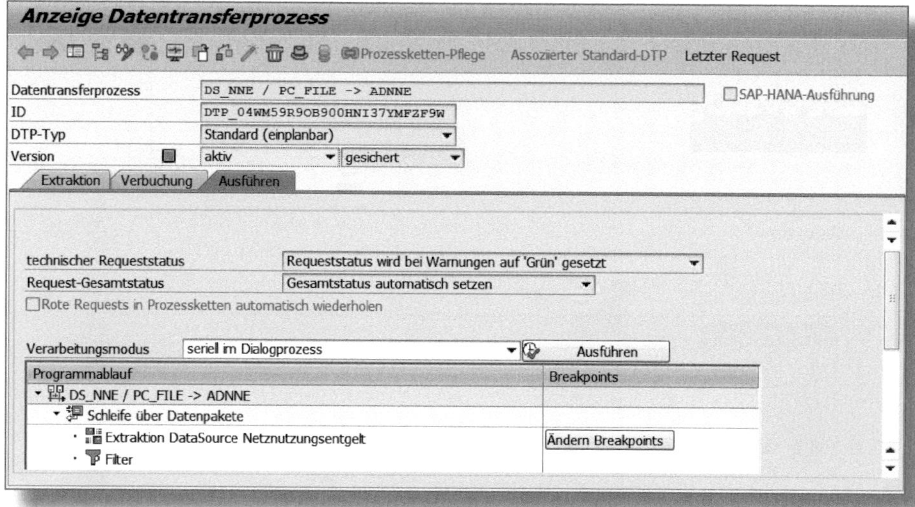

Abbildung 6.14: DTP für Netznutzungsentgelt ausführen

Starten Sie die Ausführung des DTP mit dem Button AUSFÜHREN. Die Frage, ob Sie sich den Monitor anzeigen lassen möchten, beantworten Sie mit JA.

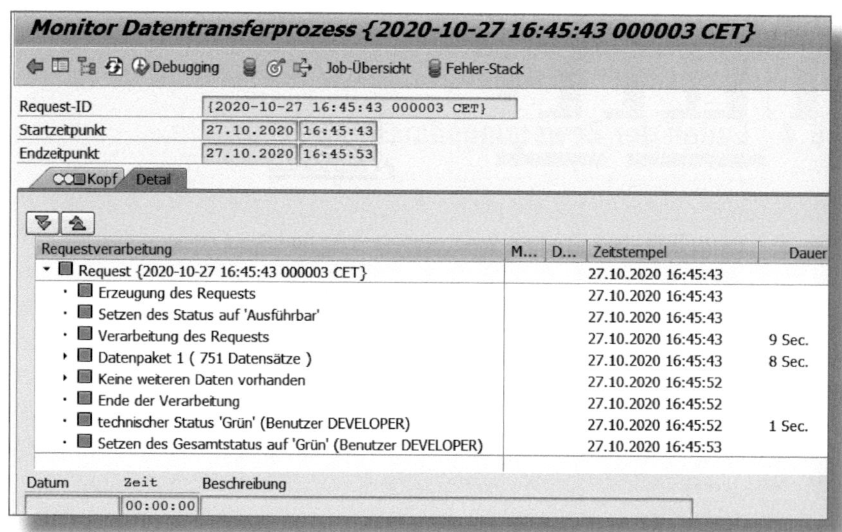

Abbildung 6.15: Request-Monitor für Netznutzungsentgelt

Daraufhin wird der Beladungs- oder auch Request-Monitor geöffnet, der den Fortschritt der Beladung darstellt (siehe Abbildung 6.15).

Die Ampelfarben zeigen Ihnen die Beladung an. Unter DATENPAKET 1 sehen Sie, dass 751 DATENSÄTZE erfolgreich in das aDSO geladen wurden. Die Beladung wurde insgesamt erfolgreich durchlaufen, da alle Ampeln grün sind.

6.4.2 Aktivierung der Daten im aDSO »NNE«

Als Nächstes möchte ich Ihnen erläutern, wie Sie die Beladung überprüfen und sich die geladenen Daten im aDSO anzeigen lassen. Wechseln Sie dazu wieder über das Datenflussdiagramm und das Kontextmenü des aDSO ADNNE in die Detailsicht des aDSO. Zur Erinnerung ist die Detailsicht in Abbildung 6.16 dargestellt.

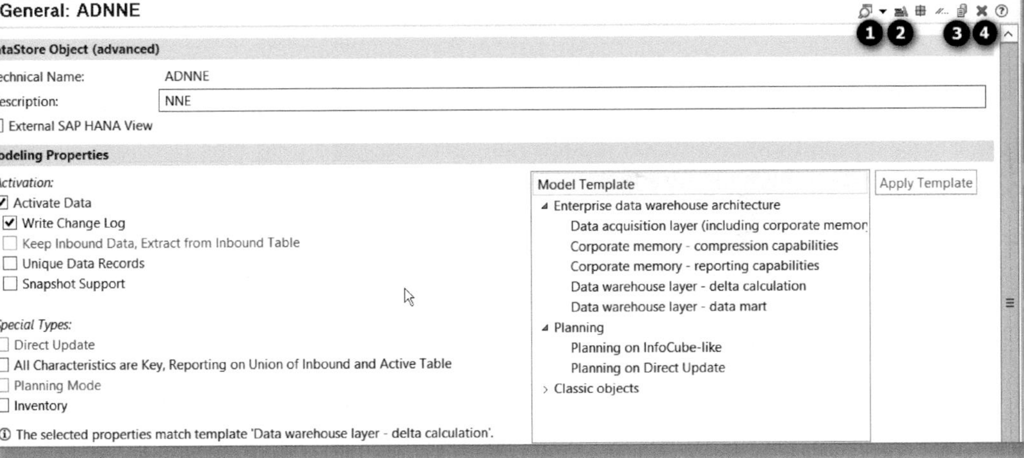

Abbildung 6.16: Detailsicht des aDSO

Die mit Callout-Ziffern markierten Administrationsfunktionen haben folgende Bedeutung:

❶ **Datenvorschau** – Über diese Funktion können Sie sich eine Vorschau der Echtdaten anzeigen lassen. Sie gelangen in eine eigene View in Eclipse, in der die Daten so dargestellt werden, wie sie im aDSO gespeichert sind. Zusätzlich unterstützt diese View die klassischen OLAP-Operationen wie Filtern, Drilldown oder Slice und Dice.

❷ **Administration** – Mithilfe dieses Buttons gelangen Sie in die Administrationssicht des aDSO, in der Sie sehen, welche Requests in das aDSO geladen wurden. Hier können Sie Requests manuell löschen, Daten aktivieren im Falle eines Standard-aDSO oder sich Details zum Request näher anschauen. Auf diese View gehe ich gleich detailliert ein.

❸ **Versionsverwaltung und Änderungshistorie** – Beim initialen Anlegen und Aktivieren des aDSO mit seinen Feldern und Einstellungen wird eine Version 1.0 auf der Datenbank angelegt. Jede Änderung und jedes anschließende Speichern und Aktivieren der Änderungen an der Feldstruktur und den Einstellungen wird mit der nächsthöheren Versionsnummer auf der Datenbank abgelegt. So erhalten Sie im Laufe der Zeit eine Änderungshistorie darüber, wie oft und wann dieses aDSO geändert wurde. Auf Details der Versionsverwaltung möchte ich jedoch hier nicht eingehen, da dies den Rahmen deutlich sprengen würde.

❹ **Löschen** – Über diese Funktion können Sie das aDSO komplett von der Datenbank löschen. Dabei werden nicht nur die Daten, sondern auch die komplette Struktur und die Einstellungen gelöscht. Vor der Löschung werden jedoch Abhängigkeiten geprüft, etwa ob das aDSO regelmäßig über eine Prozesskette geladen wird oder ob es Transformationen und DTPs hierzu gibt. Diese Objekte müssen zuvor gelöscht werden, bevor das aDSO gelöscht werden kann. Im Datenflussdiagramm dürfen keine Beziehungen mehr vorhanden sein, die zu dem aDSO hin oder von ihm weg führen.

Sie gelangen nun in die Administrationssicht des aDSO (siehe Abbildung 6.17).

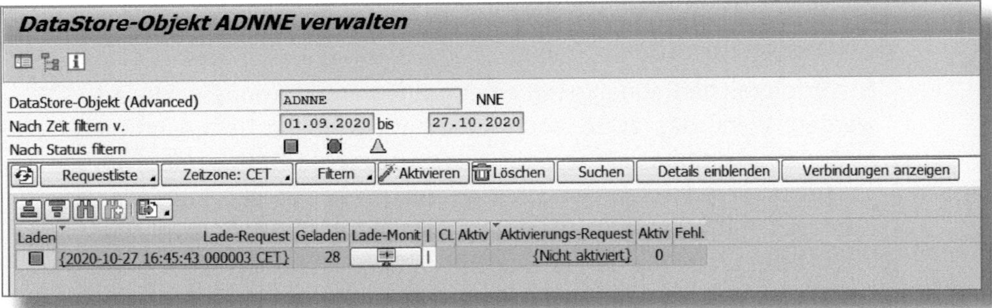

Abbildung 6.17: Administration des aDSO

In der Mitte der View befindet sich eine Liste, die alle Beladungsvorgänge (»Requests« in der Fachsprache) des aDSO anzeigt. Diese Liste heißt *Requestliste*. Aktuell wurde das aDSO nur einmal beladen. Die erste Spalte LADEN zeigt Ihnen den Status der Beladung als Ampelfarbe an. In der nächsten Spalte LADE-REQUEST finden Sie die Request-ID vor, mit der jeder Beladungsvorgang im System identifiziert werden kann. Diese Request-ID wird bei jedem Starten einer Beladung vom System vergeben und ist eindeutig. Die Spalte GELADEN weist die Anzahl der Datensätze aus, die geladen wurden. Im Fallbeispiel sind dies *28* Datensätze. Über den Button mit dem Monitorsymbol springen Sie in den Beladungsmonitor aus Abbildung 6.15 ab, der Ihnen Details der Beladung zeigt. In der Spalte AKTIVIERUNGS-REQUEST finden Sie beim Standard-aDSO die interne Request-ID, die bei der Aktivierung der Daten erzeugt wird.

Zur Erinnerung: Bei der Aktivierung von Daten im Standard-aDSO werden die Daten aus der Tabelle mit den neuen Daten in die Tabelle der aktiven Daten übertragen und anschließend aus der Tabelle mit den neuen Daten gelöscht, sofern die Aktivierung erfolgreich war. War die Aktivierung nicht erfolgreich, bleiben die Daten in der Tabelle der neuen Daten erhalten. Der Request hat den Eintrag NICHT AKTIVIERT, es ist also noch keine Aktivierung des Requests erfolgt.

Die Liste zeigt Ihnen die Beladungsvorgänge chronologisch absteigend sortiert an. Die zuletzt geladenen Requests stehen ganz oben, in der Vergangenheit geladene Requests stehen unten in der Liste.

> **! Aktivieren von Requests**
>
> Nur erfolgreiche Requests mit einer grünen Ampel können aktiviert werden. Wenn das aDSO auch fehlerhaft geladene Requests mit roter Ampel enthält, können nur die Requests aktiviert werden, die vor den rot markierten Requests erfolgreich in das aDSO geladen wurden. Die erfolgreich geladenen, nicht aktivierten Requests sind in der Liste unterhalb der rot markierten Requests zu finden.

Über den Button AKTIVIEREN können Sie die Daten aktivieren. Da es sich bei diesem aDSO um ein Standard-aDSO handelt, muss dieser Schritt als Nächstes erfolgen; nur so können die Daten später erfolgreich nachgelesen werden. Drücken Sie jetzt den Button AKTIVIEREN. Sie gelangen auf die Folgemaske (siehe Abbildung 6.18), die Ihnen angibt, welche Requests aktiviert werden.

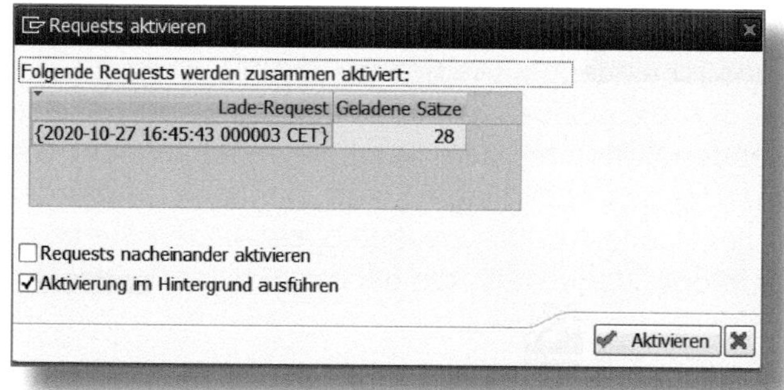

Abbildung 6.18: Aktivierung des Requests

Da nur ein Request erfolgreich beladen wurde, finden Sie in dieser Aktivierungsliste auch nur diesen einen Request wieder.

Bestätigen Sie die Maske mit dem Button AKTIVIEREN. In Abbildung 6.19 sehen Sie unten in der Statuszeile durch den Vermerk AKTIVIERUNG WIRD GESTARTET..., dass die Aktivierung läuft.

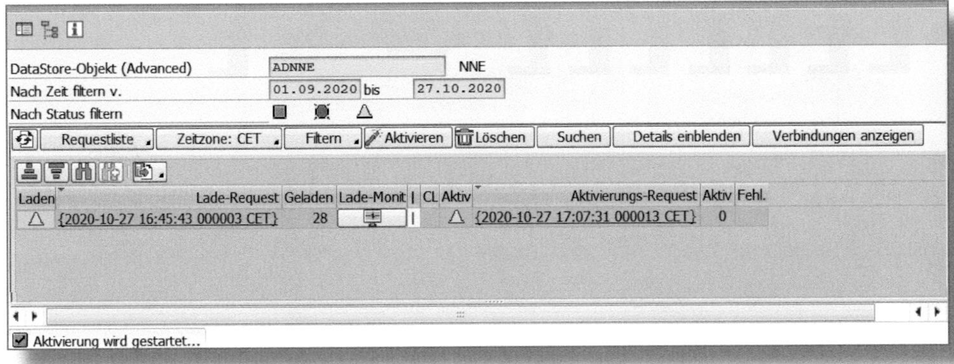

Abbildung 6.19: System aktiviert Request

Wenn die Aktivierung erfolgreich abgeschlossen ist, erkennen Sie dies an der eindeutigen Request-ID in der Spalte AKTIVIERUNGS-REQUEST und der grünen Ampel in der Spalte AKTIV (siehe Abbildung 6.20).

DataStore-Objekt ADNNE verwalten
DataStore-Objekt (Advanced) ADNNE NNE
Nach Zeit filtern v. 01.09.2020 bis 27.10.2020
Nach Status filtern
Requestliste | Zeitzone: CET | Filtern | Aktivieren | Löschen | Suchen | Details einblenden | Verbindungen anzeigen
Laden | Lade-Request | Geladen | Lade-Monit | CL | Aktiv | Aktivierungs-Request | Aktiv | Fehl.
{2020-10-27 16:45:43 000003 CET} | 28 | {2020-10-27 17:07:31 000013 CET} | 28

Abbildung 6.20: Aktiver Request

Zuletzt lassen Sie sich die aktiven Daten anzeigen und prüfen, ob sie korrekt geladen wurden. Klicken Sie dazu in dieser View auf MENÜ • HILFSMITTEL • AKTIVE DATEN ANZEIGEN (siehe Abbildung 6.21).

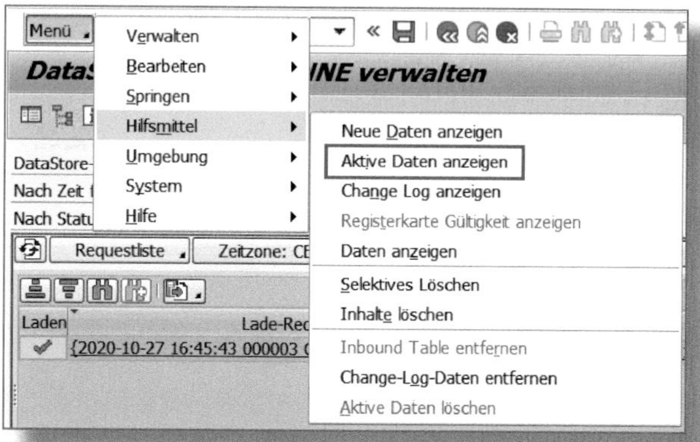

Abbildung 6.21: Menü aktive Daten anzeigen

Es öffnet sich eine neue Maske (siehe Abbildung 6.22), in der Sie die Selektionskriterien angeben, nach denen Sie die aktiven Daten filtern oder auswählen möchten.

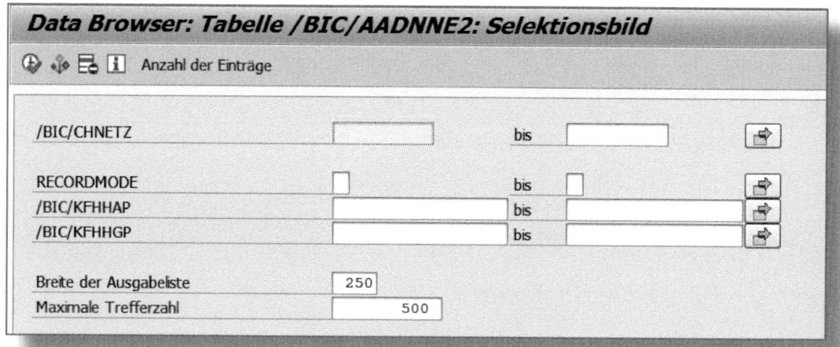

Abbildung 6.22: Datenanzeige der aktiven Daten

Es sollen alle aktiven Daten angezeigt werden. Sie sehen im Feld MAXIMALE TREFFERZAHL, dass die Anzahl der maximal angezeigten Datensätze auf *500* beschränkt ist. Die BREITE DER AUSGABELISTE ist auf *250* Zeichen beschränkt. Für unser Beispiel ist das ausreichend. Bei größeren Datenmengen und -breiten müssen Sie diese Felder entsprechend anpassen.

Über MENÜ • EINSTELLUNGEN • BENUTZERPARAMETER konfigurieren Sie diese Einstellungen. Abbildung 6.23 zeigt Ihnen die Benutzerparameter.

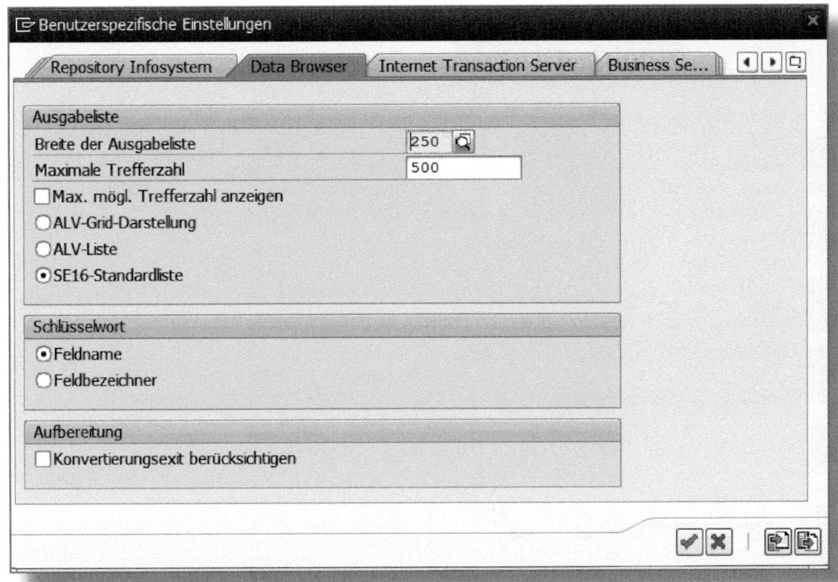

Abbildung 6.23: Benutzerparameter

Als AUSGABELISTE ist SE16-STANDARDLISTE voreingestellt. Es empfiehlt sich, stattdessen ALV-GRID-DARSTELLUNG zu wählen, da Ihnen hier erweiterte Möglichkeiten wie Summenzeilen oder Scrollen in den Spalten zur Verfügung stehen. Setzen Sie das Kennzeichen ALV-GRID-DARSTELLUNG und beenden Sie die Maske mit einem Klick auf das grüne Häkchen. Sie gelangen zurück in die Selektionsmaske.

Drücken Sie jetzt auf AUSFÜHREN oder F8 und das System zeigt Ihnen die aktiven Daten des aDSO in Abbildung 6.24 an.

Data Browser: Tabelle /BIC/AADNNE2 28 Treffer

/BIC/CHNETZ	RECORDMODE	/BIC/KFHHAP	/BIC/KFHHGP
0000000000	N	0,00	0,00
0046483023	N	5,26	62,22
0060327583	N	0,00	0,00
0060328373	N	0,00	0,00
0066028001	N	0,00	0,00
0066028002	N	0,00	0,00
0066028003	N	0,00	0,00
0066028004	N	0,00	0,00
0066028005	N	0,00	0,00
0066028006	N	0,00	0,00
0066111001	N	0,00	0,00
0066117001	N	5,12	35,00
0066121001	N	0,00	0,00
0066280001	N	0,00	0,00
0066333101	N	0,00	0,00
0066386001	N	0,00	0,00
0066424001	N	0,00	0,00

Abbildung 6.24: Aktive Daten im aDSO »ADNNE«

Für die Netznummer *66117001* ermittelt sich der Grundpreis zu *35,00* [Euro] und der Arbeitspreis zu *5,12* [Cent / kWh]. Dies entspricht der manuellen Ermittlung aus Abschnitt 2.2. Damit sind die Daten hier korrekt geladen.

6.4.3 Laden der Daten ins aDSO »PLZ Netze«

Als Nächstes soll das aDSO PLZ NETZE beladen werden. Gehen Sie dazu zurück in das Datenflussdiagramm aus Abbildung 5.3. Öffnen Sie den DTP unterhalb des aDSO ADPLZNETZ mit der Bezeichnung DS_PLZ_NETZ / PC_FILE -> ADPLZNETZ. Wechseln Sie auf die Registerkarte AUSFÜHREN und führen Sie den DTP aus. Als Ergebnis wird Ihnen der Request-Monitor angezeigt (siehe Abbildung 6.25).

Es wurden 146 DATENSÄTZE aus der Datei extrahiert, aber nur 69 DATENSÄTZE ins aDSO geladen. Wie viele Datensätze ins DSO geladen wurden, erkennen Sie im Monitor an der Zeile VERBUCHUNG IN DATASTORE-OBJEKT ADPLZNETZ.

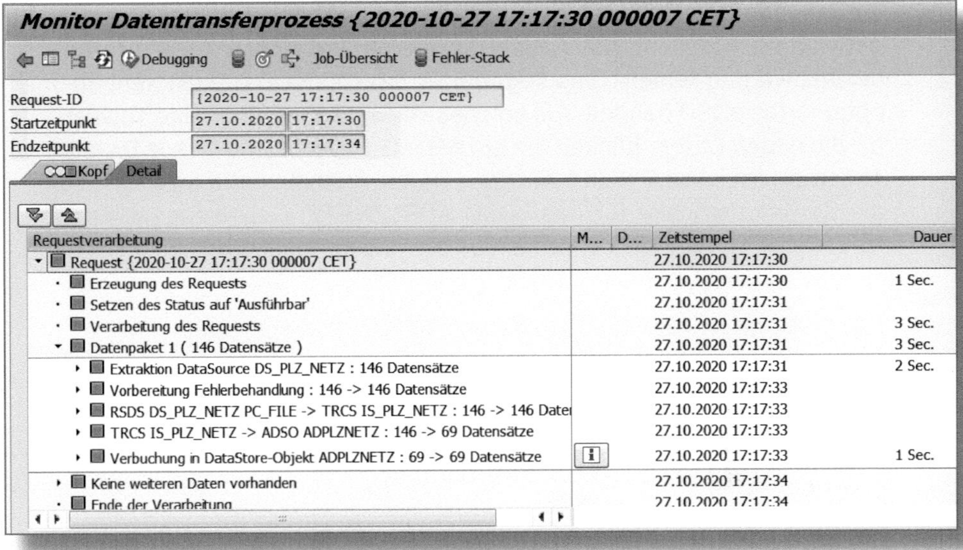

Abbildung 6.25: Lademonitor »PLZ Netze«

Um dies zu überprüfen, wechseln Sie wie im Abschnitt 6.4.2 beschrieben in die Administrationssicht des aDSO ADPLZNETZ. Dort sehen Sie einen erfolgreich geladenen Request (siehe Abbildung 6.26).

DataStore-Objekt ADPLZNETZ verwalten
DataStore-Objekt (Advanced) ADPLZNETZ PLZ Netz
Nach Zeit filtern v. 01.09.2020 bis 28.10.2020
Nach Status filtern
Requestliste
Zeitzone: CET
Filtern
Aktivieren
Löschen
Suchen
Details ausblenden
Verbindungen anzeigen
Laden
Lade-Request
Geladen
Lade-Monit
Fehl.
{2020-10-27 17:17:30 000007 CET} 69
Request-Details
Detail
Prozessprotokoll
Historie

Abbildung 6.26: Administration des aDSO »ADPLZNETZ«

Sie erkennen hier außerdem, dass die zusätzlichen Spalten für den Aktivierungs-Request, die Anzahl aktivierter Sätze sowie der Status der Aktivierung fehlen. Dies liegt daran, dass es sich um ein schreiboptimiertes aDSO handelt. Als solches verfügt es nur über eine Tabelle für die neuen Daten. Klicken Sie auf Menü • Hilfsmittel • Neue Daten anzeigen oder Menü • Hilfsmittel • Daten anzeigen. Sie gelangen in die Selektionsmaske für das aDSO ADPLZNETZ. Geben Sie im Feld /BIC/CHNETZ den Wert *0066117001* ein (siehe Abbildung 6.27).

Data Browser: Tabelle /BIC/AADPLZNETZ1: Selektionsbild

Anzahl der Einträge

REQTSN		bis	
DATAPAKID		bis	
RECORD		bis	
RECORDMODE		bis	
PLZ		bis	
ORT		bis	
GUELTIG_SEIT		bis	
/BIC/CHNETZ	0066117001	bis	
GUELTIG_BIS		bis	
Breite der Ausgabeliste	250		
Maximale Trefferzahl	500		

Abbildung 6.27: Datenselektion im aDSO »ADPLZNETZ«

Achten Sie bei der Eingabe auf die führenden Nullen. Klicken Sie jetzt auf Ausführen oder F8. Das Ergebnis sehen Sie in Abbildung 6.28.

Data Browser: Tabelle /BIC/AADPLZNETZ1 16 Treffer

REQTSN	DATAPAKID	RECOR...	RECORDMODE	PLZ	ORT	GUELTIG_SEIT	/BIC/CHNETZ	GUELTIG_BIS
20201027161730000070...	1	1		66111	Saarbrücken	01.01.2016	0066117001	31.12.2999
20201027161730000070...	1	2		66113	Saarbrücken	01.01.2016	0066117001	31.12.2999
20201027161730000070...	1	3		66115	Saarbrücken	01.01.2016	0066117001	31.12.2999
20201027161730000070...	1	4		66117	Saarbrücken	01.01.2016	0066117001	31.12.2999
20201027161730000070...	1	5		66119	Saarbrücken	01.01.2016	0066117001	31.12.2999
20201027161730000070...	1	6		66121	Saarbrücken	01.01.2016	0066117001	31.12.2999
20201027161730000070...	1	7		66123	Saarbrücken	01.01.2016	0066117001	31.12.2999
20201027161730000070...	1	8		66125	Saarbrücken	01.01.2016	0066117001	31.12.2999
20201027161730000070...	1	9		66126	Saarbrücken	01.01.2016	0066117001	31.12.2999
20201027161730000070...	1	10		66127	Saarbrücken	01.01.2016	0066117001	31.12.2999
20201027161730000070...	1	11		66128	Saarbrücken	01.01.2016	0066117001	31.12.2999
20201027161730000070...	1	12		66129	Saarbrücken	01.01.2016	0066117001	31.12.2999
20201027161730000070...	1	13		66130	Saarbrücken	01.01.2016	0066117001	31.12.2999
20201027161730000070...	1	14		66131	Saarbrücken	01.01.2016	0066117001	31.12.2999
20201027161730000070...	1	15		66132	Saarbrücken	01.01.2016	0066117001	31.12.2999
20201027161730000070...	1	16		66133	Saarbrücken	01.01.2016	0066117001	31.12.2999

Abbildung 6.28: Neue Daten im aDSO »ADPLZNETZ«

Sie finden hier einen Datensatz für PLZ *66117*, wie in Abschnitt 2.2 manuell ermittelt. Diese Daten sind ebenso korrekt geladen.

6.4.4 Laden der Daten ins aDSO »Stromkosten«

Jetzt können die Daten in das aDSO STROMKOSTEN fortgeschrieben werden. Öffnen Sie dazu wie bei den anderen DTPs auch diesen DTP mit der Beschreibung ADPLZNETZ -> ADSTRKST zum aDSO ADSTRKST über das Datenflussdiagramm. Wechseln Sie auf die Registerkarte AUSFÜHREN und starten Sie die Beladung. Es öffnet sich der Request-Monitor und zeigt Ihnen das Ergebnis (siehe Abbildung 6.29).

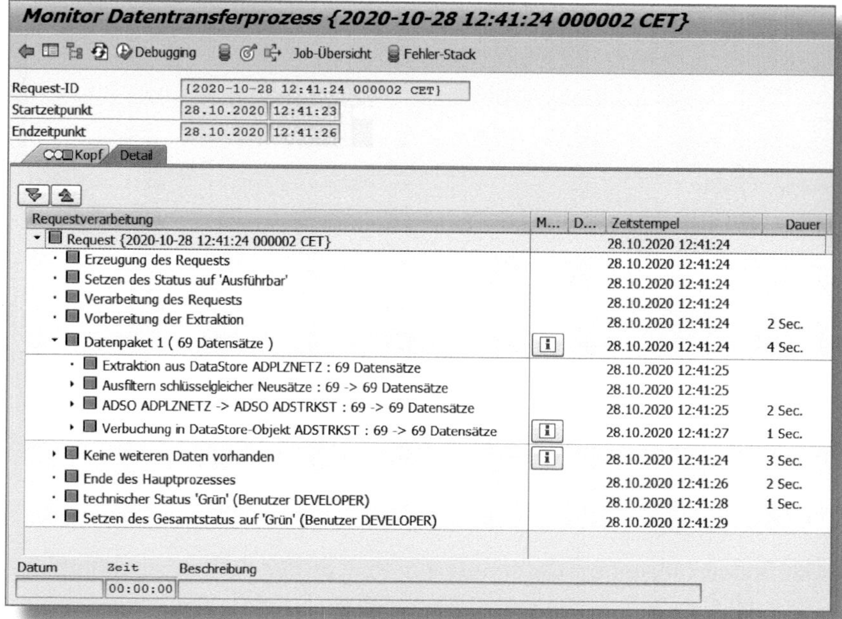

Abbildung 6.29: Request-Monitor für Stromkosten

Es wurden 69 DATENSÄTZE übertragen und ins aDSO in die Tabelle mit den neuen Daten eingefügt. Wechseln Sie jetzt wie schon beschrieben in die Administrationssicht des aDSO ADSTRKST. Da es sich hier um ein Standard-aDSO handelt, muss der Request erst manuell aktiviert werden. Aktivieren Sie in der Administrationssicht den Request manuell über den Button AKTIVIEREN. Die Aktivierung des Requests startet im Hintergrund als Batchjob. Das Ergebnis der Aktivierung zeigt Abbildung 6.30.

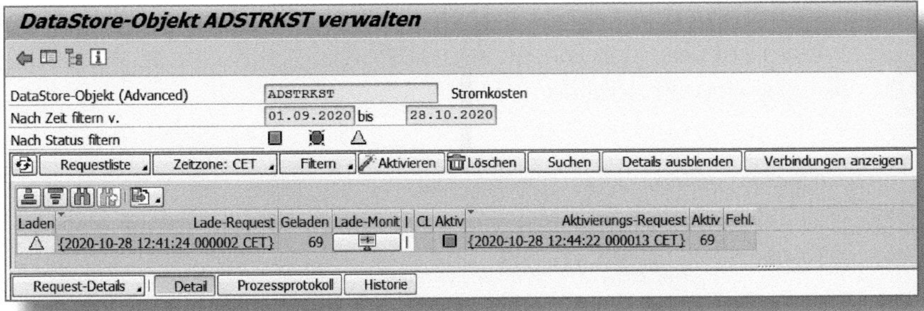

Abbildung 6.30: Aktivieren des Requests für Stromkosten

Überprüfen Sie kurz die aktiven Daten. Zeigen Sie über MENÜ • HILFSMITTEL • DATEN ANZEIGEN die geladenen aktiven Daten an. Selektieren Sie in der Selektionsmaske im Feld PLZ LIEFERGEBIET den Wert *66117* (siehe Abbildung 6.31).

'ADSTRKST', Selektionsbild

Feldauswahl zur Ausgabe   Ausführen im Batch   Ausführen + Debuggen

Nichtschlüsselfelder

Lieferort			
Lieferort(SID)		bis	
PLZ Liefergebiet	66117	bis	
PLZ Liefergebiet(SID)		bis	
Netze		bis	
Netze(SID)		bis	
Netzbetreiber		bis	
Netzbetreiber(SID)		bis	

Einstellungen

- [x] Keine Konvertierung nutzen
- [ ] DB-Aggregation nutzen
- [ ] Nearline/Archiv mitlesen

max. Trefferzahl: 200

- [ ] Anzahl Treffer ausgeben
- [ ] Modif. Strukturen anzeigen

Stichtag bei zeitabh. Merkm.: 28.10.2020

- [ ] SQL-Query anzeigen
- [ ] Ausführungsplan anzeigen

Spezifikation des Rückgabetyps

- (•) Rückgabe als Liste
- ( ) Ablegen in neuer DB-Tabelle
- ( ) Einfügen in exist. DB-Tabelle
- ( ) Ablegen in Datei (Workstation)

Abbildung 6.31: Selektionsbild für Stromkosten

Für die Ausgabe müssen Sie jedoch noch die Feldauswahl anpassen. Dies geschieht über den Button FELDAUSWAHL ZUR AUSGABE, woraufhin das Fenster gemäß Abbildung 6.32 angezeigt wird.

"ADSTRKST", Feldauswahl zur Ausgabe

Alles markieren · Alle Mark. löschen · Alle Kennz. markieren · Alle Merkmale markieren · Alle SID-Felder markieren

Nichtschlüsselfelder

- [ ] Lieferort
- [ ] Lieferort(SID)
- [ ] PLZ Liefergebiet
- [ ] PLZ Liefergebiet(SID)
- [ ] Netze
- [ ] Netze(SID)
- [ ] Netzbetreiber
- [ ] Netzbetreiber(SID)
- [x] Arbeitspreis
- [x] Grundpreis
- [x] Gesamtkosten

Abbildung 6.32: Feldauswahl zur Ausgabe der Stromkosten

Über den Button ALLE MERKMALE MARKIEREN werden alle Merkmalsfelder zur Ausgabeliste hinzugefügt. Alternativ können Sie die Felder ohne die Angabe (SID) markieren. Drücken Sie abschließend auf AUSFÜHREN oder F8. Sie gelangen wieder zurück in die Selektionsmaske. Drücken Sie jetzt auf AUSFÜHREN oder F8. Das Ergebnis sehen Sie in Abbildung 6.33.

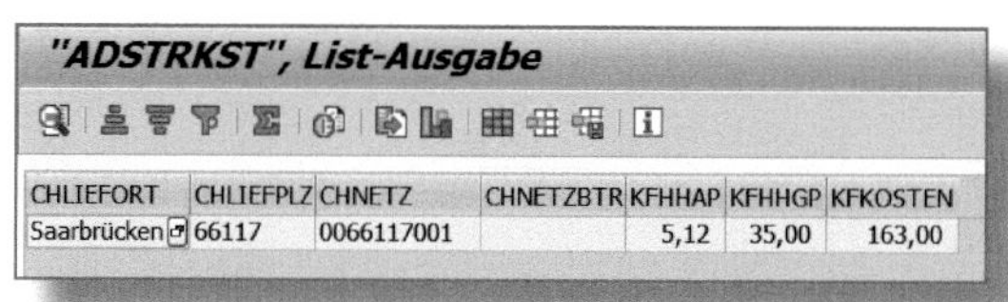

"ADSTRKST", List-Ausgabe

CHLIEFORT	CHLIEFPLZ	CHNETZ	CHNETZBTR	KFHHAP	KFHHGP	KFKOSTEN
Saarbrücken	66117	0066117001		5,12	35,00	163,00

Abbildung 6.33: Aktiver Datensatz für Stromkosten

Als Ergebnis werden Ihnen *163,00* Euro im Feld für Gesamtkosten angezeigt. Dies entspricht genau unseren Erwartungen. Damit sind auch die Beladung und die Implementierung der Logik korrekt. Zum Schluss sollen die Daten im CompositeProvider ausgewertet werden.

6.5 Auswertung der Daten im CompositeProvider für Stromkosten

Wechseln Sie in das Datenflussdiagram und öffnen Sie hier die View für den CompositeProvider. Wie schon in Abschnitt 5.14 beschrieben, finden sich hier mehrere Menüpunkte zur Administration des CompositeProvider. Jetzt zeige ich Ihnen, wie Sie die Daten im CompositeProvider abrufen und für Auswertungen nutzen. In Abbildung 6.34 ist die Datenvorschau in Form einer analytischen Liste dargestellt.

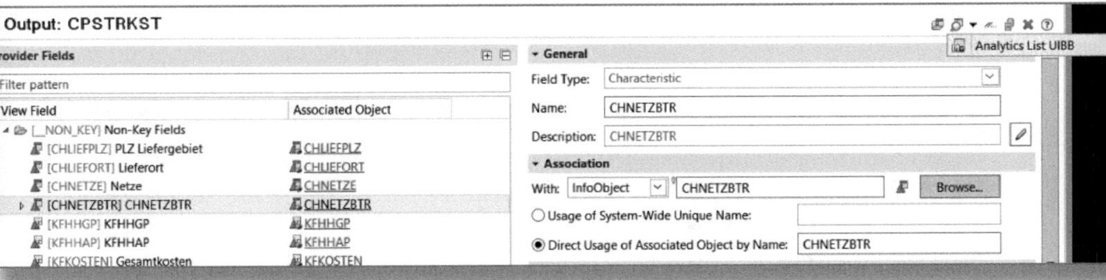

Abbildung 6.34: Analytische Liste des CompositeProvider

Diese analytische Liste ist nichts anderes als ein Aufruf einer HTML-Seite, in der Sie über Schaltflächen und Filter in den Daten navigieren (siehe Abbildung 6.35).

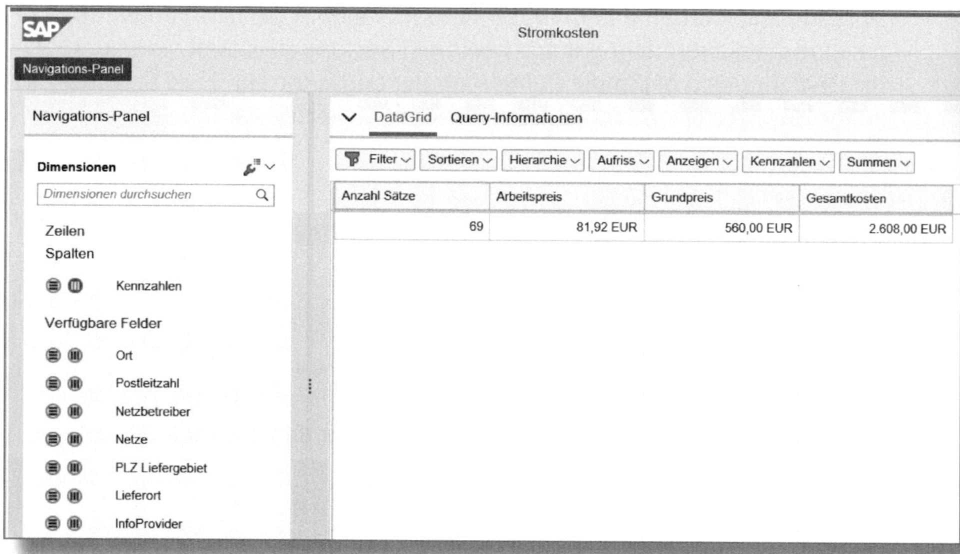

Abbildung 6.35: Datenanzeige des CompositeProvider

In der linken Hälfte finden Sie das Navigationsmenü mit allen verfügbaren Kennzahlen und Merkmalen. Links neben den Merkmalen sehen Sie zwei weitere Symbole: senkrecht und waagrecht orientierte Linien. Die senkrecht orientierten Linien ermöglichen den Aufriss nach Spalten. Das heißt, das Merkmal, das Sie senkrecht aufreißen, wird im Ergebnis als neue Spalte hinzugefügt. Reißen Sie das Merkmal hingegen waagrecht auf, wird eine neue Zeile mit allen vorhandenen Merkmalsausprägungen des selektierten Merkmals in der Ergebnismenge erzeugt. Eine Merkmalsausprägung wird in einer Spalte abgelegt. Abbildung 6.36 verdeutlicht diesen Sachverhalt an einem einfachen Beispiel.

Horizontaler vs. vertikaler Aufriss Kunde nach Monat

Monat	Januar	Februar	März	April
Kunde 1	100	120	140	160
Kunde 2	120	150	200	250

Monat	Januar		Februar		März		April	
Kunde	Kunde 1	Kunde 2	Kunde 1	Kunde 2	Kunde 1	Kunde 2	Kunde 1	Kunde 2
	100	120	120	150	140	200	160	250

Abbildung 6.36: Aufrissarten

Sie sehen, dass der vertikale bzw. senkrechte Aufriss sich besser für Gesamtsummen eignet, also etwa Gesamtumsatz aller Kunden im Monat, nach Kunden unterteilt. Der horizontale bzw. waagerechte Aufriss eignet sich besser für direkte Vergleiche, also etwa ob Kunde 1 oder Kunde 2 im Januar den meisten Umsatz generiert hat.

Im DATAGRID auf der rechten Seite der Abbildung 6.35 finden Sie die Kennzahlen. Die erste ist der Datensatzzähler aus dem Basis-aDSO des CompositeProvider. Hier finden Sie die 69 Sätze wieder, die ins aDSO für Stromkosten geladen wurden. Das DATAGRID können Sie weiter nach einzelnen Merkmalen aufreißen, also einen Drilldown durchführen. Drücken Sie z. B. auf den Button für Aufriss nach Zeilen des Merkmals PLZ LIEFERGEBIET. Das Ergebnis des Drilldown in der Tabelle DATAGRID finden Sie in Abbildung 6.37.

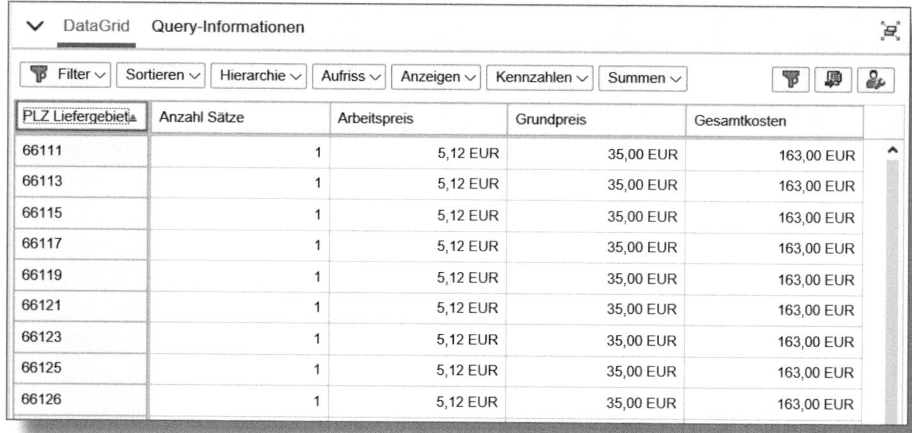

PLZ Liefergebiet	Anzahl Sätze	Arbeitspreis	Grundpreis	Gesamtkosten
66111	1	5,12 EUR	35,00 EUR	163,00 EUR
66113	1	5,12 EUR	35,00 EUR	163,00 EUR
66115	1	5,12 EUR	35,00 EUR	163,00 EUR
66117	1	5,12 EUR	35,00 EUR	163,00 EUR
66119	1	5,12 EUR	35,00 EUR	163,00 EUR
66121	1	5,12 EUR	35,00 EUR	163,00 EUR
66123	1	5,12 EUR	35,00 EUR	163,00 EUR
66125	1	5,12 EUR	35,00 EUR	163,00 EUR
66126	1	5,12 EUR	35,00 EUR	163,00 EUR

Abbildung 6.37: Aufriss nach PLZ des Lieferorts

Die 69 Datensätze werden nun in die einzelnen Postleitzahlen für die Liefergebiete heruntergebrochen und die Kosten pro Postleitzahl angezeigt. In der Liste finden Sie auch die Gesamtkosten aus der manuellen Ermittlung für *66117* in Höhe von *163,00 EUR* wieder. Reißen Sie jetzt die Daten nacheinander nach LIEFERORT, NETZE und NETZBETREIBER in den Zeilen auf (siehe Abbildung 6.38).

PLZ Liefergebiet	Lieferort	Netze	Netzbetreiber	Anzahl Sätze	Arbeitspreis	Grundpreis	Gesamtkosten
66113	Saarbrücken	66117001	661170	1	5,12 EUR	35,00 EUR	163,00 EUR
66115	Saarbrücken	66117001	661170	1	5,12 EUR	35,00 EUR	163,00 EUR
66117	Saarbrücken	66117001	661170	1	5,12 EUR	35,00 EUR	163,00 EUR
66119	Saarbrücken	66117001	661170	1	5,12 EUR	35,00 EUR	163,00 EUR
66121	Saarbrücken	66117001	661170	1	5,12 EUR	35,00 EUR	163,00 EUR
66123	Saarbrücken	66117001	661170	1	5,12 EUR	35,00 EUR	163,00 EUR
66125	Saarbrücken	66117001	661170	1	5,12 EUR	35,00 EUR	163,00 EUR
66126	Saarbrücken	66117001	661170	1	5,12 EUR	35,00 EUR	163,00 EUR
66127	Saarbrücken	66117001	661170	1	5,12 EUR	35,00 EUR	163,00 EUR
66128	Saarbrücken	66117001	661170	1	5,12 EUR	35,00 EUR	163,00 EUR
66129	Saarbrücken	66117001	661170	1	5,12 EUR	35,00 EUR	163,00 EUR
66130	Saarbrücken	66117001	661170	1	5,12 EUR	35,00 EUR	163,00 EUR
66131	Saarbrücken	66117001	661170	1	5,12 EUR	35,00 EUR	163,00 EUR

Abbildung 6.38: Drilldown nach weiteren Merkmalen

In der Zeile mit der PLZ LIEFERGEBIET *66117* und LIEFERORT *Saarbrücken* finden Sie die erwarteten Ergebnisse für das Fallbeispiel aus Abschnitt 2.2.

Sie haben das Fallbeispiel hiermit erfolgreich gemeistert, von der Analyse über die Modellierung eines Lösungsansatzes bis zur Umsetzung der Modellierung im System. Zum Schluss haben Sie die benötigten Daten in SAP BW/4HANA geladen und eine Auswertung der Kosten innerhalb einer bestimmten Postleitzahl-Ort-Kombination durchgeführt. Im nächsten Kapitel gebe ich Ihnen einen Überblick über mögliche Fehler.

7 Mögliche Fehler und deren Behebung

In diesem Kapitel möchte ich Ihnen eine Starthilfe zur Behebung möglicher Fehler bieten. Diese können in der Testversion von SAP BW/4HANA bei der Beladung der Datenziele oder bei nicht erwarteten Ergebnissen auftreten, beispielsweise durch Tippfehler und falsche Zuordnungen. Sie werden anschließend in der Lage sein, die Beladung zu korrigieren.

7.1 Objekte können in Eclipse nicht angelegt werden

Eventuell wird Ihnen der Fehler aus Abbildung 7.1 in Eclipse angezeigt, wenn Sie versuchen, persistente Objekte im System anzulegen.

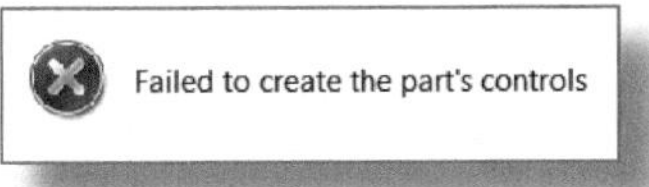

Abbildung 7.1: Control kann nicht angelegt werden

Wenn Sie in der Fehlermeldung auf DETAILS gehen, erkennen Sie, dass die SAP GUI nicht im erwarteten Pfad installiert ist. Eclipse erwartet die SAP-GUI-Installation im Pfad C:\Program Files\SAP\FrontEnd\sapgui\SapGuiServer.

Kopieren Sie daher den Ordner *Frontend* komplett mit allen Unterordnern aus dem Ordner C:\PROGRAM FILES(x86)\SAP in den Ordner C:\PROGRAM FILES\SAP.

Schließen Sie in Eclipse das Fenster mit dem Fehler. Das Objekt wurde im Hintergrund zwar angelegt, aber es konnte in Eclipse nicht als SAP-GUI-Emulation angezeigt werden. Gehen Sie im Datenfluss auf die DataSource, öffnen Sie das Kontextmenü und wählen Sie hier OPEN. Die DataSource wird nun als SAP-GUI-Emulation in Eclipse angezeigt.

7.2 Fehler bei der Beladung

Beim Beladen der Daten in Kapitel 6 kommt es manchmal zu Fehlern und Abbrüchen, wofür es viele Ursachen geben kann. Einen Abbruch in der Beladung erkennen Sie zuerst an dem Pop-up aus Abbildung 7.2, das Ihnen nach Start der Beladung angezeigt wird.

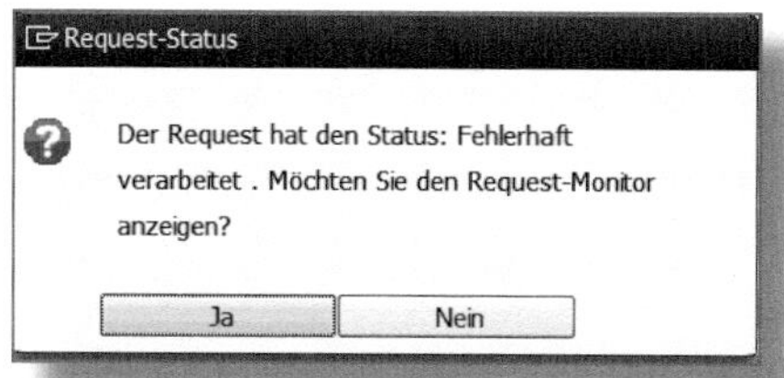

Abbildung 7.2: Hinweis zu fehlerhafter Beladung

Im Pop-up klicken Sie auf JA und gelangen in den Request-Monitor. Dort wird Ihnen das fehlerhaft verarbeitete Datenpaket mit einer roten Ampel markiert angezeigt. Wenn Sie die Verarbeitungsschritte darunter nacheinander öffnen, erhalten Sie die Monitordarstellung aus Abbildung 7.3.

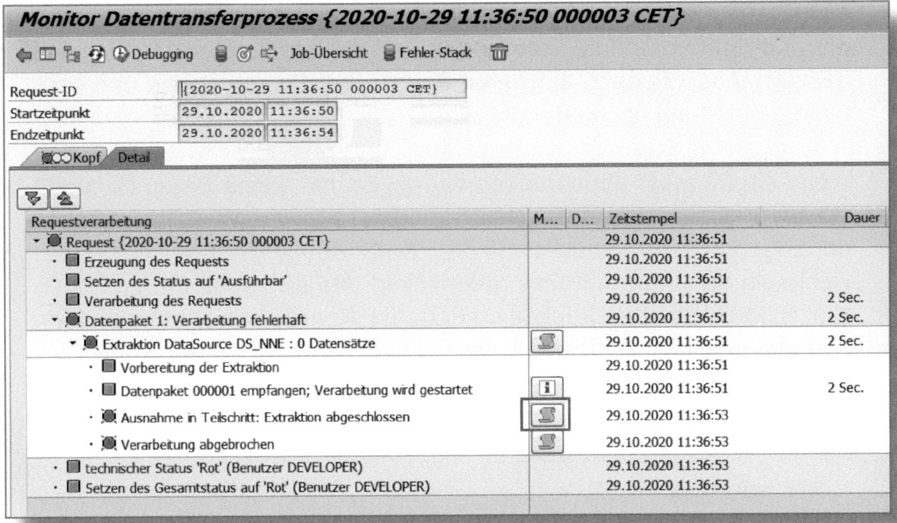

Abbildung 7.3: Rot markierter Request

Klicken Sie auf den in Abbildung 7.3 rot umrahmten Button für das Fehlerprotokoll, so erhalten Sie eine detailliertere Information zum Fehler. Diese Information ist in Abbildung 7.4 zu sehen.

Daten

Typ	Meldungstext	Ltxt
	Fehler 'Das Argument '2,8' ist nicht als Zahl interpretierbar.' bei Zuweisung Feld MS_NS_O_LM_STR_BEL1 record 10 Wert 2	
	Fehler 'Das Argument '2,8' ist nicht als Zahl interpretierbar.' bei Zuweisung Feld MS_NS_O_LM_STR_BEL1 record 10 Wert 2	
	Im Teilschritt ist ein Fehler aufgetreten	
	Die Verarbeitung des Datenpakets wurde abgebrochen	

Abbildung 7.4: Fehlerdetails

Diese Fehlermeldung besagt Ihnen, dass der Wert eines Feldes nicht zum Datentyp der DataSource passt. In diesem Fall war für das Feld MS_NS_O_LM_STR_BEL1 in der DataSource noch der Datentyp *INT4* eingestellt gewesen und nicht auf den Datentyp *DEC* umgestellt worden. Korrigieren Sie die DataSource und stellen Sie den Datentyp auf *DEC* um. Anschließend aktivieren Sie die DataSource erneut und starten die Beladung noch einmal.

Wenn ein Request abgebrochen wurde, können keine Daten im aDSO aktiviert werden. Um wieder Daten im aDSO aktivieren zu können, muss der abgebrochene Request aus dem Datenziel gelöscht werden. Dazu wechseln Sie in die Administrationssicht des aDSO mit dem rot markierten Request oder drücken im Request-Monitor des abgebrochenen Requests auf den Button mit dem Zielscheibensymbol für »Datenziel administrieren« (siehe roter Rahmen in Abbildung 7.5).

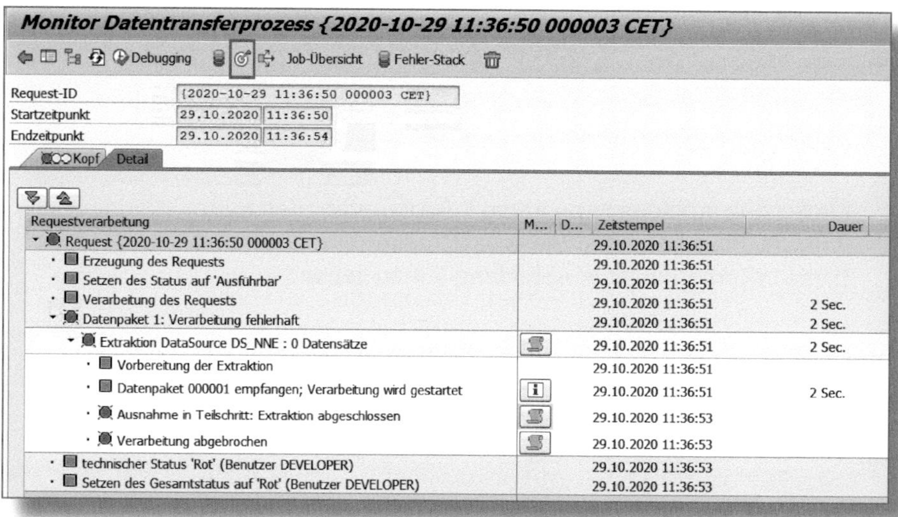

Abbildung 7.5: Absprung zu »Datenziel administrieren«

Über diesen Button für das Datenziel gelangen Sie direkt in die Administrationssicht des aDSO. Sie erkennen den fehlerhaften Request in Abbildung 7.6.

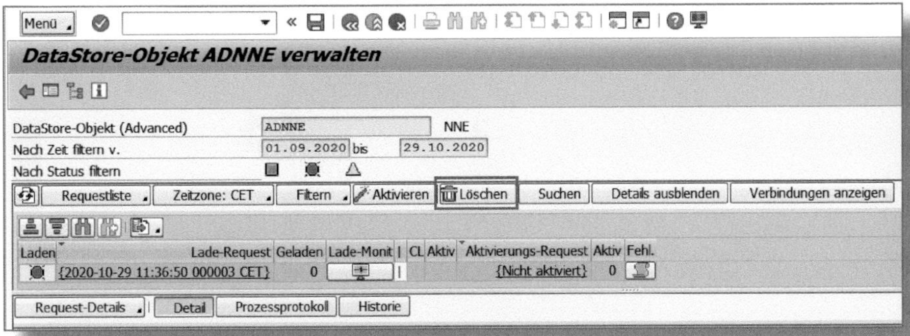

Abbildung 7.6: Fehlerhafter Request im aDSO

Sie haben nun zwei Möglichkeiten:

- Sie löschen den fehlerhaften Request.
- Sie löschen den kompletten Inhalt des aDSO.

Zum Löschen des fehlerhaften Requests markieren Sie diesen im aDSO, indem Sie auf die Zeile klicken und anschließend den Button LÖSCHEN drücken (siehe Abbildung 7.6).

Zum vollständigen Löschen des gesamten Inhalts des aDSO wählen Sie MENÜ • HILFSMITTEL • INHALTE LÖSCHEN. Als Folge werden der abgebrochene Request und alle anderen Daten gelöscht. Dies empfiehlt sich natürlich nur dann, wenn sich nur ein Request im Datenziel befindet.

Den Request oder den vollständigen Inhalt können Sie natürlich auch dann löschen, wenn der Request zwar grün gekennzeichnet ist, aber die Ergebnisse nicht mit den Erwartungen übereinstimmen. Löschen Sie in dem Fall den Request und überprüfen Sie sämtliche Transformationen dahingehend, ob alle Regeln korrekt erstellt und die Quellfelder den Zielfeldern fehlerfrei zugeordnet wurden.

8 Ausblick

In diesem Kapitel erfolgt ein kurzer Ausblick auf die weitere Produktstrategie für analytische und SAP-HANA-Cloud-Lösungen. Das Kapitel beschreibt abschließend die weitere Roadmap für SAP BW/4HANA und gibt einen Kurzüberblick zu SAP Data Warehouse Cloud.

8.1 Strategische Ausrichtung

Aktuell werden viele Data Warehouses noch On-Premises betrieben, also vor Ort beim Kunden oder ausgelagert bei einem IT-Dienstleister der Wahl. Neben SAP BW/4HANA bietet die SAP auch eine SQL-Variante an, SAP SQL Data Warehousing. SAP SQL Data Warehousing richtet sich eher an Kunden mit einem starken SQL-Know-how, die in ihrer Data-Warehouse-Landschaft den Aufwand für Administration und Wartung eines SAP BW/4HANA scheuen. Von daher positioniert die SAP sowohl SAP BW/4HANA als auch SAP SQL Data Warehousing als strategische Produkte, die On-Premises langfristig weiter von der SAP im Rahmen eines Produktsupports unterstützt werden (siehe Abbildung 8.1).

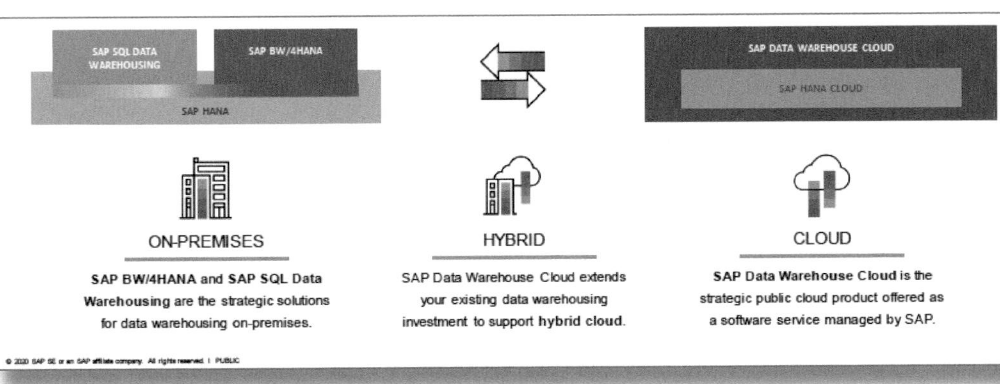

Abbildung 8.1: Strategische Ausrichtung

Mit dem Siegeszug der Cloud allgemein positioniert die SAP eine cloudbasierte Lösung für das Data Warehousing, SAP Data Warehouse Cloud. Cloud-Lösungen versprechen aus Managementsicht folgende Vorteile:

- Die IT- und Wartungskosten sind geringer.
- Die interne IT gewinnt Freiraum für die Optimierung und Digitalisierung der internen Prozesse und muss sich nicht um Standardaufgaben wie den generellen Betrieb der diversen IT-Systeme kümmern.
- Mit dem Aktualisieren der IT-Architektur lassen sich mögliche Altlasten über Bord werfen.

Den Vorteilen stehen folgende Nachteile gegenüber:

- Abhängigkeit von Cloud-Anbietern
- Möglicher Datenmissbrauch oder Probleme der Datensicherheit

Einen Kurzüberblick über SAP Data Warehouse Cloud gebe ich im nächsten Abschnitt.

Neben den reinen On-Premise- oder Cloud-Lösungen möchte SAP auch Hybridlösungen unterstützen. Ein mögliches Hybridszenario ist, dass die reine Datenhaltung nach wie vor On-Premises in einem SAP-BW/4HANA-System oder alternativ in SAP SQL Data Warehousing erfolgt. Die Auswertung der Daten und das Aufrufen von Berichten soll aber ausschließlich in SAP Data Warehouse Cloud erfolgen. Damit möchte ich direkt zu einem Kurzüberblick über SAP Data Warehouse Cloud überleiten.

8.2 Überblick SAP Data Warehouse Cloud

Aktuell ist die SAP-Data-Warehouse-Landschaft durch eine Vielzahl von Produkten geprägt, die alle weiterhin SAP-Support erhalten. Die SAP-NetWeaver-BW 7.x-Systeme wurden nur bis 31.12.2020 von SAP gewartet, SAP NetWeaver BW 7.5 wird bis maximal 31.12.2030, SAP BW/4HANA dagegen aktuell mindestens bis 31.12.2040 von SAP gewartet. Mit der Supportstrategie von SAP und der im letzten Abschnitt vorgestellten strategischen Ausrichtung wird eine cloudbasierte Lösung in Zukunft eine dominierende Rolle im Produktportfolio der SAP bilden.

Um diese Zukunftsfähigkeit zu gewährleisten, bietet SAP Data Warehouse Cloud Konnektoren für die verschiedenen BW-Systeme an. Gemäß Auskunft der SAP können hier sowohl alte SAP-NetWeaver-basierte BW-Systeme auf Any DB oder SAP BW on HANA als auch SAP-BW/4HANA-Systeme über einen Konnektor an SAP Data Warehouse Cloud angeschlossen werden (siehe Abbildung 8.2).

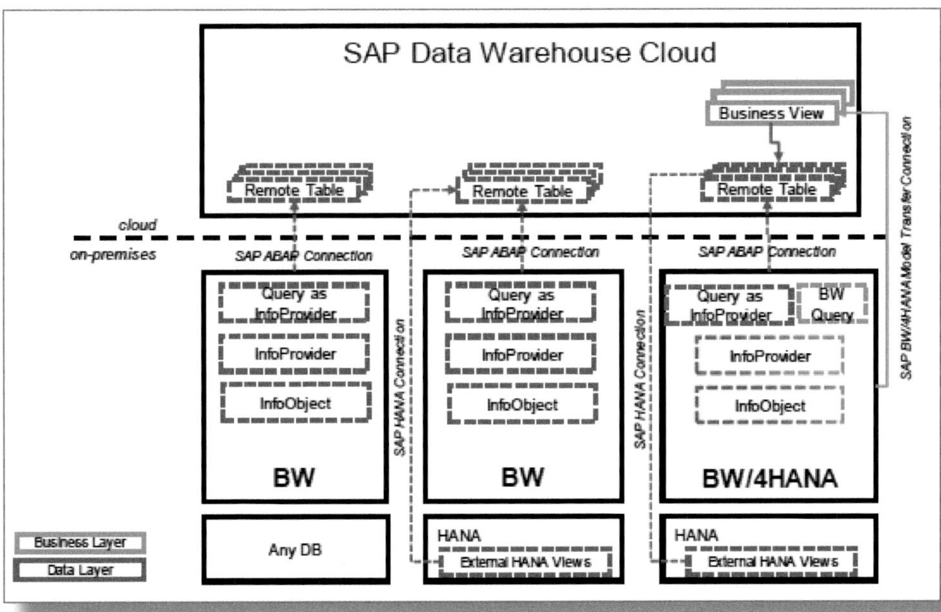

Abbildung 8.2: SAP Data Warehouse Cloud

In SAP Data Warehouse Cloud können die Daten dann entweder in den Remote-Tabellen gespeichert oder die Remote-Tabellen nur für den Zugriff auf die Quelldaten im jeweiligen BW-System genutzt werden. Über diverse Business Views, basierend auf den Remote-Tabellen, können die analytischen Auswertungen erfolgen und neue Zusammenhänge in den Daten aufgezeigt werden.

Mit SAP BW/4HANA und SAP Data Warehouse Cloud stellt die SAP Lösungen bereit, mit denen der Kunde langfristig seine IT- und Data-Warehouse-Architektur planen und bewerten kann. Auf lange Sicht führt ein Weg an Cloud-Lösungen nicht vorbei, da diesen Weg parallel auch andere Anbieter von Data-Warehouse-Lösungen verfolgen, wie etwa Microsoft oder Oracle. Von daher ist die Orientierung der SAP hin zu cloudbasierten Lösungen nur konsequent und als richtiger Schritt in die Zukunft zu werten.

Damit möchte ich das Buch abschließen. Ich hoffe, es hat Ihnen gefallen und Sie können die daraus gewonnenen Erkenntnisse und das gelernte Wissen für Ihre tägliche Arbeit nutzen.

Sie haben das Buch gelesen und sind mit unserem Werk zufrieden? Bitte schreiben Sie uns eine Rezension!

Unser Newsletter

Bleiben Sie stets informiert!

Aktuelle Neuerscheinungen und exklusive Rabattaktionen einmal im Monat per Mail direkt an Sie:

Melden Sie sich noch heute an unter

http://newsletter.espresso-tutorials.de.

A Der Autor

Jürgen Noe arbeitet seit 2001 im Bereich »Business Intelligence« als Berater bei großen und mittelständischen Unternehmen und als Trainer. Zu seinen Tätigkeitsschwerpunkten zählen die Datenmodellierung im Backend sowie die generelle Konzeption von BI-Architekturen. Zusätzlich verfügt er über eine ebenso langjährige Erfahrung in der Programmierung mit ABAP und ABAP Objects.

Seit Februar 2016 ist er als Gründer und Geschäftsführer der Firma Jürgen Noe Consulting UG (haftungsbeschränkt) selbstständig tätig. Neben den Zertifizierungen zum SAP Business Warehouse Consultant für die Releases SAP BW 3.0, SAP BW 3.5 und SAP BW 7.0 bildet ein Studium der Wirtschaftsinformatik den fachlichen Hintergrund.

B Literaturverzeichnis

[1] https://de.wikipedia.org/wiki/Empfehlungsdienst, zuletzt aufgerufen am 10.11.2020

[2] https://wirtschaftslexikon.gabler.de/definition/business-intelligence-29438/version-253044, Revision von Business Intelligence vom 19.02.2018, zuletzt aufgerufen am 05.01.2021

[3] https://wirtschaftslexikon.gabler.de/definition/data-warehouse-31084/version-254651, Revision von Data Warehouse vom 19.02.2018, zuletzt aufgerufen am 30.01.2021

C Index

D Disclaimer

Die in diesem Werk wiedergegebenen Gebrauchsnamen, Handelsnamen, Warenbezeichnungen usw. können auch ohne besondere Kennzeichnung Marken sein und als solche den gesetzlichen Bestimmungen unterliegen. Sämtliche in diesem Werk abgedruckten Bildschirmabzüge unterliegen dem Urheberrecht der SAP SE, Dietmar-Hopp-Allee 16, 69190 Walldorf.

In dieser Publikation wird auf Produkte der SAP SE Bezug genommen. SAP, R/3, SAP NetWeaver, Duet, PartnerEdge, ByDesign, SAP BusinessObjects Explorer, StreamWork und weitere im Text erwähnte SAP-Produkte und -Dienstleistungen sowie die entsprechenden Logos sind Marken oder eingetragene Marken der SAP SE in Deutschland und anderen Ländern. Business Objects und das Business-Objects-Logo, BusinessObjects, Crystal Reports, Crystal Decisions, Web Intelligence, Xcelsius und andere im Text erwähnte Business-Objects-Produkte und -Dienstleistungen sowie die entsprechenden Logos sind Marken oder eingetragene Marken der Business Objects Software Ltd. Business Objects ist ein Unternehmen der SAP SE. Sybase und Adaptive Server, iAnywhere, Sybase 365, SQL Anywhere und weitere im Text erwähnte Sybase-Produkte und -Dienstleistungen sowie die entsprechenden Logos sind Marken oder eingetragene Marken der Sybase Inc. Sybase ist ein Unternehmen der SAP SE. Alle anderen Namen von Produkten und Dienstleistungen sind Marken der jeweiligen Firmen. Die Angaben im Text sind unverbindlich und dienen lediglich zu Informationszwecken. Produkte können länderspezifische Unterschiede aufweisen.

Der SAP-Konzern übernimmt keinerlei Haftung oder Garantie für Fehler oder Unvollständigkeiten in dieser Publikation. Der SAP-Konzern steht lediglich für SAP-Produkte und -Dienstleistungen nach der Maßgabe ein, die in der Vereinbarung über die jeweiligen Produkte und Dienstleistungen ausdrücklich geregelt ist. Aus den in dieser Publikation enthaltenen Informationen ergibt sich keine weiterführende Haftung.

Weitere Bücher von Espresso Tutorials

Julia Kraus, Andreas Kerner:

SAP® Analytics Cloud

- Erstellung und Verwaltung von Analyse- und Planungsmodellen
- Datenvisualisierung in einem Digital Boardroom
- Live-Daten-Integration in Geschäftssysteme
- Simulationen mithilfe von Werttreiberbäumen

http://5221.espresso-tutorials.de

Reynaldo Konrad, Christian Sass, Sebastian Zick:

Schnelleinstieg in SAP® BPC optimized for SAP S/4HANA®

- Grundlagen zur neuen Planungslösung in SAP S/4HANA
- Einführung in das Customizing
- Planungsmodelle und -funktionen
- Business Process Flow, Work Status & Data Access Profiles verstehen & richtig nutzen

http://5332.espresso-tutorials.de

Frank Riesner, Klaus-Peter Sauer:

SAP BW/4HANA® und BW auf HANA – 2., erweiterte Auflage

- Migration, Sizing, Betrieb, Datenmanagement mit BW/4HANA und BW 7.5 auf HANA
- Die neuen zentralen Quellsysteme SAP HANA und ODP
- Neue Modellierungsoptionen, gemischte Szenarien, LSA++ und Unterschiede zu BW 7.5
- Die Rolle von BW im operativen SAP – Berichtswesen

http://5167.espresso-tutorials.de

Dirk Vahlkamp, Leon Vahlkamp:

Smart Predict in SAP® Analytics Cloud (SAC)

- Grundlegende Konzepte und Komponenten im neuen Prognosetool der SAC
- Technische und fachliche Voraussetzungen für den Einsatz von Smart Predict
- Erstellung und Interpretation von Prognoseszenarien (Klassifikation, Regression und Zeitreihen)
- Predictive Forecasting: Smart-Predict-Beispiele in der Praxis

http://5456.espresso-tutorials.de